Transistor
Gijutsu
Special
for Freshers

トランジスタ技術
SPECIAL
forフレッシャーズ

No.112

徹底図解

ケース・スタディから学んで定番/便利デバイスを活用する

アナログ回路設計の勘所

Transistor Gijutsu Special for Freshers

トランジスタ技術SPECIAL forフレッシャーズ

No.112

はじめに

新人としての研修期間が終わると，そろそろ一部の回路ブロックの設計を任されるようになってきます．現在では大抵の回路ブロックを実現するために，部品メーカからは多種多様な部品が販売されています．それでは，それらの部品をどうやって選んで，どのように使えばよいでしょうか？ おのおのの部品のデータシートやアプリケーション・ノートに書かれている回路をそのままコピーして使うのでは，自分で設計した製品とはいえません．

本書では，まず[基礎編]で個々の部品の使いかたのケース・スタディを学びます．さらに[実践編]では，代表的な機能ブロックの具体的な実用回路を紹介していきます．

もちろん本書ですべてが網羅できているわけではありませんし，各社の独自の設計基準とも照らし合わせる必要はありますが，本書がこれから回路設計を始められる方々の足がかりになれば幸いです．

森田 一

CONTENTS

徹底図解

ケース・スタディから学んで定番/便利デバイスを活用する

アナログ回路設計の勘所

［基礎編］

第1章 回路図の描きかたから部品の特徴まで
電子回路設計の基礎知識 6

1-1 信号の流れや部品の役割を意識するとよい
読みやすい回路図の描きかた 6

1-2 世界中のメーカが共通の標準値を設けている
抵抗などの値が一見中途半端になっている理由 8

1-3 特性の劣化，破裂や液漏れなどの危険がある
アルミ電解コンデンサには極性がある 10

1-4 寿命が尽きたので交換する必要がある
アルミ電解コンデンサの液漏れ 11

1-5 できるだけ長時間使用するためには
アルミ電解コンデンサは長寿命タイプを低温度で使う 12

1-6 回路が故障するまでの時間を数値化する
電子機器の信頼性は*MTBF*を指標にする 13

1-7 故障率と寿命は違うので比較できない
アルミ電解コンデンサの寿命と故障率 14

1-8 保存期間は吸湿耐性で決まる
半導体デバイスの保存期間を守ることが重要 15

1-9 丸ピン型は接触が確実だが着脱しにくい
ICソケットの形状による違い 16

1-10 1個にまとめてしまってはいけない
電源パターンとグラウンド間のコンデンサ 17

1-11 普通の平行ケーブルは高周波の伝送に向かない
高周波信号の伝送には同軸ケーブルを使う 18

第2章 必要な機能や性能を安定に引き出すために
OPアンプ応用回路のケース・スタディ 20

2-1 内蔵トランジスタの動作のために0.6V＋αが必要
OPアンプの出力電圧はグラウンドや電源電圧までは出ない 20

2-2 バッファ回路の出力は同相入力電圧範囲で制限される
OPアンプには入力可能な電圧範囲が規定されている 21

2-3 開放状態にしておくとトラブルの元になる
使わないOPアンプの入力端子の処理 22

2-4 入力されていない信号が出力される
OPアンプ回路は発振する場合がある 24

2-5 入力部のトランジスタのベース電流の経路が絶たれてしまう
OPアンプの入力をオープンにしてはいけない 26

2-6 内部回路が原因で生じる
OPアンプのオフセット・シフトに注意 27

2-7 雑音に対する帯域を狭めることが必要
雑音を減らすためにはアンプ前後にパッシブ・フィルタを入れる 29

2-8 正と負の定電流出力が可能なアンプを作るには
改良型ハウランド電流ポンプという定番回路 30

2-9 OPアンプとトランジスタで構成した回路の精度を高める
定電流出力回路の高精度化 31

2-10 差動入出力の回路でひずみを生じることがある
OPアンプの同相入力電圧範囲に注意する 33

2-11 出力の変動が止まらなくなる
積分回路ではコンデンサやOPアンプの選択に注意が必要 35

2-12 周波数帯域を伸ばすために高速型に変更するとき
高速型OPアンプではパターンや周辺部品に注意する 37

2-13 高すぎる同相電圧によって生じる
インスツルメンテーション・アンプの内部飽和に注意する 39

2-14 プリント基板の変形などが影響を及ぼす
高精度型OPアンプではパッケージへの応力に注意する 42

第3章 さまざまなアナログ信号を正確にディジタル化するために
A-Dコンバータ応用回路のケース・スタディ 43

3-1 分解能と変換速度, インターフェースで選ぶ
A-DコンバータICの選びかた 43

3-2 変換データの下位数ビットの安定性に影響する
A-Dコンバータの入力帯域と雑音 47

3-3 入力がフルスケールを越えるような場合
入力信号をアッテネータで減衰する 49

3-4 入力していない信号が変換データに現れる
高周波の雑音がエイリアスとなる 50

3-5 入力切り替え時にオフセットが出ることがある
マルチプレクサの入力容量に注意する 52

第4章 デバイスの破壊や機器の故障率などを考慮する
電源&パワー・デバイスのケース・スタディ 54

4-1 2個の抵抗または1個のダイオードを外付けすることで可能
3端子レギュレータの出力電圧を調整する方法 54

4-2 片方の出力が0Vになったままになることがある
3端子レギュレータで正負電源を作る際の注意点 56

4-3 損失に熱抵抗を乗じて表面温度を加える
半導体のチップ温度の測りかた 58

4-4 電池動作機器などで必要となる
昇圧型コンバータのスタンバイ電流を減らす方法 60

4-5 基準電源ICに流れるバイアス電流の影響を考慮する
出力電圧を設定する抵抗の考えかた 62

4-6 ゲート閾値電圧の仕様に注意が必要
MOSFETの並列接続で出力電流を大きくする方法 64

4-7 OFF時のドレイン電流の急上昇が問題となる
ターンオンの高速化でMOSFETが壊れることがある 66

4-8 チャネル温度の規定値を守る必要がある
MOSFETの最大V_{DS}を越えるノイズへの対処法 67

[実践編]

第5章 アナログ信号の増幅から正弦波の発生まで
計測/測定と信号発生の実用回路 69

5-1 分解能が1pAで最大値が19.999nA
入手しやすい部品で実現する微少電流測定回路 69

5-2 電圧降下がわずか10mVで低電圧/小電流にも使える
双方向の電流測定回路 70

5-3 環境変化による誤検出を防げる
容量測定による近接センサ回路 71

5-4 800M～2GHzの帯域で使用できる
リターン・ロス/*VSWR*の測定回路 72

5-5 10M～2GHzの帯域で使用できる
ゲイン/損失測定回路 73

5-6 コンパレータ1個で電圧範囲内/外を判定できる
ウィンドウ・コンパレータ回路 73

5-7 回路が簡単で広帯域なアンプの実動作の確認に使える
両エッジの遷移が約3nsの方形波発生回路 74

Transistor Gijutsu Special for Freshers

トランジスタ技術SPECIAL forフレッシャーズ

No.112

▶本書の[基礎編]に掲載の記事は「トランジスタ技術 2008年5月号」の特集記事を，[実践編]の各章は「トランジスタ技術 2008年9月号」の特集記事を再編集したものです．

表紙・扉・目次デザイン＝千村勝紀
表紙・目次イラストレーション＝水野真帆
表紙撮影＝矢野 涉

5-8 変位センサや金属探知，近接スイッチなどに使える
周波数300kHz定振幅の*LC*発振回路 76

5-9 回路が簡単でオーディオ機器の試験に使える
単電源動作の100Hz～10kHz ブリッジドT型発振回路 77

5-10 汎用OPアンプで手軽にできる
オーディオ周波数帯ウィーン・ブリッジ型発振回路 78

5-11 振幅を入力信号でコントロールできる
三角波と矩形波を発生する回路 79

第6章 マイコンやディジタル回路で扱いやすい信号にする
信号の変換とフィルタリングの実用回路 80

6-1 PWM出力を精度良くアナログ信号に変換できる
論理信号から高精度な±3Vの信号を作り出す回路 80

6-2 振幅は一定，ある周波数帯域で90°位相を変える
位相差分波器に使えるオール・パス回路 81

6-3 A-Dコンバータにオシロスコープ用プローブで信号を取り込む
計測用アッテネータ&バッファ回路 82

6-4 微小信号を検出しやすくなる
350mV/10nsのパルスを5V/70μsのパルスに変換する回路 84

6-5 任意波形信号の電圧の実効値を出力する
帯域2MHzのRMS-DC変換回路 85

6-6 最高1MHz出力，クロック同期で高精度
電圧-周波数変換回路 86

6-7 0.5k～12kHzを0.25%の直線性で変換
周波数-電圧変換回路 87

6-8 2線シリアルD-Aコンバータを使った
マイコン内部で処理中の信号をモニタするテクニック 89

6-9 高精度/高速化を実現する
ダイオードを使わない3種類の絶対値回路 90

6-10 ダイレクト・コンバージョン送受信機などに使える
5次，上限4kHzの位相差分波器 93

6-11 シングル/差動の両入力に対応し2次アンチエイリアシングLPFも兼ねる
オーディオA-Dコンバータ用差動入力バッファ回路 94

6-12 帯域が15MHzで耐圧1000V以上の
広帯域アイソレーション・アンプ回路 95

6-13 アクイジション時間が850nsで保持電圧の降下率が30μV/μsの
アナログ・スイッチによるサンプル&ホールド回路 97

6-14 切り替え時間が100nsと速い
ゲイン切り替え機能付きアンプ回路 98

6-15 パルス幅変調回路に使える
高速にゲインを+1倍/−1倍に切り替える回路 99

6-16 直流入力抵抗が2MΩ, 入力インピーダンスが1GΩでセンサのバッファとして使える
ブートストラップ回路 100

6-17 減衰特性が12dB/octで簡易アンチエイリアシング・フィルタに使える
2次ロー・パス・フィルタ回路 101

6-18 FMステレオ・トランスミッタの高域雑音除去に使える
7次ロー・パス・フィルタ回路 102

6-19 カットオフ周波数が10MHz
5次ロー・パス・フィルタ回路 103

第7章 基本的な電源回路から基準電流源/低雑音電源まで
アナログ回路に使う電源の実用回路 105

7-1 出力電圧を抵抗1本で0Vから設定できる
並列運転が可能なシリーズ・レギュレータを使った電源回路 105

7-2 ワンチップで50/100/200/300/400μAを生成できる
基準電流生成回路 106

7-3 タイマIC NE555を応用したチャージ・ポンプ電源①
負電圧発生回路 108

7-4 100Hzから50kHzまで10nV/√Hzの雑音特性
低雑音電源回路① 109

7-5 出力30mAで部品点数が少ない
低雑音電源回路② 110

7-6 タイマIC NE555を応用したチャージ・ポンプ電源②
***n*倍電圧発生回路** 112

第8章 小型で高効率のDC-DCコンバータ回路を使用する
携帯機器やディジタル回路に使う電源の実用回路 113

8-1 降圧型コンバータ内蔵ICを使った
高入力電圧時も高効率なLDOレギュレータ回路 113

8-2 昇圧型コンバータ内蔵のICを使った
低出力電圧時も高効率なLDOレギュレータ回路 114

8-3 外付けインダクタ不要, 極少の外付け部品
10A出力の超小型降圧型コンバータ回路 115

8-4 ソフトウェアで簡単に回路設計できる
計装回路用AC24V入力/DC5V出力の電源回路 116

8-5 わずかな外付け部品で各種DC-DCコンバータを作れる
降圧型/昇圧型/反転型/昇降圧型コンバータ回路 118

8-6 OPアンプによる定電圧回路を利用した
多系統電圧出力ができる電源回路 121

8-7 軽負荷時に間欠動作で損失を減らす
高効率で低雑音の複合共振型AC-DCコンバータ回路 122

8-8 パワー・スイッチを内蔵した中出力電力用
効率の高い昇降圧型コンバータ回路 124

8-9 フライバック・コンバータの効率を大幅に向上させる
2次側同期整流回路 125

8-10 同期整流で電池動作に適した
小型で高効率な降圧型コンバータ回路 126

8-11 実装面積が7×8mm! インダクタ1個で2出力!
超小型の降圧型コンバータ回路 127

8-12 リチウム・イオン電池から5Vが得られる
入力電圧が出力電圧を上回っても出力が安定な昇圧型コンバータ回路 128

8-13 0.3Vの低入力電圧でも動作し燃料/太陽電池にも使える
電池動作機器用の昇圧型コンバータ回路 130

8-14 CMOSロジックの駆動やLEDの点灯に使える
電池1本から5V/30mAを取り出す回路 131

8-15 昇圧と降圧を自動切り替え! 効率が約92%と高い
電池動作機器用の昇降圧型コンバータ回路 132

第9章 バイアス電圧の発生からモータ駆動回路まで
特殊な用途に使う電源/パワーの実用回路 133

9-1 高周波アンプのバイアス電源に使える
簡易シーケンス機能付き電源回路 133

9-2 100V以下のツェナー・ダイオードの電圧チェックにも使える
0〜100V/2mAの直流可変電源 134

9-3 多出力の電圧バッファを使った
液晶駆動用のバイアス電圧発生回路 135

9-4 コンパクトで電池のように使える
小電力用フローティング電源回路 136

9-5 電力線搬送通信用ライン・ドライバICを使った
ブラシレスDCモータのレゾルバ用励磁回路 138

9-6 突入電流の制限などの保護機能を内蔵する
4.5V〜20Vの高耐圧ロード・スイッチ 139

9-7 数個の外付けコンデンサでマイコンからMOSFETを駆動できる
ハイ・サイド用ゲート・ドライブ回路 140

9-8 汎用フォト・カプラを使ってシンプル
モータ駆動用ブートストラップ回路 141

索引 142

第1章
回路図の描きかたから部品の特徴まで

電子回路設計の基礎知識

1-1 読みやすい回路図の描きかた

信号の流れや部品の役割を意識するとよい

図1 回路図の描きかた例：その①…トランジスタ回路（簡易型3次ローパス・フィルタ）

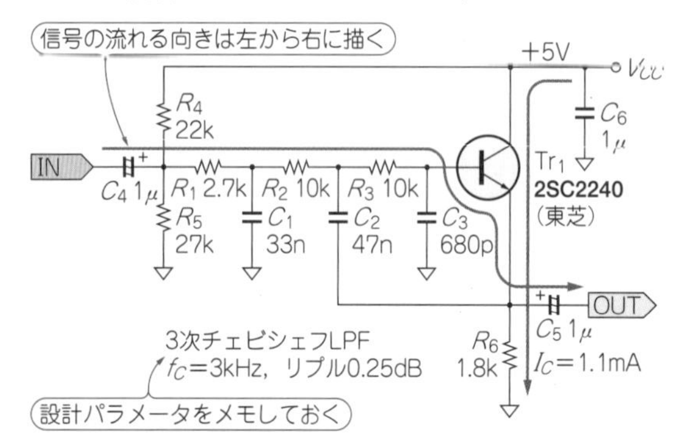

● 信号の流れる向きが左から右へとなるように

図1に示すのはトランジスタ回路の例です．信号の流れは，図中左側の入力INからC_4-R_1-R_2-R_3-Tr_1-C_5を経て，右側の出力OUTへとなっています．

● 部品との物理的な位置関係が重要なものは分けない

図2に示すのはメモリ周辺の回路図です．フィルタや電源のデカップリング・コンデンサ（パスコン）C_1，C_2，さらに終端抵抗R_1～R_4は直列終端抵抗なのでIC_1の横に描きます．また，IC_1の電源のパスコンはIC_1に近い側からC_1，C_2の順で描きます．

● 複数の回路図の接続部は左端または右端にまとめる

グラウンドや電源以外は，回路図の中に埋もれてい

図2 回路図の描きかた例：その②…メモリIC周辺［ROM（Read Only Memory）］

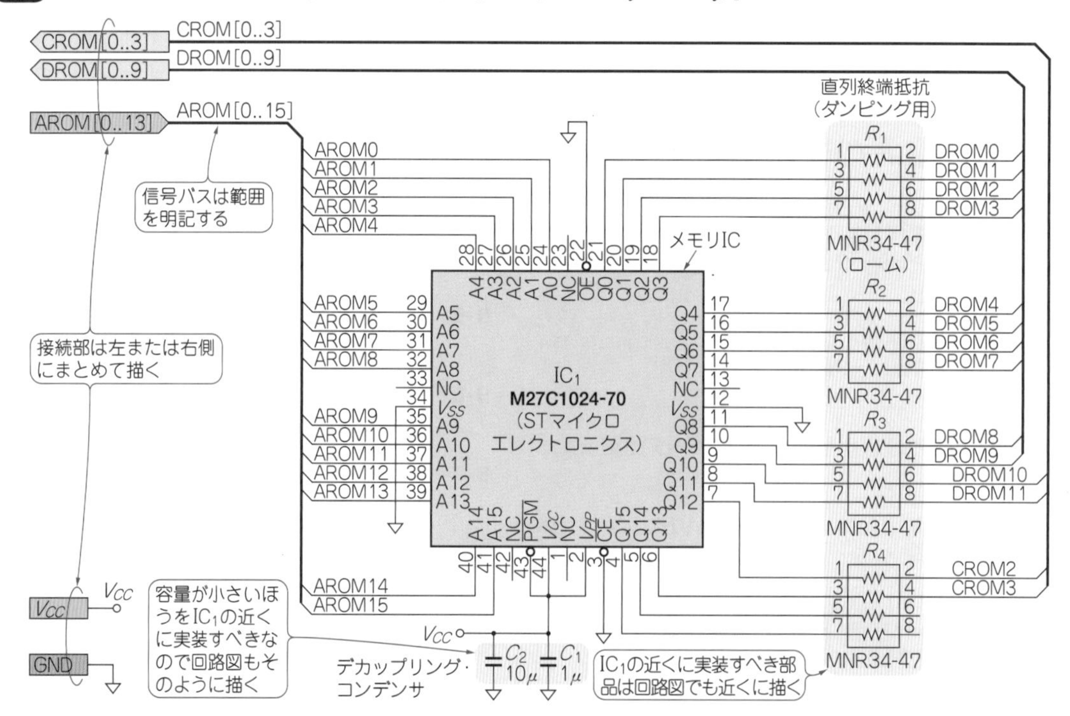

ると接続がわかりにくくなってしまいます．

図2ではCROM［0..3］などの信号バスや，V_{CC}などの電源も左側にまとめて描いています．

● 信号バスやそのメンバの信号には信号名やメンバ数の範囲を付ける

例えば，図2中のCROM［0..3］のバスや，そのメンバCROM0，CROM1などです．この表記がないと区別できなくなります．

● 設計パラメータなどのメモを残す

1年も経つと設計した本人ですら，定数の意味や回路のスペックがわからなくなることがあります．

例えば，図1のように"f_C = 3 kHz，ripple = 0.25 dB"や"I_C = 1.1 mA"のようにコメントを入れて，定数の意味などがわからなくならないようにします．

● 何が重要かによって描き分ける

- 一般的な回路：信号の流れをできるだけ一直線にする
- アナログ回路：図3のように，グラウンドの接続に留意する
- ディジタル回路：主たる信号と制御線を区別しやすくする
- 高周波回路：図4のように，部品配置が想像しやすいように描く．グラウンド，信号，バイアスなどの扱いを明確にする

＊

回路図の描きかたは人それぞれですが，技術者としてのセンスの見せ所でもあります．データシート中の応用回路例や，アナログICの内部回路，測定器に付属の回路図など，一流の技術者が描いた回路図をたくさん見ていると，少しずつ設計者の伝えたいことやテクニックが「読める」ようになり，回路図で表現するのが楽しくなってくるでしょう．〈細田 隆之〉

図3 回路図の描きかた例：その③…OPアンプ回路周辺

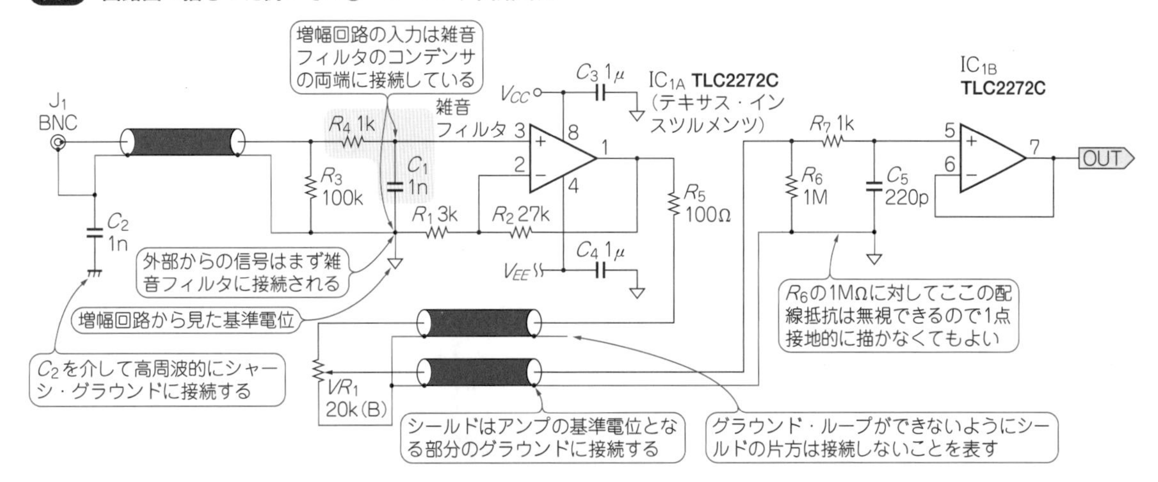

図4 回路図の描きかた例：その④…高周波回路［位相調整器付きRF(Radio Frequency)アンプ］

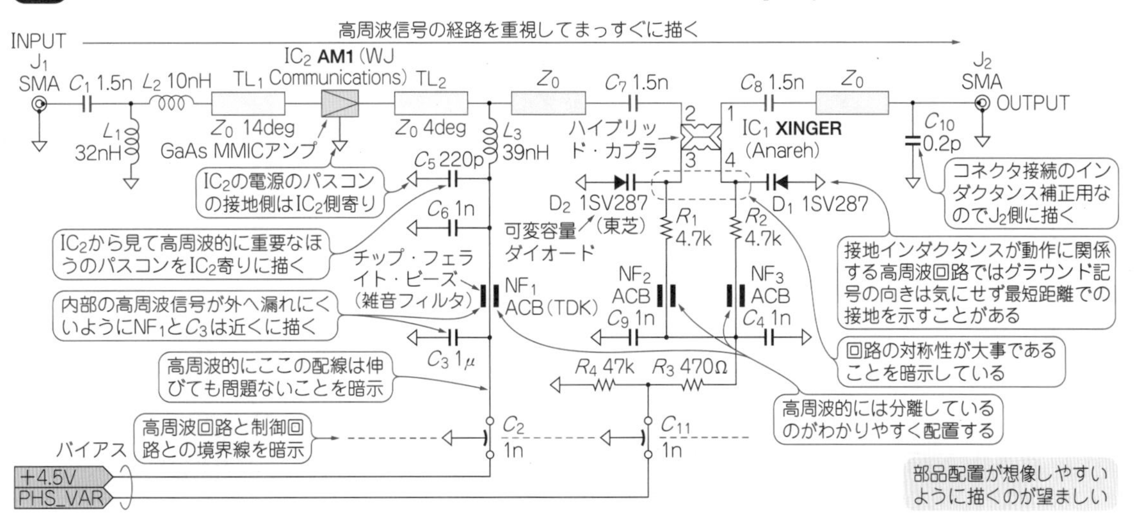

1-2 世界中のメーカが共通の標準値を設けている
抵抗などの値が一見中途半端になっている理由

受動素子の値は，E6系列やE12，E24系列と呼ばれる名称でJIS工業規格などに定められています．それは，電子部品の望ましい値として，標準化したものです．表1に値を示します．ほかにも高精度用途にE48，E96，E192系列も定められています．

● 抵抗はE24，コンデンサはE12/E6…

実際の部品の入手性を考えると，部品定数を決めるときに電力系のコイルはE3系列，信号系のコイルや一般的なコンデンサではE6系列，フィルム・コンデンサや低誘電率系のセラミック・コンデンサではE12系列に選ぶようにするのが無難です．

一般的に，抵抗はおよそ10 Ωから330 kΩの範囲ではE24系列から選んで問題はありません．1 %誤差の高精度抵抗ではE96系列が，0.5 %誤差の高精度抵抗ではE192系列がラインナップされていることがありますが，入手性は若干悪くなります．1 %や0.5 %誤差でも，E24系列の値のものは標準品として用意されていることもあります．

許容誤差0.05 %以下といった超高精度抵抗などでは，基準素子的に使用される1 kΩとか10 kΩといった標準値以外は入手性があまり良くありません．

E24系列の値というのはすぐに見慣れるものですが，後々便利なのでとりあえず最初に丸暗記してしまうのが得策でしょう．

表1　各種E系列の値とばらつき
JIS C 5063(IEC 60063)参照

系列	E24	E12	E6	E3
許容誤差	5 %	10 %	20 %	40 %*
定数	1.0	1.0	1.0	1.0
	1.1			
	1.2	1.2		
	1.3			
	1.5	1.5	1.5	
	1.6			
	1.8	1.8		
	2.0			
	2.2	2.2	2.2	2.2
	2.4			
	2.7	2.7		
	3.0			
	3.3	3.3	3.3	
	3.6			
	3.9	3.9		
	4.3			
	4.7	4.7	4.7	4.7
	5.1			
	5.6	5.6		
	6.2			
	6.8	6.8	6.8	
	7.5			
	8.2	8.2		
	9.1			

*電子回路分野で40 %誤差の部品は事実上ほぼないといってよい

● E6とE24の標準値の意味

標準値はそれぞれの値から許容誤差でばらついた場合に，ほぼ1桁ぶん(1ディケード)を網羅するようになっています．例えば，E6系列は1ディケードを対数的に6等分した値($10^{\frac{n}{6}}$)を求め，さらに使いやすい値にまるめたものです．主に許容誤差20 %の受動素子(抵抗やコンデンサ，インダクタなど)を対象にしています．

● E24系列は等比級数からずれている？

E24系列などでは，1桁を対数的に24等分した値を2桁にまるめた値から，微妙にずれている範囲があります．このことによって比率がやや大きめとか小さめにできたりして，実務においてこれらの絶妙な値の選択にありがたみを感じることがあります．これは1桁のちょうど1/3付近，2.4～4.7の間です．

電子回路，特にアナログ回路では，部品定数の絶対値ではなく，値の比が大事なことがよくあります．例えば，図1のアンプ回路は，$(R_1 + R_2)/R_1$で増幅度が決まります．

表2を見ると実用上のほとんどの倍率がE24系列の比で実現できることがわかります．

図1　抵抗の比で増幅度が決まるアンプ回路の一例
入出力間のゲインがR_1とR_2の比で決まる

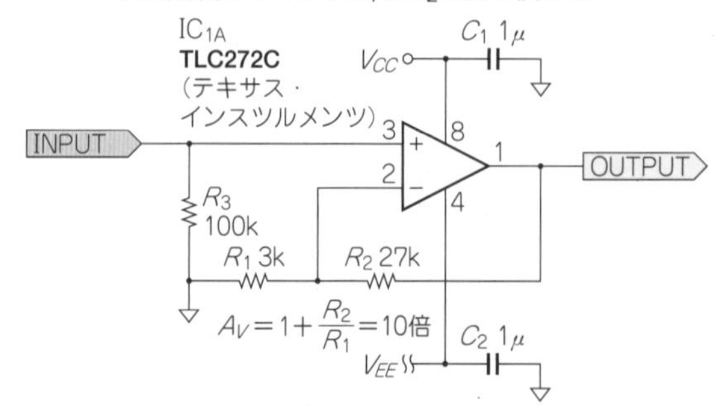

● 標準値からはずれた値の部品もある

値の小さいコンデンサ(数pF以下)などは，0.5 pF，0.75 pF，1.0 pFというようにE系列でない値で部品がラインナップされていることがあります．このような場合は誤差が±10 %といった相対誤差でなくて±0.25 pFといった絶対誤差で表されることがあります．

逆に大容量の高誘電系セラミック・コンデンサなどでは＋30 %／－80 %といった非対称な誤差のものも存在します．

〈細田 隆之〉

表2　E24系列の比で得られる実用的な倍率の例

倍　率	E24系列の比(誤差)
1.1	11/10，22/20，33/30
1.2(6/5)	12/10，24/20，36/30
1.25(5/4)	15/12，20/16，30/24
1.33…(4/3)	24/18，36/27，68/51，100/75
1.4(7/5)	18/13(－1.1 %)
1.5(3/2)	15/10，30/15，36/24
1.6(8/5)	16/10，120/75
1.66…(5/3)	30/18
1.75(7/4)	82/47(－0.3 %)
1.8(9/5)	18/10，27/15，36/20
2	15/7.5，30/15，24/12，22/11，20/10
2.16…($\sqrt{10}$-1)	39/18(＋0.2 %)
2.2(11/5)	22/10，33/15
2.25(9/4)	36/16
2.33…(7/3)	56/24，91/39
2.5(5/2)	30/12，75/30
2.6(13/5)	39/15
2.66…(8/3)	200/75
2.75(11/4)	33/12
2.8(14/5)	56/20
3	30/10
3.16…($\sqrt{10}$)	51/16(＋0.79 %)
3.2(16/5)	240/75
3.25(13/4)	39/12
3.4(17/5)	51/15，68/20
3.5(7/2)	56/16
3.75(15/4)	75/20
4	12/3，300/75
4.25(17/4)	68/16
4.5(9/2)	68/15(＋0.7 %)
5	75/15, 10/10, 11/22, 12/24, 15/3, 180/36
5.5(11/2)	11/2
6	12/2，18/3
6.5(13/2)	13/2
7	91/13
7.5(15/2)	15/2，180/24，270/36，510/68
8	120/15，16/2，24/3
8.5(16/2)	330/39(＋0.45 %)
9	18/2，27/3

許容差と温度係数の略号表記　column

抵抗値や容量などはデータシートや回路図中で，公称値と許容差を合わせて表されることがよくあります．

例えば1 kΩ±1 %の抵抗は**102F**のように許容差をアルファベット1文字の略号で表します．公称値の**102**は，10に0を二つ付け加えた1000 Ωを表しています．

よく見かけるものは，抵抗でD(0.5 %)，F(1 %)，G(2 %)，J(5 %)，コンデンサではJ(5 %)，K(10 %)，M(20 %)です．

一般的な許容差の略号を次に示します．

▶許容差［%］の略号の例

許容差は，一般に次のように表されます．

K：10　　M：20

F：1　　G：2　　J：5

B：0.1　　C：0.25　　D：0.5

L：0.01　　P：0.02　　W：0.05

Y：0.001　　X：0.002　　E：0.005

超高精度な抵抗など許容差0.1 %未満のものは，メーカにより違うことがあります(上記で赤色の網かけ部分)．

・アルファ・エレクトロニクス社の抵抗の許容差表示例

V：0.005　　T：0.01　　Q：0.02　　A：0.05

・進工業社の抵抗の許容差表示例

E：0.005　　L：0.01　　P：0.02　　W：0.05

例外的に少容量(10 pF未満)のセラミック・コンデンサでは，許容差を，相対値でなく，絶対誤差として略号で表すことがあります．

例)C：±0.25 pF　　D：±0.5 pF

温度係数が気になるところでは公称値の前に温度係数［ppm/℃］の略号を付けることがあります．こちらはメーカごとに異なりあまり統一されていません．

回路図中で許容差を問題としないところ(プルアップ抵抗など)の素子値に許容差記号を付けていない場合には，注意書きに「特に明記してない抵抗は5 %，コンデンサは10 %の許容差である」などと記しておくこともあります．

〈細田 隆之〉

1-3 特性の劣化，破裂や液漏れなどの危険がある アルミ電解コンデンサには極性がある

● 逆極性接続は絶対ダメ

アルミ電解コンデンサ(写真1)を逆接続すると電流が流れて発熱します．

温度上昇が急激だとケースの膨張や液漏れを生じ，最悪の場合は破裂に至ります．逆接続することは絶対に避けなければなりません．回路の動作上で一時的に極性が逆転するような箇所に使ってはいけません．

● 極性を間違えても何食わぬ顔で動き続け，あとでトラブルになることも…

逆電圧が数V程度の低い電圧の場合は，破壊に至らない場合があります．そのまま逆電圧を加え続けると，陰極側の酸化アルミニウム膜が成長し，しばらくすると正常の極性のように動作するようになります．

ただし，元の容量より少なくなり，*ESR*も増加します．寿命や特性が悪化しますが，見た目の変化がないので，極性逆転に気が付かない場合があります．

● アルミ電解コンデンサの構造を見てみる

構造(原理図)は図1のように電解液をしみこませた電解紙をアルミ箔で挟み，電解液が漏れたり蒸散したりしないようにケースを密閉しています．陽極アルミ箔表面の極めて薄い酸化アルミニウム(Al_2O_3)膜を誘電体としています．さらにアルミ電極の表面に細かい凹凸を付けて表面積を増やしています(平面に比べて数倍～150倍程度)．コンデンサの容量は電極面積に比例し，誘電体厚さに反比例しますので，体積の割に大きな容量が得られるのです．陽極表面の細かい凹凸に沿って陰極を密着させるため，図1(b)のように液体(電解液)を陰極としています．

電解液は溶媒と溶質(電解質)でできており，導電性がある液体です．

アルミ陽極-酸化アルミ誘電体-電解液の構造は極性をもち，ダイオードのような働きをします(図2)．つまり，一方向には絶縁体(10^6～10^7 Ω/cm程度)，もう一方向には導体として働きます．

アルミ電解コンデンサの耐圧は酸化アルミニウム膜の厚さで変わり，1 nm(百万分の1 mm)で耐圧1 V程度です．極端に厚くできないので，耐圧は最大でも500 V程度です．

〈藤田 昇〉

◆引用文献◆

(1) 三宅和司；電子部品図鑑，トランジスタ技術，1995年3月号，CQ出版社．

写真1[(1)] アルミ電解コンデンサは印加できる電圧の向きが決まっている

図2 アルミ電解コンデンサの等価回路

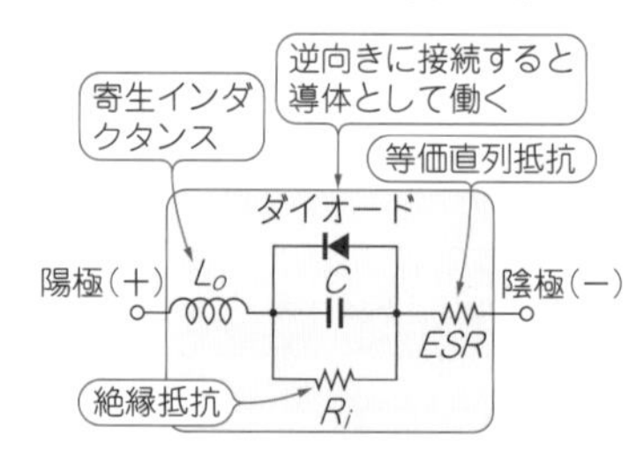

図1 アルミ電解コンデンサの構造

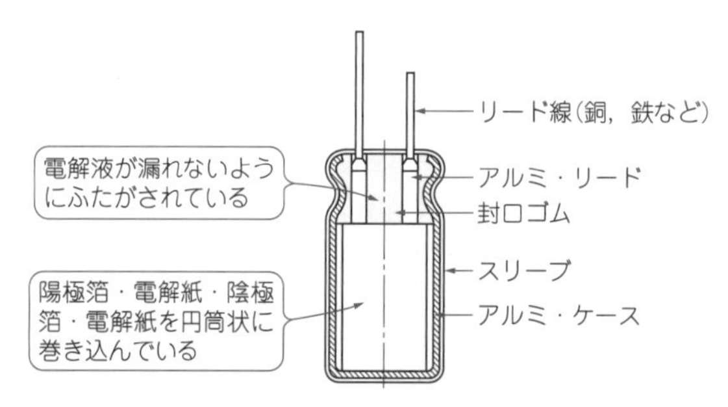

(a) アルミ電解コンデンサの代表的な構造

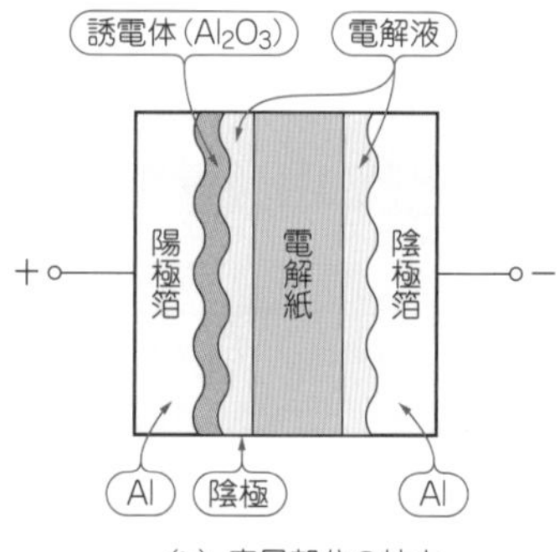

(b) 容量部分の拡大

1-4 寿命が尽きたので交換する必要がある アルミ電解コンデンサの液漏れ

● 時間がたつと内部の電解液が蒸発して容量が小さくなる

蒸発によって内部から電解液が無くなってしまう蒸散現象(ドライ・アップ)がおもな要因です．写真1に発熱でドライ・アップしたコンデンサを示します．

蒸発の量は，電解液の性質(蒸気圧が高いと蒸発しやすい)と温度の高さに影響されます．また，ケースの密閉度によっても変わり，密閉度が高ければ蒸散量は少なくなります．寿命末期には静電容量が減少し，等価直列抵抗(*ESR*；Equivalent Series Resistance)が増加します．

はんだ付け時のフラックスや輸出入時の燻蒸剤(くんじょうざい)に含まれるハロゲン(塩素や臭素など)の侵入で電極が劣化することがあります．つまり，予測しない時期に寿命を迎えることもあるということです．

● 回路にどのような悪影響が出るか

小信号回路のバイパスやデカップリングに使っている場合は静電容量が抜け*ESR*が高くなっても，回路として性能が落ちる，または動作しなくなるだけです．

しかし，電源回路の平滑コンデンサのようにリプル電流が流れる回路に使用している場合は，*ESR*が高くなると自己発熱が多くなり，さらに*ESR*を高める方向に働きます．結果，図1のように急激な発熱や破裂に至るという危険性があります．平滑用コンデンサは体積が大きいので，液漏れや破裂は大きな2次災害につながる可能性が高くなります．

図1 液漏れや破裂に至るステップ

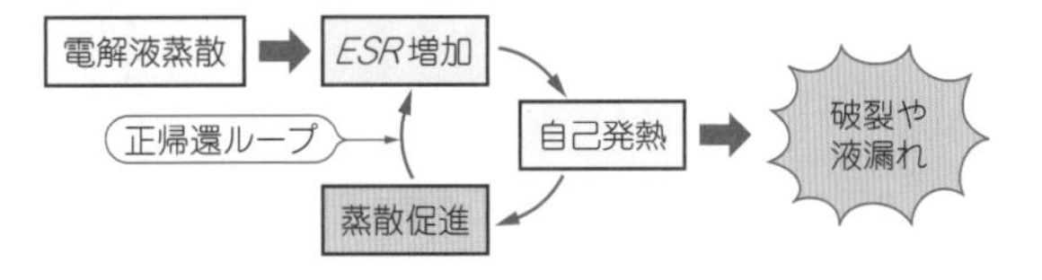

● 安全弁が働くように上部にスペースを設ける

アルミ電解コンデンサには，極端な温度上昇や爆発を避けるために，安全弁が設けられています．具体的には，アルミ・ケースの上部に筋を入れて裂けやすくして安全弁としたり，封止部に圧力弁を設けたりしています．これらの安全装置が働くためにはスペースが必要です．

もし，アルミ電解コンデンサの上部が電子機器のケースに密着していたり，封止部がプリント基板に密着していたりすると安全弁が働かず，アルミ電解コンデンサの温度と内部圧力が上昇を続けます．ケースがプラスチックでできている場合は変形や火傷，発火に至る可能性もあります．

図2のように，アルミ電解コンデンサの圧力弁周辺には必ずスペースが必要です．必要なスペースは，電解コンデンサの大きさや安全弁の構造などによって異なります(多くは数mm程度)．

機器寿命(想定使用期間)より部品寿命のほうが長くなるように設計するのが原則です．しかし，メーカが想定した機器寿命を越えてユーザが機器を使い続けることはよくあります．

〈藤田 昇〉

写真1 内部の発熱が原因でドライ・アップした電解コンデンサの症状

(a) 防爆弁が開いた例

(b) 液漏れの例

図2 アルミ電解コンデンサの圧力弁周辺には必ずスペースを設ける
安全弁が上部にある場合

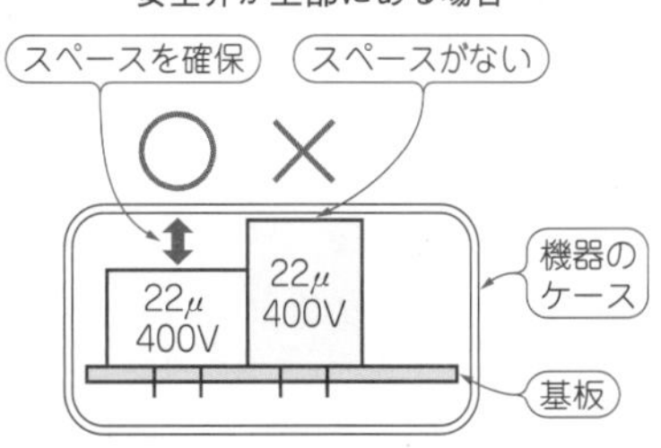

1-5 できるだけ長時間使用するためには アルミ電解コンデンサは長寿命タイプを低温度で使う

電源回路の平滑コンデンサのように，大容量・高耐圧・小形で安価という条件では，表1で他のコンデンサと比較すると，アルミ電解コンデンサを使わざるを得ません．しかし，アルミ電解コンデンサには寿命があります．できるだけ長期間使用するにはどうしたらよいのでしょうか．

● 長寿命タイプを使う

アルミ電解コンデンサの寿命は，蒸発によって内部から電解液がなくなってしまう蒸散現象(ドライ・アップ)がおもな要因です．部品メーカは寿命を長くするため，蒸気圧の低い電解液を採用し，ケースの強度確保・封止材の強化・封止材とケースや端子の密着度を強化しています．いずれもコストや大きさに影響します．

同じ静電容量でも用途に応じて上限温度と寿命の異なる製品が用意されています．表2は1000 μF/25 Vのリード線型アルミ電解コンデンサを比較したものです．

ドライ・アップの速さは，分子運動の激しさによります．アルミ電解コンデンサの寿命は，10 ℃上がるごとに半分になります(10 ℃ 2倍則)．

表2の「計算寿命」の欄は，アルミ電解コンデンサの温度を55 ℃としたときの寿命を，10 ℃ 2倍則で計算したものです．長寿命品を選び，使用温度を上限温度より下げると長期間使うことができます．

● 高温に弱い

アルミ電解コンデンサの温度は電子機器の内部温度と自己発熱で決まります．電子機器の内部温度を下げるためには機器内の発熱量を少なくし，放熱量を多くします．例えば，機器の表面積を広くする，ファンを付けるなどです．また，図1のように温度が高くなる部品(パワー・トランジスタや大電力抵抗器)のそばに取り付けることは避けます．

● アルミ電解コンデンサの自己発熱を下げる

自己発熱要因は，リプル電流か漏れ電流です．

リプル電流が流れる回路では*ESR*(Equivalent Series Resistance：等価直列抵抗)でジュール熱($W = I^2R$)が発生します．そのため，*ESR*の低いもの，あるいは許容リプル電流の大きいものを選びます．

定格電圧を加えると漏れ電流が最高値になります．回路の使用電圧の最高値に対して余裕をもった耐電圧のものを選択します(例えば1.5 ～ 2倍程度)．

● 形状の大きいほうが寿命が長い

同じ静電容量・定格電圧のときは形の大きいほうが寿命が長い傾向があります．

容積が大きいと電解液が多くなり蒸散までの時間が延びるからです．また，表面積が広いと放熱量が大きくなり，自己発熱による温度上昇を低減できます．

〈藤田 昇〉

表1 平滑用コンデンサの比較

	大容量	高耐圧	低*ESR*	耐リプル	寿命	価格
アルミ電解	○	○	△	○	あり	○
タンタル電解	△	×	○	△	明確にはない	×
セラミック	×	△	○	○	明確にはない	○

表2 アルミ電解コンデンサ(1000 μF，耐圧25 V)を55 ℃で使ったときの寿命

上限温度 [℃]	寿命 [時間]	寸法 [mm]	計算寿命(55℃) [時間]
85	2000	φ 10 × 16	16000 ≒ 1.8年
105	2000	φ 10 × 16	64000 ≒ 7.3年
	5000	φ 12.5 × 20	16万 ≒ 18年
	10000	φ 10 × 25	32万 ≒ 36年
125	5000	φ 12.5 × 25	64万 ≒ 73年

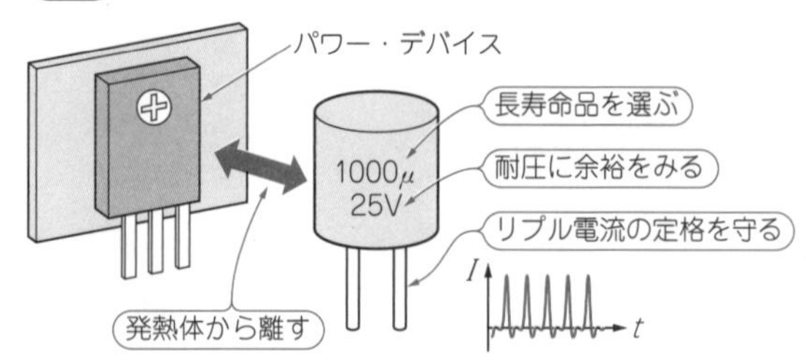

図1 電解コンデンサは発熱体から遠ざける

1-6 電子機器の信頼性は*MTBF*を指標にする

回路が故障するまでの時間を数値化する

● *MTBF*とは

多数の機器(あるいは部品)を動作させたときに，時間経過と故障率の関係をプロットすると図1の形になります(西洋の風呂を横から見たような形なので「バスタブ曲線」と呼ばれる)．製造直後は製造ミスや設計ミスなどに伴う故障が頻発しますが，その期間を過ぎると故障率が下がるとともに発生間隔がランダムになります．この期間を偶発故障期間といいます．

MTBF(Mean Time Between Failure)は，この偶発故障期間内の平均故障間隔を指します．

本来は，故障したら修理しながら使う機器(修理保全という)の指標ですが，修理しない(できない)機器や部品の信頼性指標にも使われています．

● *MTBF*や故障率を算出することの意義

電子機器を設計し販売するときは，保守要員や費用を算出するため*MTBF*(あるいは故障率)を把握しなければなりません．

ちなみに，故障修理に要する時間を*MTTR*(Mean Time To Repair：平均復旧時間)で表します．そして，その装置の全動作期間から*MTTR*と故障回数の積を引いたものを稼働時間といい，稼働時間を全動作期間で割った値を稼働率といいます．稼働率の高い装置ほど信頼性が高いといえます．

● *MTBF*の算出式

電子機器あるいは部品を単位時間(通常は1時間)動作させたときに，故障が発生する確率を故障率といいます．例えば，1万個の部品を1年間(＝8760時間)動作させたときに10個壊れたとすると，故障率R_Fは次式で求まります．

$$R_F = 10/(10000 \times 8760) = 114 \times 10^{-9}/時間$$

電子部品の場合は数字が小さ過ぎるので，*FIT*(Failure in Term，10^{-9}/時間)という単位をよく使います．上記の例は114 *FIT*になります．

*MTBF*と故障率R_Fはいずれも統計的指標で，$MTBF = 1/R_F$の関係にあります．

複数の部品で構成される機器の*MTBF*は，各部品i(あるいはユニット)の故障率をR_{Fi}，その部品の使用個数をn_iとすれば次の式で計算できます．

$$MTBF = \frac{1}{\Sigma R_{Fi} \times n_i}$$

回路の*MTBF*の計算シート例を表1に示します．

● *MTBF*の計算の元になる部品の故障率は実際と違う

必要とされる*MTBF*は，装置に要求される信頼性の高さや大量生産品か少量生産品かで変わります．

テレビなどの家電製品では年間の故障率(実績)は0.3～1％程度といわれています．*MTBF*でいうと100～300年になります．しかし，テレビのような部品点数の多い電子機器の*MTBF*を計算してみると，100年を越えるような数値にならないのが一般的です．これは，*MTBF*の計算の元となる部品の故障率(*FIT*値)が，実際の故障率に合っていないからと考えられます．

多くの会社では，部品の*FIT*値としてMIL-217Fハンドブックの数値を採用しているかと思いますが，この数値は十数年前の故障実績(部品製造時期はさらに前)を前提としており，現在使用している部品はより信頼性が上がっています．そのため，最近の実績に合わせて*FIT*値をアレンジして使うことが多いようです．

〈藤田 昇〉

図1 電子機器のバスタブ曲線

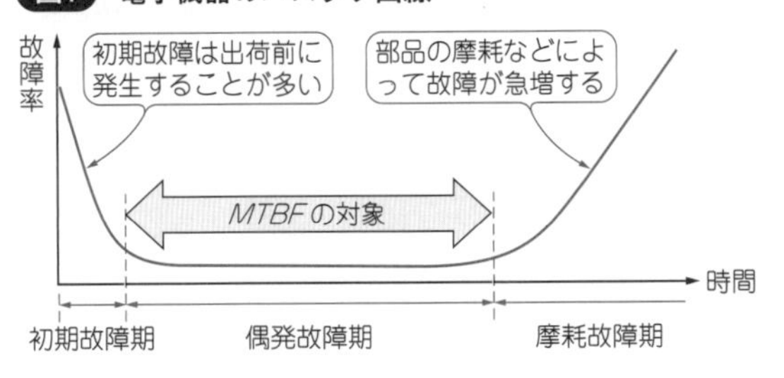

表1 *MTBF*の計算表例

No.	部品名	記号	個数	故障率(*FIT*)	小計
1	コンデンサ1	CA	10	5	50
2	コンデンサ2	CB	20	2	40
3	抵[illegible]	[illegible]	[illegible]	1	[illegible]
[illegible]	[illegible]ップ	IC	[illegible]	[illegible]	100
[illegible]	コンタクト	Z1	100	[illegible]	10
50	はんだ付け	Z2	1000	0.01	10
—	故障率合計	—	—	—	2000

回路名	故障率(*FIT*)	係数	*MTBF*
C-1	2000	2	250000時間

1-7 故障率と寿命は違うので比較できない アルミ電解コンデンサの寿命と故障率

あるアルミ電解コンデンサの寿命の仕様は2000時間@85℃です．動作温度を下げると10℃2倍則で寿命が延びるとのことですから，25℃で使ったときの寿命を計算すると，12万8千時間(約14.6年)になります．

一方，アルミ電解コンデンサの故障率は，10^{-7}～10^{-8}/時間程度です．この故障率を*MTBF*に換算すると1千万～1億時間になります．

*MTBF*のほうが寿命より極端に長い計算になりますが，これはなぜでしょうか．

1-6で説明したように*MTBF*は，偶発故障期間の故障率の逆数です．一方部品の寿命は，製造時点から摩耗故障期間に入るときまでを指します．初期故障は，出荷前に評価試験やエージングによって排除されることが多いので，実質的には部品の偶発故障期間＝寿命と考えてよいでしょう．

*MTBF*が寿命より長くならないように思えます．しかし，寿命が明確な部品は，寿命より*MTBF*のほうが長くなるのが一般的です．*MTBF*は統計上の数値です．ある期間，多数の部品を動作させれば算出できます．例えば，寿命が1000時間のランプ1万個を100時間点灯し，切れたものが10個だとすれば，*MTBF*は10万時間になります．

● 多くの部品は寿命が不明確

アルミ電解コンデンサは時間経過による電解液の蒸散が避けられませんので，明確な寿命がある部品です．同様の例として電球や真空管(ブラウン管やマグネトロンなど)があります．これらは高温のフィラメントの蒸散や高速電子流の衝突による材料の劣化が寿命決定のおもな要因です．

しかし，半導体を含めて多くの電子部品は明確な磨耗故障を観測できません．おそらく数十年以上になっていると思われます．

〈藤田 昇〉

電解コンデンサのトラブル column

部品の不良は電解コンデンサに限定されるものではないのですが，2000年前半は電解コンデンサの不良が多発し，悪夢のような時代でした．

● 4級塩でトラブル

2000年頃に，4級アルキル・アンモニウム塩を使用したアルミ電解コンデンサが開発されました．開発当初は，大容量を維持しながら低*ESR*で，かつ長寿命という特徴があり，ずいぶんともてはやされました．

ところが，この4級塩の電解コンデンサは，経時変化によって封止ゴムとリード線の隙間から電解液が漏れ出すことが，製品を出荷して数年たったあとでわかりました．

アルミ電解コンデンサの場合は，アルミ箔の表面の薄い酸化膜が誘電体となってコンデンサを形成します．電解液自体は良導体ですから，漏れ出した電解液がプリント基板上に広がると回路をショートさせてしまいます．

この結果，特にカー・オーディオのように単電源で動作するスピーカ・アンプでは，出力にDCが立ってしまいボイス・コイルが焼けるなどのトラブルが多発しました．製品を出荷して数年経ったあとで発覚し，しかも発煙などを伴う不具合だったため，製品メーカ各社はリコールや社告での対応に追われ大変な思いをしました．

● 通関時に燻蒸

2002年に，新型肺炎またはSARSと呼ばれる重症急性呼吸器症候群が蔓延したときに，通関時の検疫でハロゲン系の消毒剤によって電解コンデンサが燻蒸されたこともあります．この消毒剤が封止ゴムの部分に残留したため，ゴムが劣化して液漏れが多発したことがあります．

● 電解液の組成不良

2003年頃だと記憶していますが，電解液の製造者の不手際から組成が不良な電解液が海外の電解コンデンサ・メーカ数社に納入されたことがあります．これによって，パソコンのマザー・ボードを中心に，大量の不良が発生したことがあります．

〈森田 一〉

1-8 保存期間は吸湿耐性で決まる 半導体デバイスの保存期間を守ることが重要

● 吸湿耐性の指標MSL

JEDECでは，吸湿耐性の区分をMSL(Moisture Sensitivity Level)と呼ばれる値で定義しています(1)．表1は，このMSLと保存期間との関係です．

部品を保存するときにも決まりがあります．これは表2のようになっています．秋葉原の店頭で売られているICの多くは，湿気を含む空気中に曝(さら)された状態です．このような保存方法が許されているのは，MSLが1のICだけだと思っておいてください．

● パッケージの吸湿は破損の元

なぜMSLが規定されているのかというと，ICのパッケージが吸湿すると水蒸気爆発を起こすからです．リフローと呼ばれる基板実装方法は，ICのパッケージにとても大きな熱ストレスをかけます．

写真1は吸湿したICをリフローしてしまった結果です．パッケージに大きなクラックが入っています．

表1 (1) 吸湿耐性のレベル区分MSLと普通に空気にさらしておいてもよい期間

MSL	フロア・ライフ(防湿バッグ外) 気温30℃/湿度65％以下の工場内雰囲気中
1	気温30℃/湿度85％以下の条件で，無期限
2	1年
2a	4週間
3	168時間
4	72時間
5	48時間
5a	24時間
6	実装前に必ずベークが必要．リフローは必ずラベルに表記された制限時間内に行うこと

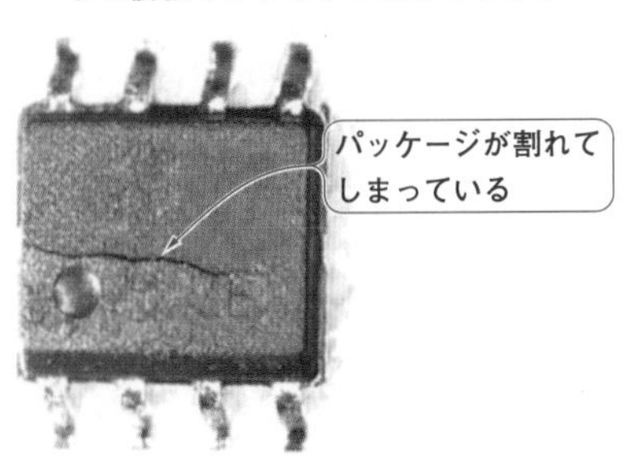

写真1 吸湿したデバイスをリフローするとパッケージにクラックが入る
シリコン・チップ表面の水分が急激に気化すると，体積はおよそ1700倍になる．その結果，パッケージが膨張しクラックが生じてしまう

● 外観で判断してはいけない

写真2は，クラックの入ったICの内部をX線観察したものです．ボンディング・ワイヤが引きちぎれていたり，シリコン・チップ上からボンディングが引き剥がされています．たとえパッケージにダメージがないように見えても，詳細に不良解析(failure analysis)すると，パッケージの膨張によってボンディング部分にストレスがかかったため，ワイヤがチップから外れてしまっていることがあります．

● 吸湿した恐れがある場合はベークする

一般に，吸湿した恐れのあるデバイスから湿気を取り除くことをベーク(bake)と呼びます．ベークとは，リフローのように急激に熱をかけるのではなく，ほどほどの温度で長時間加熱して水分を飛ばすことです．ベークの仕方についてもMSLと同様にJEDECで規定されています．

〈川田 章弘〉

◆引用文献◆

(1) IPC/JEDEC, J-STD-033A.

表2 吸湿耐性のレベル区分MSLと保管方法

MSL	ベーキング	防湿バッグ	乾燥剤
1	任意	任意	任意
2		必要	必要
2a-5a	必要		
6	任意	任意	任意

写真2 写真1の内部をX線観察すると内部のボンディング・ワイヤも破損していることがわかる
外観に異常がなくても吸湿した可能性のあるデバイスはベークせずにリフローしてはいけない

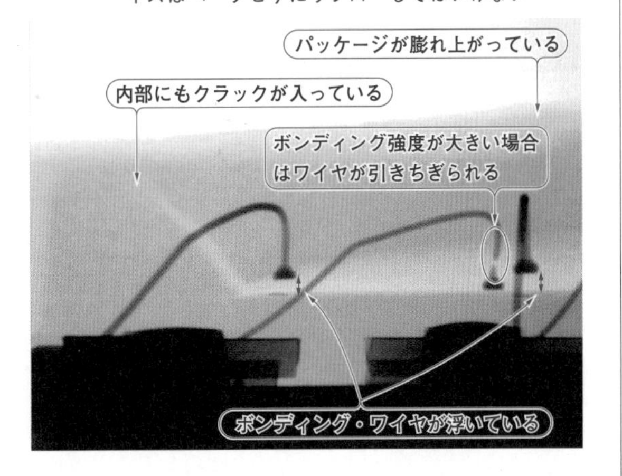

1-9 丸ピン型は接触が確実だが着脱しにくい ICソケットの形状による違い

● 構造からわかる特徴

DIPタイプのICソケットには写真1のように板ばねタイプと丸ピン・タイプがあります.

▶板ばねタイプ

図1に示すように挿入したICのリードをばねによって押さえるタイプです. 丸ピン・タイプと比較して安価なため, 趣味的な工作ではよく使われます.

構造上, 機械的なばねの機能不全やコンタクト表面が汚染されやすい欠点があります.

▶丸ピン・タイプの構造

図2に示すように4点接触構造のインナ・コンタクト構造のため, 断面が矩形のICリードでも確実に4点で接触されます.

板ばねタイプよりも安定した接触抵抗が得られ, 耐振動, 耐衝撃などにも優れますが, 比較的高価です. 密着性が良いのですが, 逆に着脱し難い欠点もあります.

● ICソケットの寿命

寿命は, 機械的な機能不全と接触抵抗の増大によって決まります. 機械的要因には, コンタクト部の折損, ばね圧の低下などがあります. 写真2に示すように, コンタクト不良を起こしやすいのは板ばねタイプです. 接触抵抗の増大は, ばね圧の低下とコンタクト表面の状況に依存し, コンタクト表面はおもにICリードから転移する錫酸化物によって汚染が進みます. 接触不良は使用回数が増えることにより増大します.

● 板ばねはフラックスの這い上がりによる接触不良がありうる

板ばねタイプは, その構造上, はんだに含まれているフラックスが図1に示すように端子を伝わって這い上がり, コンタクト部分が汚染される場合があります. コンタクトの汚染は, ICリードとソケット間の接触不良の要因となります. 特にソケットの端子部分を折り曲げてはんだ付けすると, フラックスが這い上がりやすくなるため気を付けなければなりません.

ソケットの端子がはんだブリッジをしたときなどで, はんだのリワークの際に這い上がりが生じる場合があります. 丸ピン・ソケットは, 端子の構造上, フラックスの這い上がりはありません. 〈島田 義人〉

◆参考文献◆

(1) 山一電機, ICソケット・カタログ.

写真1 DIPタイプのICソケット

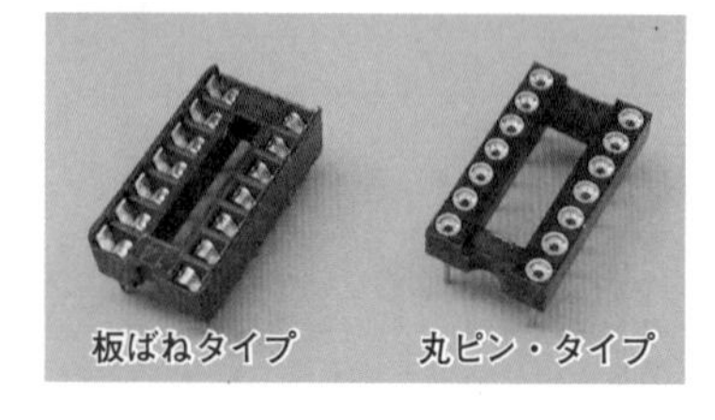

写真2 コンタクト不良を起こした板ばねタイプのICソケット

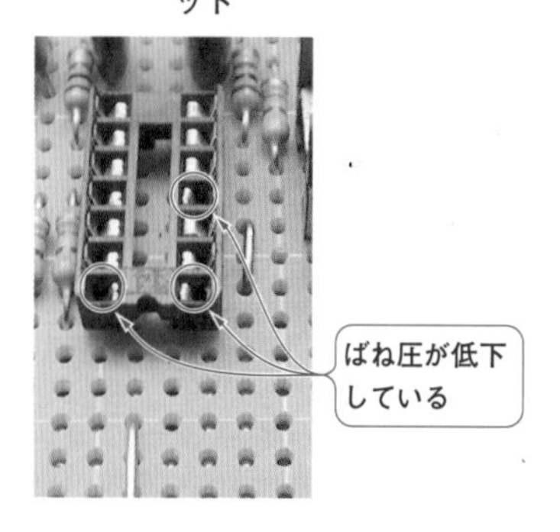

図1 板ばねタイプのICソケットの断面構造
抜き差ししやすいが, フラックスの這い上がりによる接触不良を起こす可能性がある

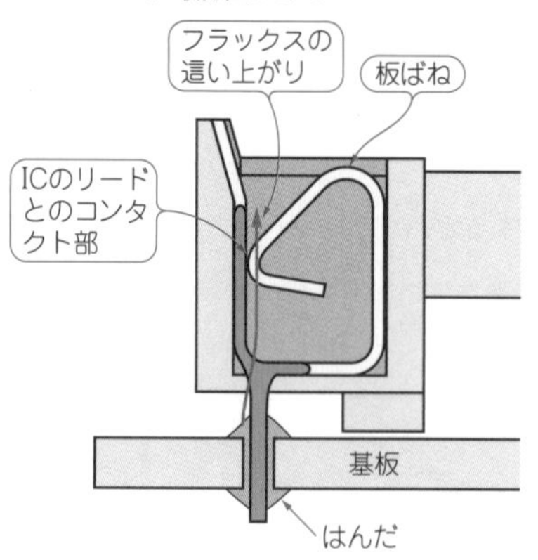

図2 丸ピン・タイプのICソケットの断面構造
フラックスの這い上がりは起きない

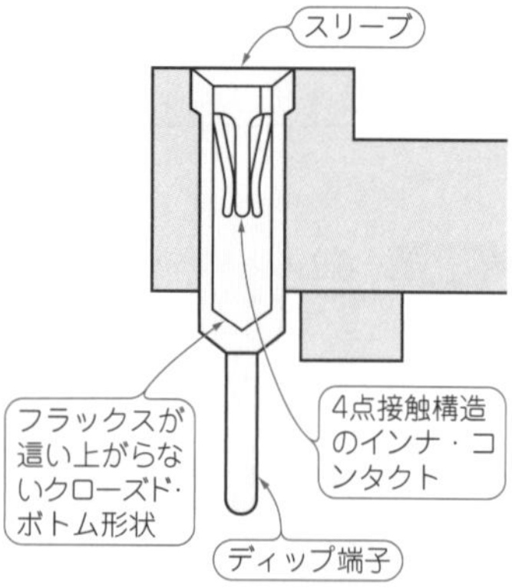

1-10 1個にまとめてしまってはいけない 電源パターンとグラウンド間のコンデンサ

ICの電源とグラウンド間に接続されているコンデンサは，バイパス・コンデンサと呼ばれるもので，配線のインピーダンスの影響を避けて回路の動作に必要な電流を最短経路で供給しています．同時に，電源から侵入する雑音を防ぐフィルタの役目もします．高周波の雑音は電源からICまでの配線がアンテナになって侵入する恐れがあるため，周波数特性の良い小容量のバイパス・コンデンサをICの近くに配置することが有効です．

図1にバイパス・コンデンサの役割を示します．しかし，ICごとに実装される容量は0.01～0.1 μF程度と小さいので，周波数が低い雑音や大電流・電圧の変動には万全ではありません．基板の入り口にまとめて大きな容量のコンデンサを配したり，*LC*によるノイズ・フィルタやレギュレータを用いて電源の雑音や電圧変動を元から絶つ必要があります．

図2のように，コンデンサは種類によって得意な容量の範囲があります．小容量のセラミック・コンデンサを多数並列にしたのと，大容量の電解コンデンサで同じ容量のものではインピーダンスの周波数特性が異なります．

配線のインピーダンスは時として図3のように複数の回路ブロックの共通インピーダンスとなります．

図4のように，共通インピーダンスによって発生する電圧変動が他の回路の動作に影響しないようにするコンデンサを，特にデカップリング・コンデンサと呼びます．各回路ブロック間には分離を強化するため意図的に*R*，*L*を入れることもあります．〈玉川 一男〉

図1 バイパス・コンデンサはICが引き込む電流経路を短くするのが役目なので遠くに配置しては意味がない

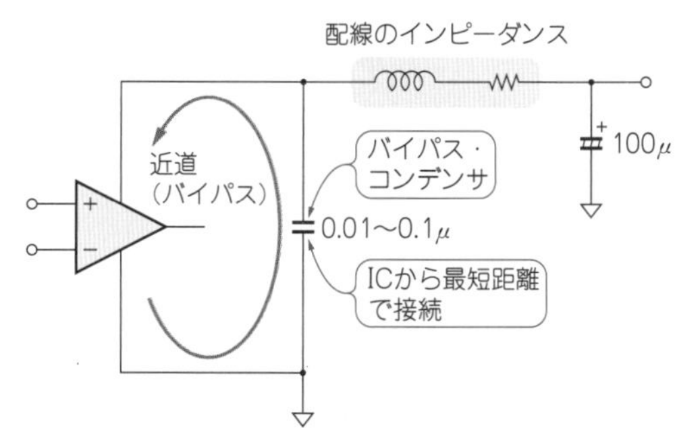

図2 コンデンサは種類によって周波数特性が異なる

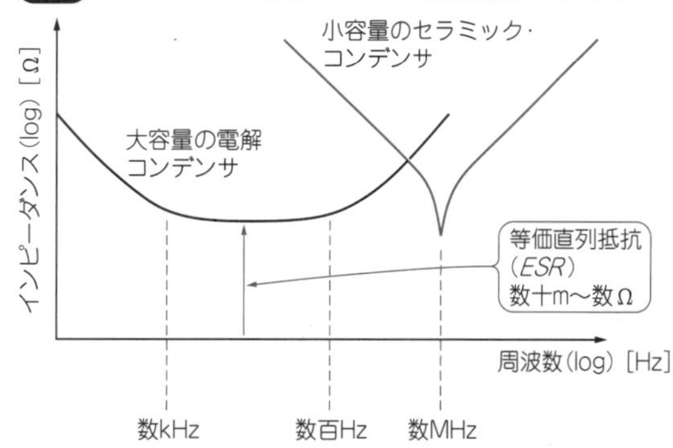

図3 IC_1とIC_2が電源配線を共有するとIC_1が電流を引くとIC_2の動作に影響する

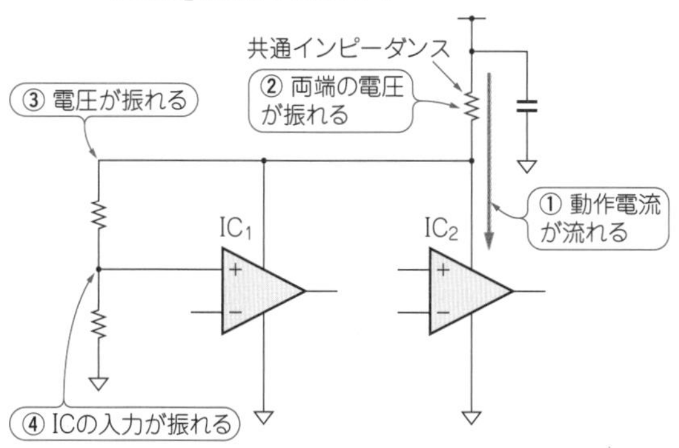

図4 回路ブロックごとに電流を独立させるデカップリング・コンデンサ

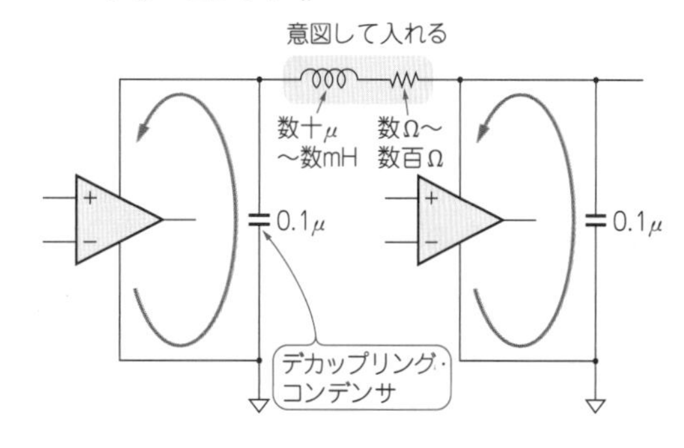

バイパス・コンデンサ(略して「パスコン」と呼ばれる)：bypass condenser(bypass capacitor)
デカップリング・コンデンサ：decoupling condenser(decoupling capacitor)

1-11 普通の平行ケーブルは高周波の伝送に向かない
高周波信号の伝送には同軸ケーブルを使う

図1に示すように，同軸ケーブルは信号が漏れ出さない構造になっているほか，外来ノイズを受け付けないので，効率良く信号を伝送することができます．普通の平行ケーブルを高周波信号の伝送に使うと，信号が外部に漏れ出したり，外来からのノイズの影響を受けたり，入力した信号が反射したりして効率良く伝送できません．

● 物理的な構造

同軸ケーブルは，図2に示すように，中心に内部導体があり，その周囲に誘電体(ポリエチレン)，外部導体，そして保護被覆で覆われています．

ケーブルの断面が，軸を同じくした円筒を入れ子にした形状に見えることから，同軸ケーブル(coaxial cable)という名称がついたようです．

● 等価的な構造

同軸ケーブルは高周波の電気信号を流すためのケーブルなので，図3に示すようにインダクタンス(L成分)やキャパシタンス(C成分)を考慮しなければなりません．

同軸ケーブルは，抵抗RとインダクタLが直列に，コンデンサCが並列に入った等価的な構造と考えられます．

● 同軸ケーブルの特性を示すパラメータ

伝送線路に高周波電力が伝搬するときの電圧と電流の比を特性インピーダンスZ_0と呼んでいます．同軸ケーブルのZ_0は絶縁体の誘電率や線路の物理的な寸法によって決定され，50 Ω系と75 Ω系があります．

現在，高周波機器の特性インピーダンスとして標準となっているのは50 Ω系です．75 Ω系はテレビジョン受信機器などの信号伝送用の接続配線に使用されています．

● 高周波信号は反射する

反射とは，ある機器から出力された信号が同軸ケーブルを通って相手の機器の入力まで到達したところで信号の一部が跳ね返って戻る現象です．

反射が起こると，行き(進行波)と返り(反射波)が干渉し合って波形が乱れ，正しい信号が伝送できません．特性インピーダンスが伝送先の機器と整合されていないために起こります．

およそ音声周波数帯域より高い周波数(20 kHz以上)の電気信号であれば，整合を考える必要があります．

〈島田 義人〉

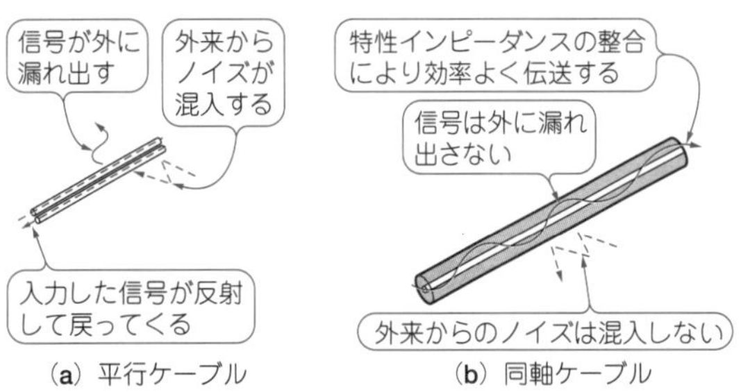

図1 平行ケーブルと同軸ケーブルを使って高周波信号を伝送した場合

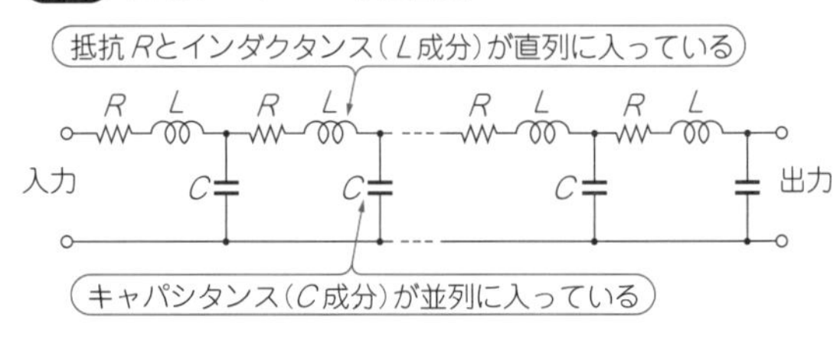

図3 同軸ケーブルの等化回路

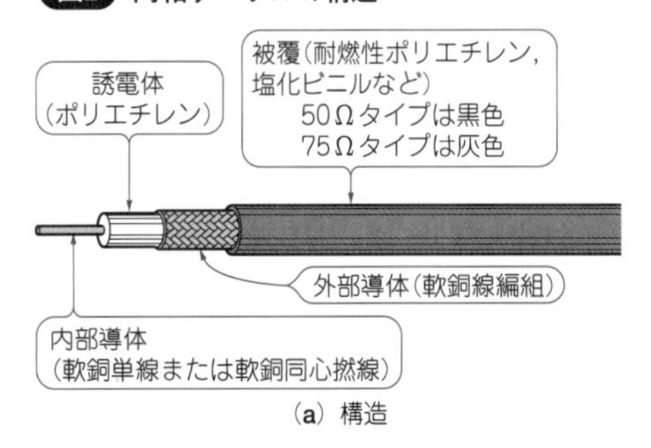

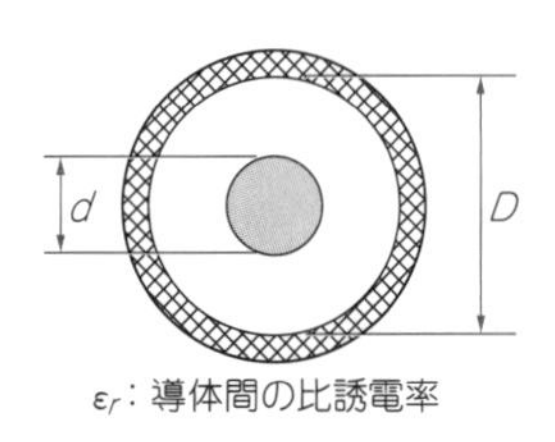

特性インピーダンスZ_0は次式で求まる．

$$Z_0 = \frac{138}{\sqrt{\varepsilon_r}} \log_{10}\left(\frac{D}{d}\right)$$

ケーブルの損失P_{loss}は次式で求まる．

$$P_{loss} = \frac{\left(\frac{D}{d}+1\right)}{l_n\left(\frac{D}{d}\right)}$$

(b) 断面

図2 同軸ケーブルの構造

高周波の信号は本当に反射するのか実験で確認

column

● 実験回路

特性インピーダンスの不整合により起こる高周波信号の反射を波形で確認します．

同軸ケーブルにパルス状の信号を送り，その反射波をオシロスコープで観測します．

図Aは実験回路です．長さ約30 mの同軸ケーブル(1.5D-2V)を使って，点Aから幅0.1 μs，繰り返し周期10 μsのパルスを送ります．実験のため同軸ケーブルの終端(点B)は，終端開放(∞Ω)，終端短絡(0Ω)，終端50Ωの抵抗接続の3条件とし，点Aと点Bの波形を観測して反射の状態を観測してみます．

● 実験結果

▶終端開放の場合

写真A(a)は，終端を開放した場合(インピーダンス無限大)での点Aと点Bの波形です．

点Bまで約150 nsかかっていることから，約5 ns/mの時間でケーブル端まで信号が伝搬していることがわかります．

開放した場合，点Bは入力波形の約2倍の電圧が発生しています．点Aには往復ぶんの時間後に反射波が生じています．$Z_L > Z_0$では反射が起こり，反射波の振幅は特性インピーダンスの差に比例します．

▶終端短絡の場合

写真A(b)は，終端を短絡した場合(インピーダンス0Ω)での点Aと点Bの波形です．

出力端点Bは短絡されているため電圧波形が現れていません．点Aの反射は波形が反転して現れています．$Z_L < Z_0$では反射波は負極性となります．

▶終端を特性インピーダンスと整合させた場合

写真A(c)は終端をケーブルの特性インピーダンス(50Ω)と整合した状態です．

終端を整合した状態では信号の反射が生じていません．信号源から送られたパルス信号は，同軸ケーブルを通って終端抵抗に効率良く伝送されたことがわかります．

〈島田 義人〉

図A 同軸ケーブルの信号伝播実験回路
特性インピーダンスの整合の是非による伝送信号の波形を確認する

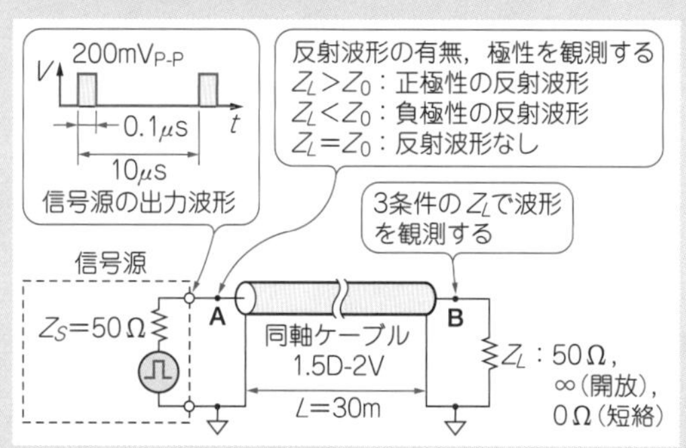

写真A 反射の実験結果

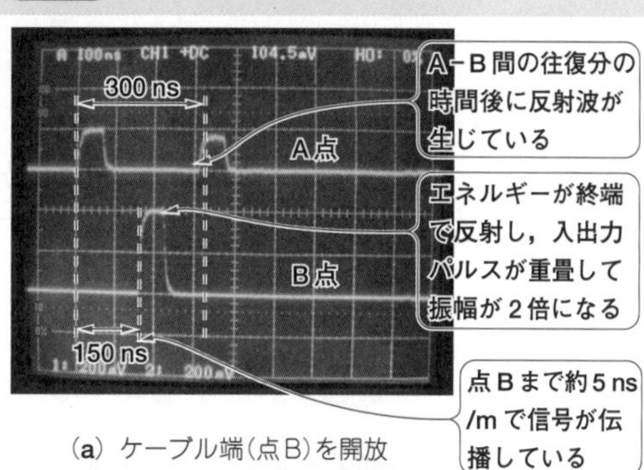

(a) ケーブル端(点B)を開放

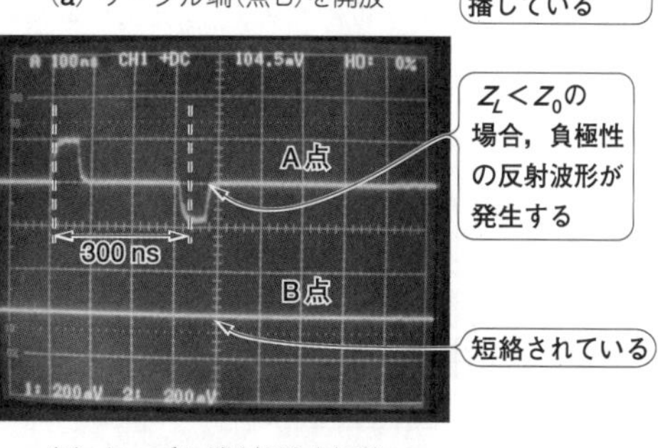

(b) ケーブル端(点B)を短絡

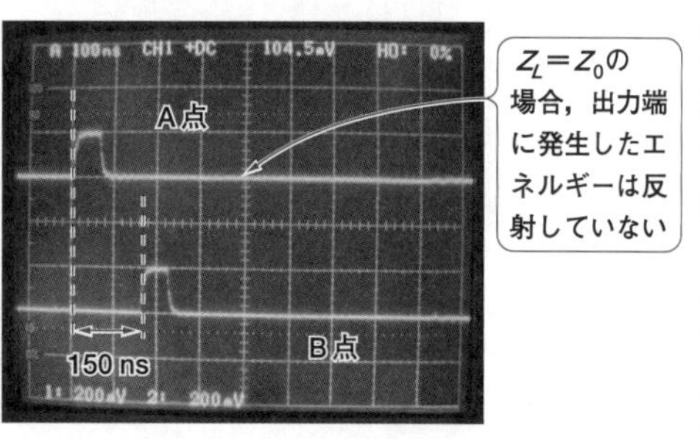

(c) ケーブル端(点B)に50Ωの抵抗を接続

第2章
必要な機能や性能を安定に引き出すために

OPアンプ応用回路のケース・スタディ

2-1 OPアンプの出力電圧はグラウンドや電源電圧までは出ない
内蔵トランジスタの動作のために0.6 V＋αが必要

汎用OPアンプの出力はエミッタ・フォロワになっていて，図1のようにV_{CC}から$V_{BE}+\alpha$以下かV_{EE}から$V_{BE}+\alpha$以上の電圧範囲でなければ出力トランジスタが動作できません．

いずれにしても実用にあたってはICを通過して出力端子とグラウンド間に電流を流す必要が出てくるため何らかの電位差を生じることになります．グラウンド・レベルの出力には±の電源で動かす必要があります．

5 V以下の電源電圧が一般化するにつれて，レール・ツー・レール型が重宝されるようになりました．

しかし，出力の等価回路は図2のようになっており原理的にトランジスタの飽和電圧は0 Vにはなりません．バイポーラ・トランジスタだけなくMOSFETも同様です．また，入力側にも電圧の制限があります(2-2参照)．

図3に示すのはフルスイングOPアンプNJU7043を使ったバッファとその入出力電圧範囲です．出力電圧がV_{CC}と0 V間目一杯まで振れることを期待していましたが，電源から0.6 V低い電圧までしか出力されません．

〈玉川 一男〉

図1 汎用OPアンプは$V_{CC}-(V_{BE}+V_{CE(sat)})$までしか出力できない

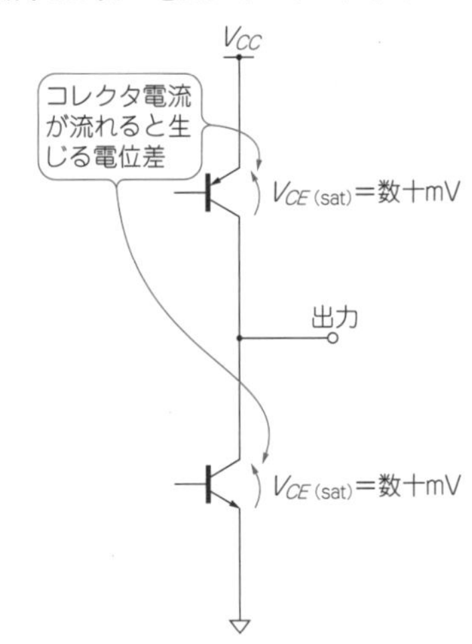

図2 レール・ツー・レール型なら出力電圧は電源から数十mV低い電圧までスイングする

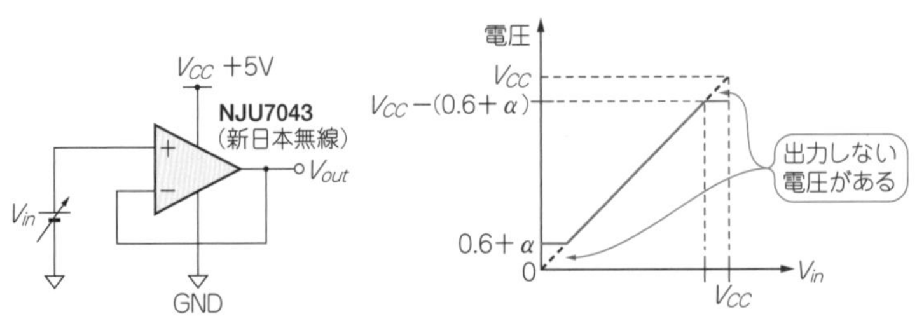

図3 OPアンプの出力がグラウンドと電源の間でフルスイングしない…

2-2 OPアンプには入力可能な電圧範囲が規定されている

バッファ回路の出力は同相入力電圧範囲で制限される

図1のような，ボルテージ・フォロワ回路を設計しました．TL071のデータシートを確認すると，「最大出力電圧は±13.5 V_{typ}」と記載されていたので，±13.5 Vで飽和すると期待しました．ところが試作して入力電圧を－15 Vから＋15 Vへと変化させてみたところ，図2のように±13.5 Vで飽和せず，特に－13.5 V以下を入力したときに出力電圧がマイナスからプラスに急変(位相反転)しました．

ボルテージ・フォロワ回路は，出力電圧がそのまま－入力端子へ帰還された回路です．したがって，「出力電圧＝入力電圧＝同相入力電圧」です．

TL071のデータシートでは，同相入力電圧範囲は±11 Vと規定されており，最大出力電圧範囲±13.5 Vよりも小さいことがわかります．

つまり，ボルテージ・フォロワのTL071で取り扱うことのできる電圧は，最大出力電圧で決まるのではなく，同相入力電圧範囲で制限されるということです．

● 対策

この問題を簡単に解決するには，同相入力電圧範囲が出力電圧範囲よりも小さいという問題や，位相反転の問題を改善したOPアンプを使うと良いでしょう．例えば，TL071の代わりに，OPA134を使用すると図3の実験結果に示すとおり問題は解決されます．

どうしてもICを変更したくないという場合は，反転アンプを2段接続して非反転アンプにすることです．このような対策をした場合，高い入力インピーダンスを実現することが抵抗値の制限から難しくなります．したがって，OPアンプを変更するのが最も適切，かつ効果的です．

● 安価な古典的OPアンプでは負側の入力でおかしな電圧が出る品種が多い

同相入力電圧範囲を越える負電圧が加わったために，位相反転と呼ばれる現象が引き起こされ，図2の低入力電圧時に見られるように出力電圧が正電圧側に振り切れるような特性が現れます．

ナショナル セミコンダクター社のLF356など，初期のJFET入力OPアンプに共通して見られる現象です．バイポーラOPアンプであればNJM4558などでも起こります．

この位相反転と呼ばれる現象は昔から知られた問題です．そのため，各メーカからは対策品が供給されています．

〈川田 章弘〉

図1 単純なボルテージ・フォロワ回路

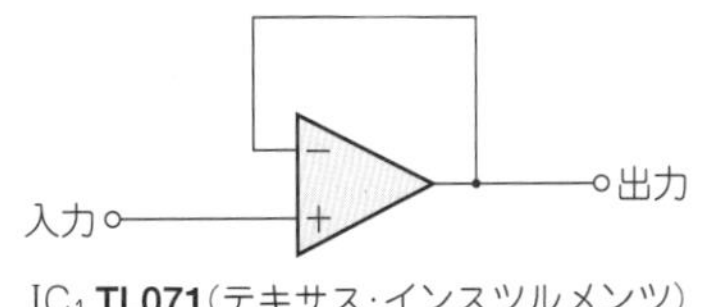

図2 ボルテージ・フォロワ回路が±13.5 Vで飽和しない

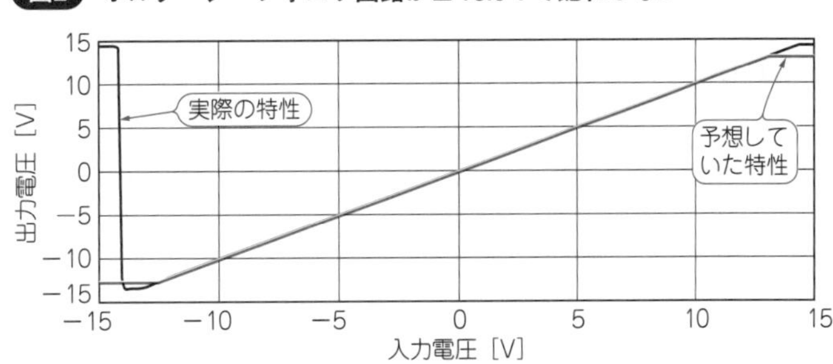

図3 同相入力電圧範囲が出力電圧範囲より小さいという問題を解決したOPA134に変更すれば位相反転は起こらない

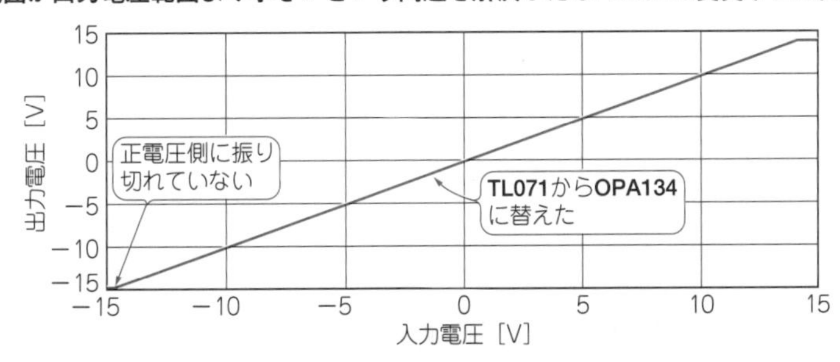

2-3 開放状態にしておくとトラブルの元になる 使わないOPアンプの入力端子の処理

2個入りのOPアンプを使うことにしたのですが，図1のように1個しか使わない場合，未使用OPアンプの入力を開放状態にすると雑音の影響で動作が変動したりして好ましくありません．

● 外来雑音によって未使用アンプが動作する

図1の10倍アンプ回路において，OPアンプの静止時消費電流（入力はグラウンドへ接続）を測定したところ，手が触れるだけで消費電流が2.4 mAから3.6 mAへと大きく変動してしまいました．

この消費電流の変動は，未使用OPアンプの動作点が変動し，内部回路のバイアス電流が変化しているためと考えられます．指が触れるだけで消費電力が増減するということは，外来雑音などのちょっとした信号によっても消費電流が変動することを意味します．

● 対策

未使用アンプへの対策のポイントは，入力電圧を固定して正常動作させることです．このようにしておけば，アンプの直流動作点は安定します．外来雑音によってOPアンプ内部のバイアス電流が変動するようなことは起こりません．

実際に，未使用アンプをボルテージ・フォロワ接続し，入力をグラウンドへつないだところ，IC全体の静止時消費電流は3.6 mAで安定しました．

使用していないOPアンプは，必ずクローズド・ループの状態にし，入力端子を同相入力電圧範囲内の電圧に固定します．

具体例を図2に示します．未使用のOPアンプの入出力端子処理が不適切な場合，微弱な雑音によってIC内部の回路電流が大きく変動してしまいます．

〈川田 章弘〉

図1 汎用OPアンプは2個入りが多い

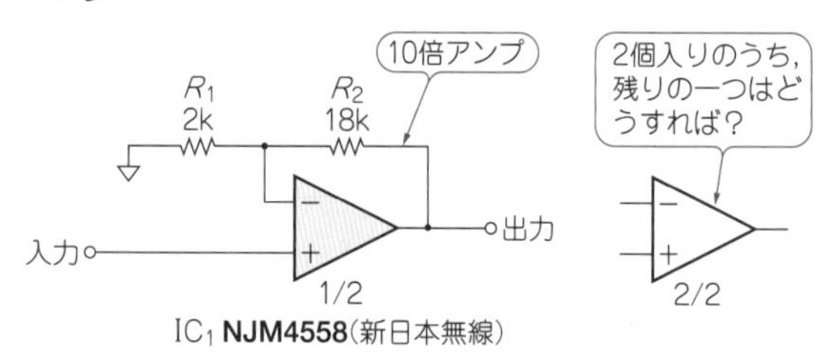

図2 OPアンプの未使用端子の処理方法
低周波回路では数k～数十kΩの抵抗を，高周波回路では数百～数kΩの抵抗を使う

OPアンプの種類	両電源の場合または単電源OPアンプ	両電源OPアンプを単電源で使う場合
ゲイン1倍でも動作が安定なタイプ		V_{CC}, R_1 47k, R_2 47k ＋入力端子の入力電圧が同相入力電圧範囲内になるようにR_1とR_2を選ぶ
ゲインが1倍だと発振などの可能性があるタイプ	R_1 4.7k, R_2 4.7k ゲイン2倍の設定例	アンプが安定に動作する差動ゲインに決める．差動ゲイン2倍の設定例 V_{CC}, R_1 4.7k, R_2 4.7k, R_1 4.7k, R_2 4.7k $V_{CC}\frac{R_2}{R_1+R_2}$の値が同相入力電圧範囲に入るようにする

メーカが定義する「同相入力電圧範囲」と「*CMRR*」の意味

column

2-2節の図2や図3を見ると，TL071は－13～＋14 V，OPA134は－15～＋14 Vまで使うことができそうに見えます．しかし実際には，誤差電圧が大きいため使用することは難しいでしょう．

● 同相入力電圧範囲

同相入力電圧によるオフセット電圧(誤差電圧)の変化を同相入力電圧エラー(以下，CMVエラー)と言います．これは，図Aのように OPアンプに同相入力電圧を加えながら，入出力間の誤差電圧を測定することによって取得できます．この測定によってCMVエラーの直線性などを知ることもできます．

TL071とOPA134のCMVエラーを測定した結果を図Bに示します．図中に，データシートの同相入力電圧範囲を記載しておきました．誤差電圧(オフセット電圧)の大きさを考えると，メーカの規定した同相入力電圧範囲は妥当なことがわかります．

なお，測定に使用するディジタル・マルチ・メータには直線性の良好な製品を使用することをお勧めします．

● *CMRR*

ところで，データシートの表に記載されている同相信号除去比(*CMRR*；Common Mode Rejection Ratio)は直流で測定した値です．例えば，OPA134であれば－12.5 Vの同相電圧を入力したときのオフセット電圧をV_{os1}，＋12.5 Vを入力したときをV_{os2}とします．ここで，*CMRR*を次のように算出しています．

$$CMRR = -20\log\left\{\frac{|V_{os2} - V_{os1}|}{12.5 - (-12.5)}\right\}$$

この計算が示すように，データシートの*CMRR*の値は，CMVエラーの大きさこそ規定していますが，その変化が直線的であるかどうかの規定はしていません．CMVエラーの変化が直線的であれば，1次関数によって容易に逆特性を計算でき，CMVエラーを演算で補正できると考えたいところです．しかし，そのような使いかたはユーザの責任で行うということになります．

〈川田 章弘〉

◆参考文献◆

(1) TL071データシート，SLOS080J，2005年，テキサス・インスツルメンツ．
(2) OPA134データシート，SBOS058，1996年，テキサス・インスツルメンツ．

図B OPA134とTL071に入力できる同相入力電圧

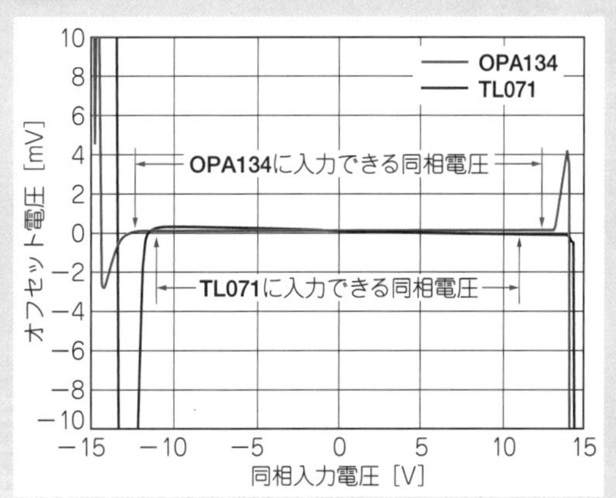

図A 同相入力電圧誤差を測定する方法

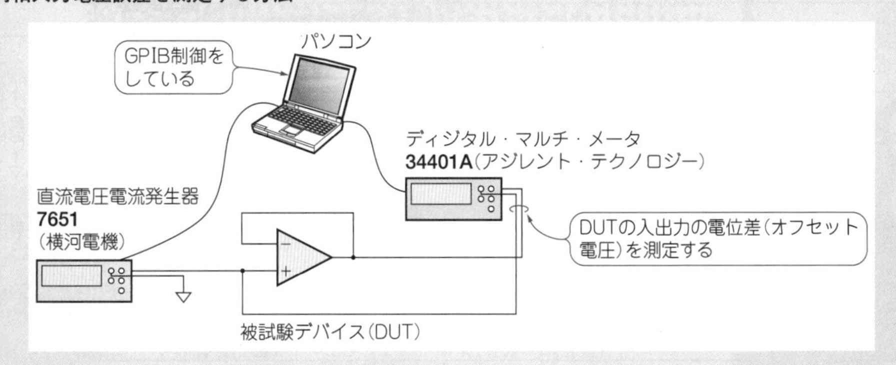

2-4 入力されていない信号が出力される OPアンプ回路は発振する場合がある

目に見える発振状態の現象の一つが正弦波状の波形の出現です．例えば図1のような波形が出力されている場合は，発振していると考えられます．

● 入出力にコンデンサを付けると発振しやすくなる

図2のように，入出力ともにコンデンサが挿入されている場合に発振しやすくなります．原因は容量による位相遅れにより，負帰還が正帰還になるからです．

入力信号の有無に関係なく正弦波に近い波形が出力に現れます．直流バイアス電源のバッファでも同様のことが起こります．

● 発振の確認方法

発振周波数は汎用OPアンプでも数百kHz以上，高速OPアンプでは10 MHz以上に及びます．また，10 mV$_{P-P}$以下の微小なレベルで発振することも多く，この場合は，オシロスコープでの観察が困難です．

図1のように，矩形波を入力したときの出力波形に，大きく長時間のリンギングが現れないことを確認します．

また，信号を入力していないときの直流電圧をテスタで測定した際，出力値が計器によって違う，表示が安定しない，テスト棒を当てた瞬間に表示がちらつくなどという場合は発振を疑います．

● 発振を止めるには…

発振させないためには，OPアンプの端子に不用意に直接コンデンサを接続しないことです．ロジックICのように，コンデンサを挿入して波形をなまらせるだけ，とはいきません．対策例を下記に挙げます．

図1 発振の疑いがある信号の波形

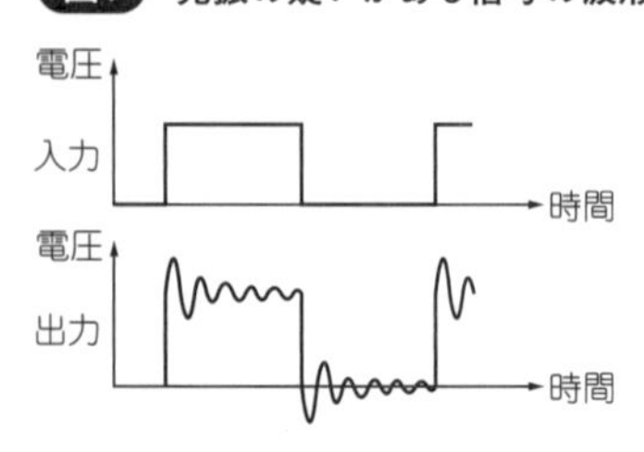

(a) 矩形波入力時出力に大きいまたは長いリンギングが乗る

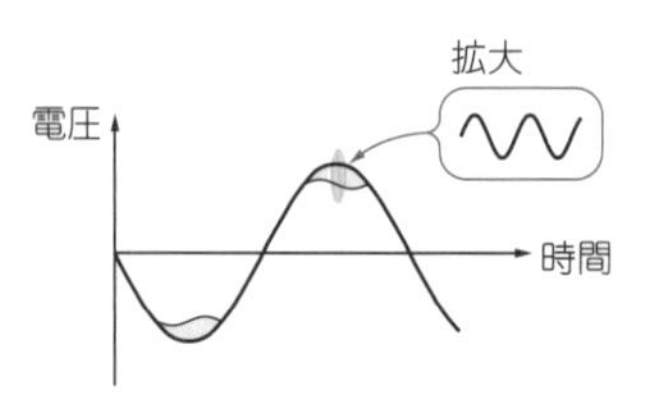

(b) 波形が部分的に太い

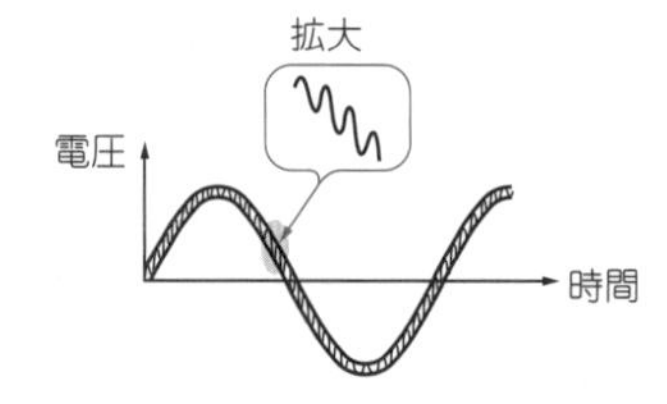

(c) オシロスコープの輝線が太く見える

図2 入力信号に関わらず出力に何かの波形が出てくる… 出力の振幅は決まっていない．オシロスコープのプローブの当て方によっては出たり出なかったりする

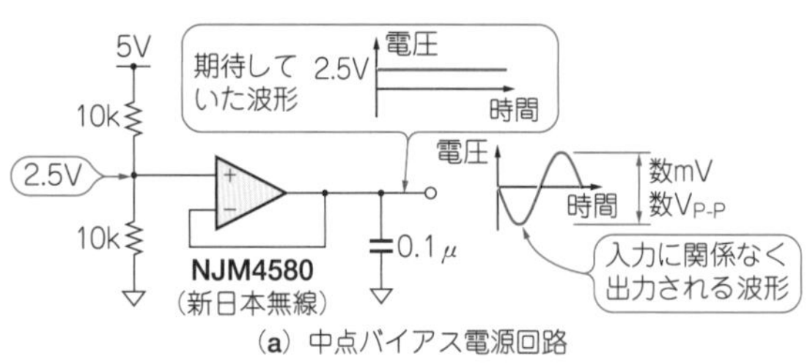

(a) 中点バイアス電源回路

(b) 検波対策をしたバッファ・アンプ

図3 抵抗(R)を追加してコンデンサ(C)が負帰還ループに与える影響を小さくする

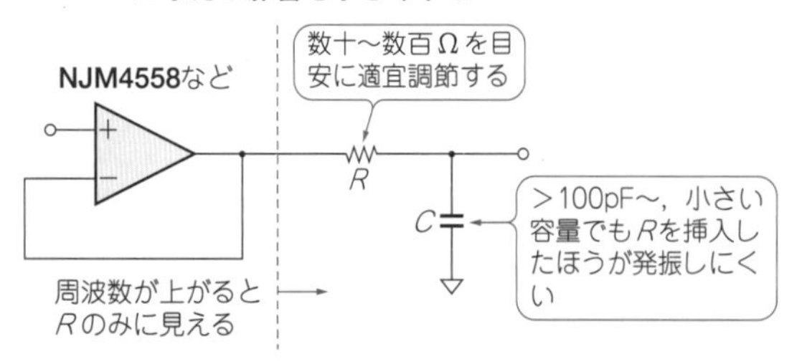

図5 OPアンプ内部の入力容量による位相回りは外付けのコンデンサで打ち消せる

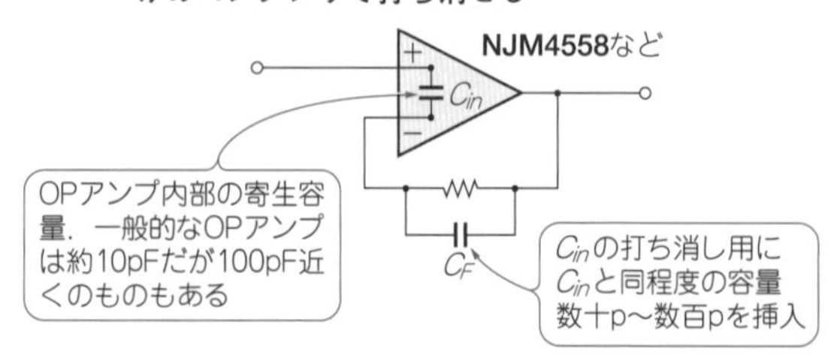

▶出力側

図3のように抵抗を間に入れることで，OPアンプ側からコンデンサ側を見たときに容量として見えにくくします．発振のもとになる信号の振幅を減衰させることが目的ではありません．

▶入力側

＋と-の入力端子間にはコンデンサを入れないことです．ボルテージ・フォロワや非反転アンプの高周波雑音の飛びつきを対策したいのであれば図4のように＋入力端子とグラウンド間にコンデンサを入れます．

入力に関してはコンデンサを外付けにしなくてもIC内部の寄生容量が同様の問題を引き起こすこともありますが，図5のようにコンデンサを接続して打ち消す方法があります．

〈玉川 一男〉

図4 入力雑音対策用のコンデンサは＋入力とグラウンドの間に入れるのが定石

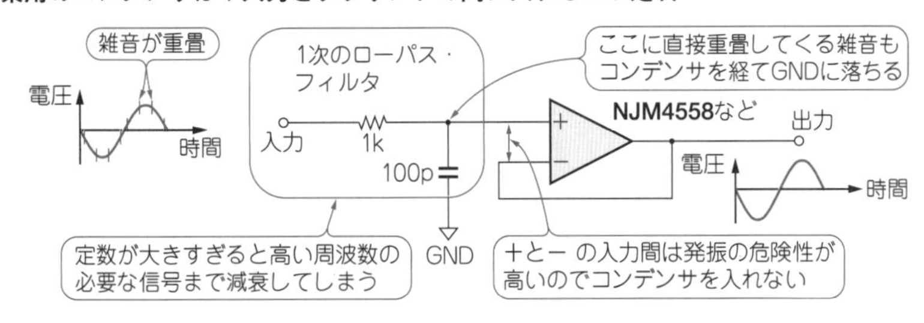

アンプが発振する条件

column

図A(a)のように，帰還ループを一巡したときのゲインは|1|倍，位相は∠0°というのが理論的な発振条件です．

＋の入力端子からの入力信号が∠180°遅れて－の入力端子に戻ることで，トータル∠360°＝∠0°となります．

振幅条件は，出力が飽和するなどで適当にバランスが取れたところで収まります．発振のきっかけとなる入力信号は電源投入時の各部の過渡現象であったり，ちょっとしたノイズであったりするため，直流バイアス電源のように，一見入力のない回路でも起こります．

図A(b)のように出力グラウンド間に直接コンデンサを接続すると，OPアンプの出力抵抗との積で時定数ができ，信号の位相が遅れます．＋と－の入力端子間にコンデンサを接続することも同様で，出力抵抗のほか，入力の信号源抵抗により，位相が遅れることもあります．

〈玉川 一男〉

図A 発振のメカニズム

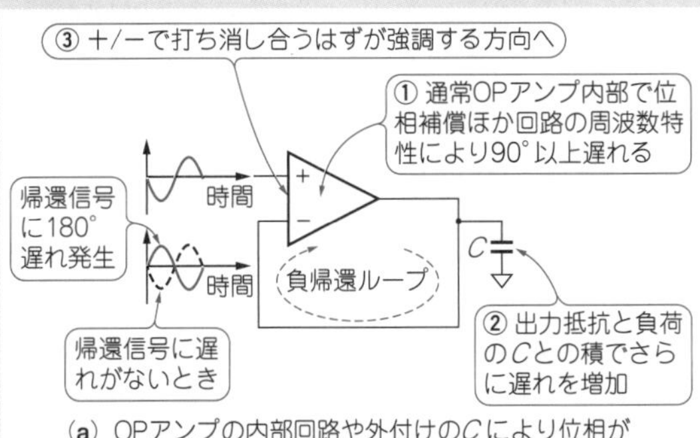

(a) OPアンプの内部回路や外付けのCにより位相が180°遅れると発振する

約180Ω(NJM4558)，約30Ω(NJM4580)など品種による．エミッタ・フォロア出力型は10～200Ω程度

R_O

C

ゲインは次式で求まる．

$$\frac{v_O}{v_I}=\frac{1}{1+j\omega CR_O}$$

位相は次式で求まる．

$$\phi=-\tan^{-1}\omega CR_O$$

ただし v_O：出力電圧[V]

v_I：入力電圧[V]

ϕ：位相[°]

$\omega=2\pi f$

f：入力信号の周波数[Hz]

$R_O=180\Omega$，$C=1\text{nF}$，$f=1\text{MHz}$で48.5°の位相遅れ

(b) OPアンプの出力抵抗 R_O と C によって位相が遅れる

2-5 入力部のトランジスタのベース電流の経路が絶たれてしまう OPアンプの入力をオープンにしてはいけない

OPアンプを使用したセンサなどの入力アンプで，信号入力部をコネクタにした設計をすることがあります．センサを交換したり，テスト信号を入力したりするのに，いろいろと便利だからです．

センサをつないでいるとき，OPアンプは正常に動作するのですが，図1のようにセンサをアンプの入力側から外すとV_{CC}が出力されてしまいます．

● 正常動作にはバイアス電流の経路が必要

OPアンプの入力回路は図2のようになっています．入力がオープンになるとトランジスタがカットオフしてしまい正常動作しなくなります．センサなどがあるときは，バイアス電流はセンサに流れています．センサを取り外したときもバイアス電流の経路を確保する必要があります．具体的には入力端子とグラウンド間を抵抗でつなぎます．

FET入力のOPアンプは原理的にバイアス電流が流れませんが，入力にリーク電流があるのでそれを逃がす経路が必要なことと，電位を固定する必要があるので何らかの処置が必要です．

一般には図2のバイポーラ入力の場合と同じように入力端子とグラウンド間に抵抗をつなぎます．バイポーラ・トランジスタ入力のOPアンプのバイアス電流が数n～数百nAなのに対し，FET入力のリーク電流は標準で1pAオーダが一般的なので高抵抗を使えます．

● どんな場合でも入力をオープンにするのは危険

図3は低周波の雑音除去などに使う高域通過型のアクティブ・フィルタです．この回路は信号源抵抗が0Ωであることが設計の条件です．

入力をオープンにしてもOPアンプのバイアス電流は流れますが，矢印の経路で帰還が過大になり発振します．前段にバッファを入れたほうがよいでしょう．

〈玉川 一男〉

図1 センサを外すとOPアンプの出力がV_{CC}に張り付いてしまう

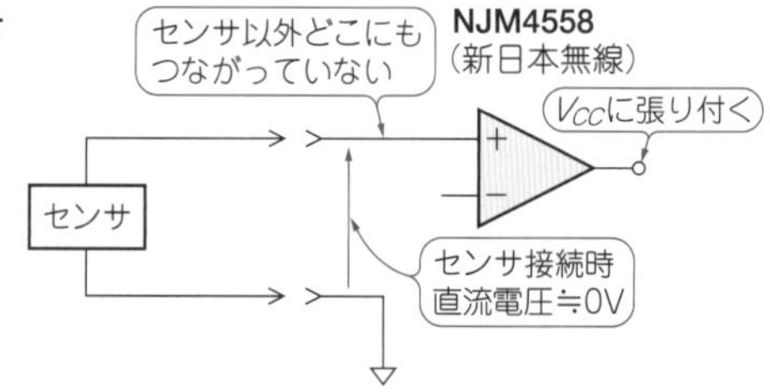

図2 OPアンプの入力部にあるトランジスタにバイアス電流が流れるようにしないとOPアンプは正常に動かない

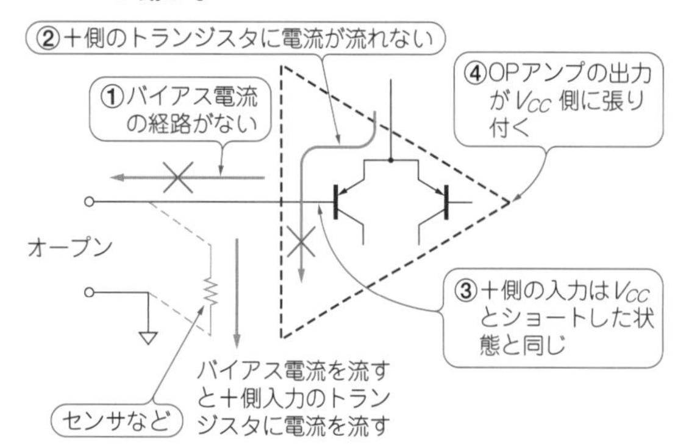

図3 アクティブ・フィルタの信号源抵抗は0Ωとして設計されている

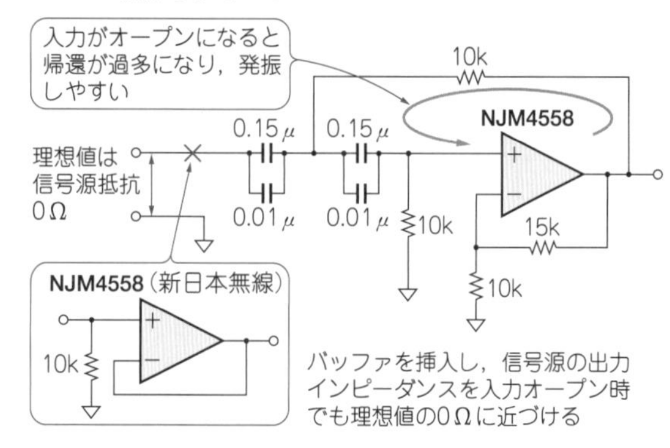

2-6 内部回路が原因で生じる OPアンプのオフセット・シフトに注意

図1の回路を試作して入力を0.5 Vから4.5 Vまで振ってみたところ，3.7 Vあたりで直線性が悪くなります．レール・ツー・レール入/出力とカタログに書いてあっても，入力が0 Vや5 Vでは直線性がとれないことはわかっているので，余裕をみての0.5～4.5 Vです．OPアンプの回路はひずみが小さいはずのボルテージ・フォロワであることと，3.7 Vでは電源電圧までは十分な余裕があります．ちなみに，同じ回路で12ビットA-Dコンバータ(ADC)を使ってきましたが，こうした問題はおきませんでした．

● 全入力範囲をカバーするためFETを二つ切り替えている

図2(a)はCMOSレール・ツー・レール入力OPアンプの入力段をイメージで示したものです．図中アンプPは，PチャネルFETを，アンプNはNチャネルMOSFETを入力段に使ったアンプ部です．FETのゲートGとソースS間に数V程度の電圧差がないと信号を直線的に増幅できないので，図2(b)のグラフのように，入力電圧が低いときはアンプPが動作し，入力電圧が上昇してGとSの電圧が接近してくると，アンプNによる動作へと移行されます．

このアンプPとNのオフセット電圧がずれているために起きる，移行区間でのオフセット・シフトです．

● オフセットのシフト量をグラウンド基準で測定する方法

図3はOPアンプのオフセット・シフトを精密に測るために考案されたテスト方法で，アンプの入力はグラウンドに落とし，電源電圧を振ってグラウンドを基準としたオフセット・シフトを観測します．電源にはD-Aコンバータを使いました．後段に高ゲインのアンプ回路を追加してデータ・ロガーなどで記録をとります．図4はその結果です．3.7 V付近で急激なオフセット・シフトが観測されています．

● オフセットのシフト量とADCの分解能の関係

図4のシフト量は電源電圧4 Vの変化に対して約

図1 入力を0.5～4.5 Vまで振ると3.7 Vあたりで直線性が悪くなる区間がある試作回路

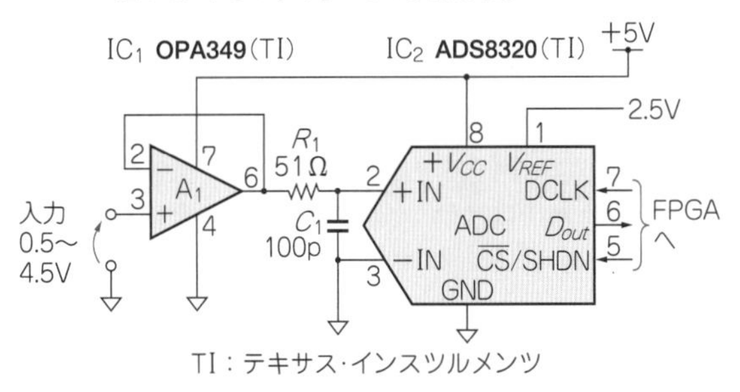

図2 CMOS OPアンプは内部のPチャネルとNチャネルのFETアンプが切り替わるときひずみが発生する
入力範囲をカバーするため，入力レベルに応じて内部のアンプを切り替える．両アンプのオフセット電圧がずれているためオフセット・シフトが発生してしまう

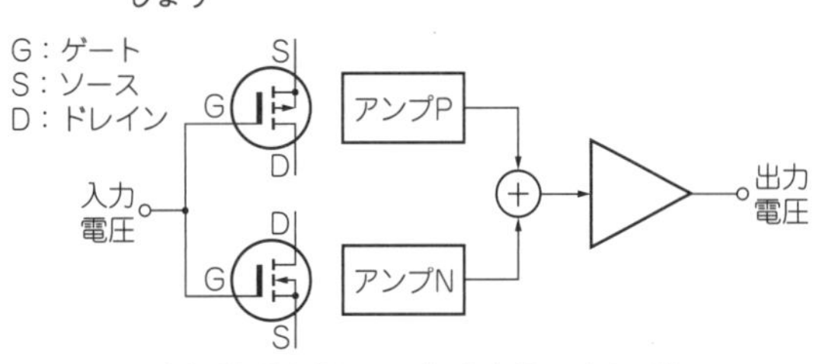

(a) CMOS OPアンプの入力部のイメージ

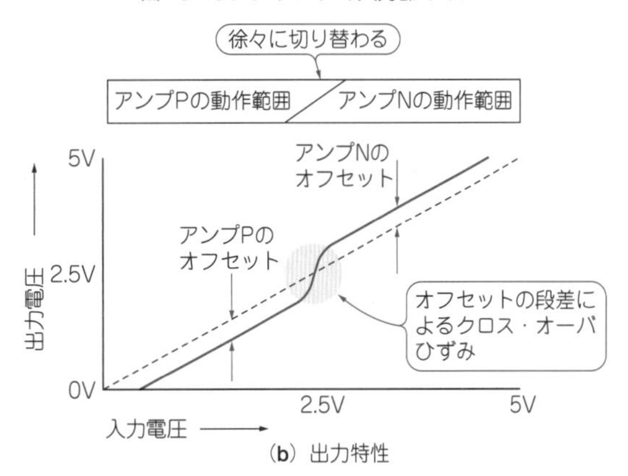

(b) 出力特性

図3 グラウンド基準でオフセット・シフトを観測する回路
OPアンプの入力の代わりに電源電圧を振る

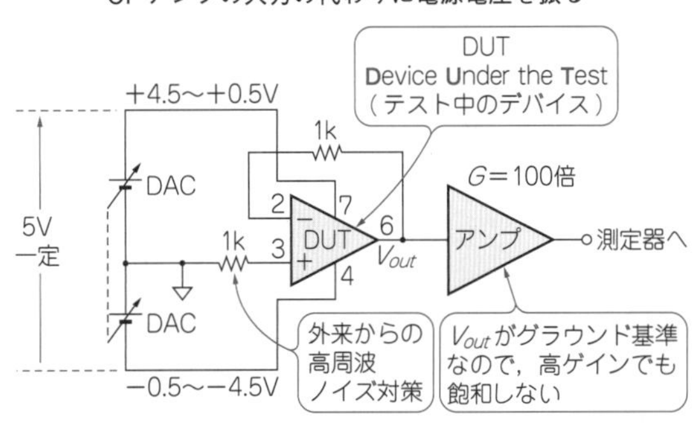

図4　レール・ツー・レール入出力型のCMOS OPアンプOPA349のオフセット・シフト測定結果
非直線性成分はフルスケール4 Vに対して0.013 %．16ビットADCの8.6LSB(0.0015 %/1 LSB)に相当する

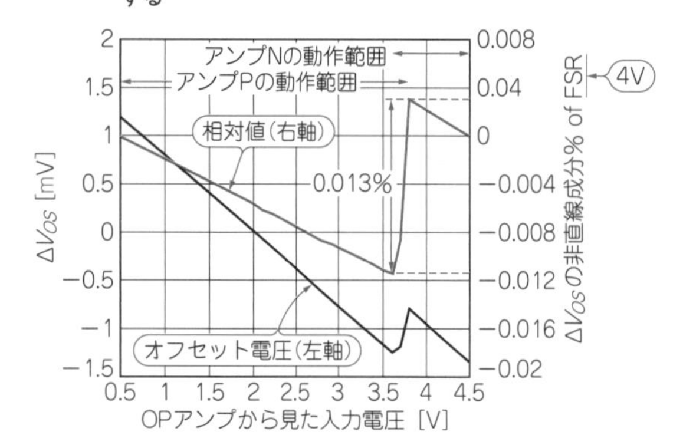

図7　昇圧型DC-DC内蔵のOPアンプOPA365の出力ではオフセット・シフトの段差が見られない
*CMRR*がOPA349の60 dB_{typ}に対して120 dB_{typ}と大きいのでV_{OS}のシフト量が少ない

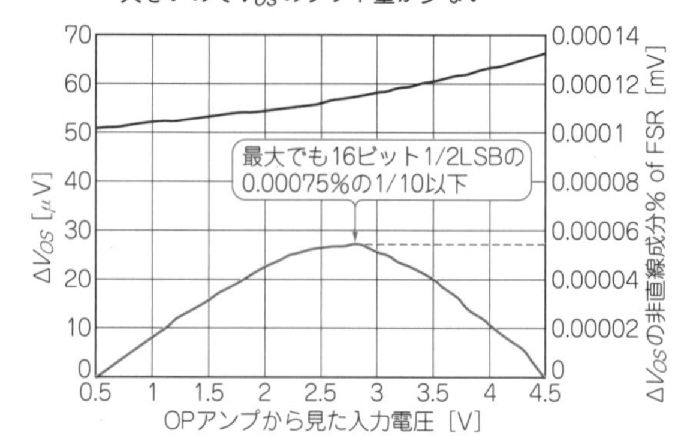

図5　オフセット・シフト対策として反転アンプ構成により同相モード入力電圧を固定する
OPアンプの非反転入力が2.5 Vに固定されるので，イマジナリ・ショートにより反転入力も常に2.5 Vとなる

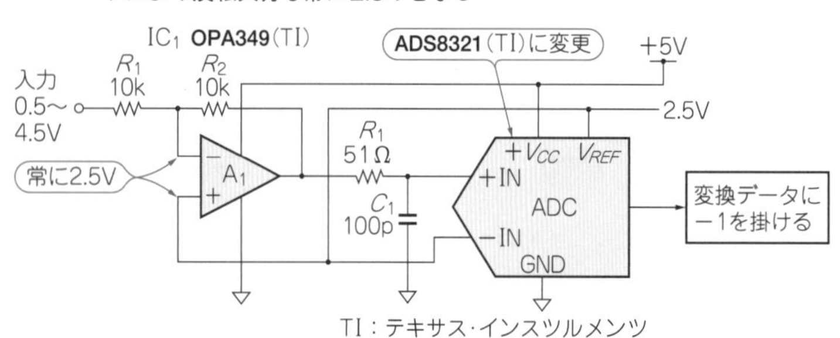

図6　オフセット・シフト対策として昇圧型DC-DCコンバータ内蔵のOPアンプを使う
OPA365など．Pチャネルで構成されたアンプだけで入力範囲をカバーする

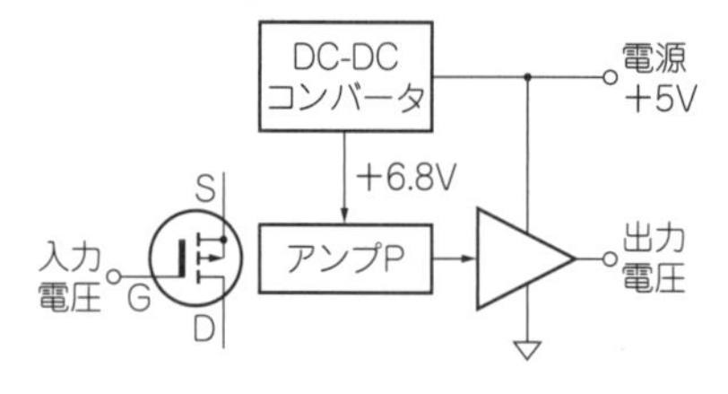

0.013 %に相当する値です．ADCのフルスケール入力範囲を5 Vとすれば，これは0.0104 %に相当します．12ビットADCの1/2 LSBは0.012 %に相当し，シフト量より大きいので，変換データに現れません．16ビットでは1/2 LSBが0.00075 %と細かくなるので，シフト量は14 LSBぶんにもなります．ADCの分解能で4ビットの差は，感度で16倍の差があるのです．

● OPアンプにオフセット・シフトさせない対策方法

▶反転アンプによるオフセット・シフト対策

図5に示すように，ボルテージ・フォロワを反転アンプに変える方法があります．OPアンプの－INが＋INと同じ値(図では2.5 V)になるように出力が変化するので，両者の電圧は常に2.5 V一定です．つまり，図4のグラフで動作点が2.5 Vに固定された結果となるため，オフセットは0 Vでないにしても入力電圧の変化に対してシフトはしません．対策により信号電圧の極性が変わりますが，反転アンプを2段構成にするか，CPUの処理で変換データに－1を乗じることで解決します．

▶DC-DCコンバータ内蔵のOPアンプを使う

2番目の方法は，DC-DCコンバータを内蔵し，初段にPとNの組み合わせがないOPアンプを選択することです．

OPアンプOPA365の内部ブロックを図6に示します．電源電圧に対して1.8 Vほど昇圧した電圧を初段に加えているので，図4の変化点が5.5 Vへ押し上げられ，Pだけで0～5 Vの入力をカバーできます．

図7は図3の回路で測定した結果です．OPA365では同相モード除去比(*CMRR*)がOPA349の60 dB_{typ}に対して120 dB_{typ}と1000倍も大きいので，全体的なオフセット・シフト量自体が小さく，高分解能ADCのバッファ・アンプに見合います．

この種のアンプは未だ品種が少なく，市場に出回っているものはPとNの合体品がほとんどです．

〈中村 黄三〉

雑音に対する帯域を狭めることが必要

2-7 雑音を減らすためにはアンプ前後にパッシブ・フィルタを入れる

A-Dコンバータ(以下，ADC)のドライバ段に信号を入れる前に，前段アンプからの雑音を除去しようと図1の回路を設けました．OPアンプ自体の雑音も除去するため，100 Hzで帯域幅制限をしようとOPアンプのフィードバックにコンデンサC_Fを入れましたが，期待したほど雑音が減りません．

図2は，図1の回路でC_Fの有無で周波数特性を比べたものです．C_Fをつけた場合，カットオフ周波数は100 Hz近傍で2倍から1.4倍(－3 dB)と期待通りですが，さらに高い周波数帯域にて1倍以下にならないのがわかります．OPアンプの非反転ゲインは$(1+R_F/R_1)$倍です．仮にC_FとR_Fの合成インピーダンスが0Ωになっても式中の1が残るため，雑音に対するACゲインは1倍のままになります．

● 対策はアンプ前後のパッシブ・フィルタ

図3のようにアンプの前後にCRフィルタを入れることが最も容易な解決策です．図4は，図1と図3の回路の周波数特性です．100 kHzでは100 dBも違います．A-D変換をサンプリング周波数f_S＝100 kHzで行うとします．ナイキスト周波数$f_S/2$＝50 kHzでは，ACゲインは2倍から0.00003151倍に低下(デシベル換算では－96 dB)しています．

入力0 Vにおいて，出力に現れる総合雑音は，C_Fなし，C_F＝0.16 μF，RCフィルタ2段ありにて，それぞれ751.1 μV，376.6 μV，32.5 μVです．

〈中村 黄三〉

図1 OPアンプのフィードバック・ループにコンデンサを入れたが期待ほど雑音が小さくならない

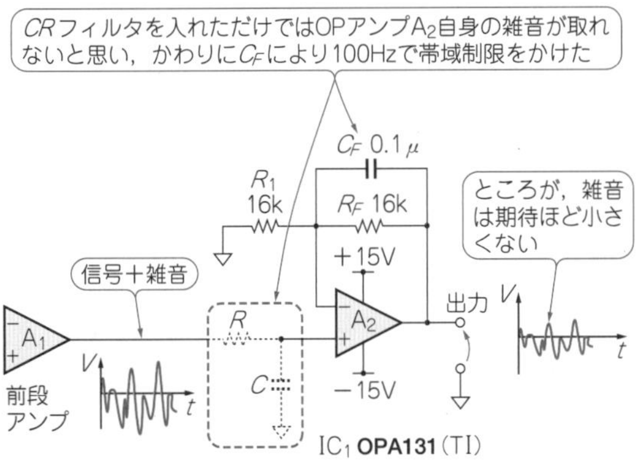

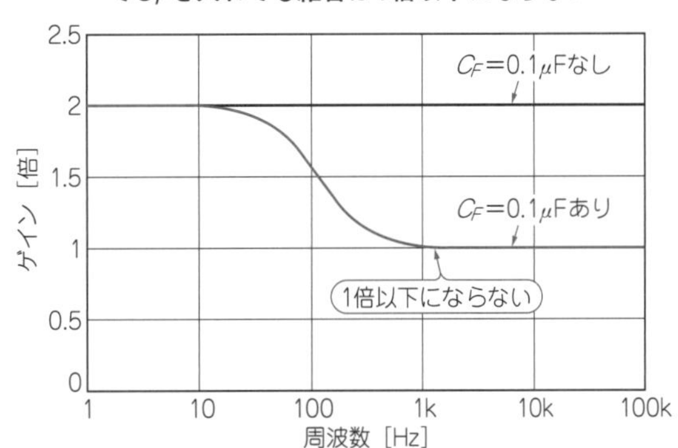

図2 図1の回路ではACゲインは1倍以下にならないのでC_Fを入れても雑音は1倍以下にならない

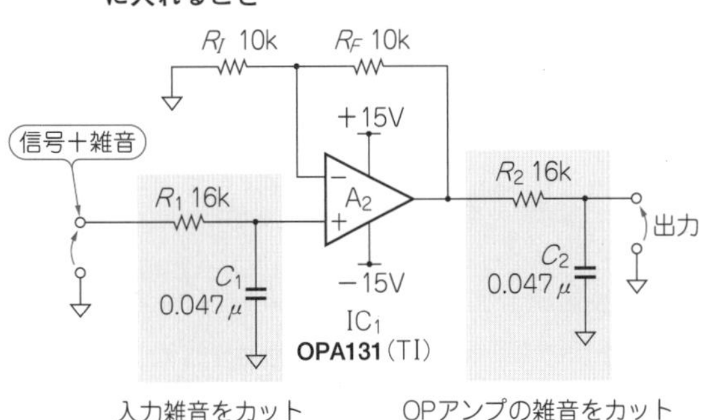

図3 対策はCRのパッシブ・フィルタをアンプの前後に入れること

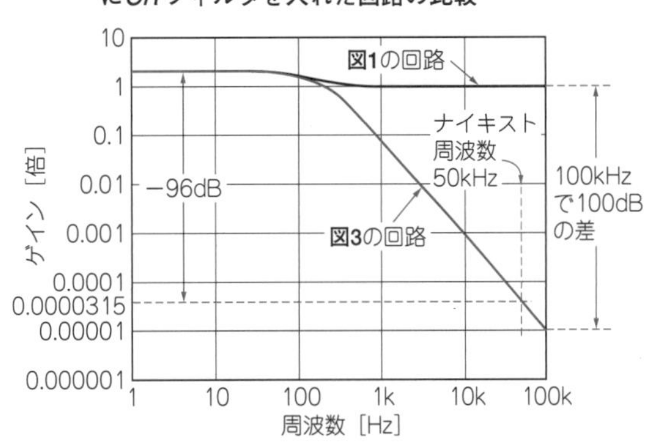

図4 フィードバックにC_Fを入れた回路とアンプの前後にCRフィルタを入れた回路の比較

2-8 正と負の定電流出力が可能なアンプを作るには 改良型ハウランド電流ポンプという定番回路

きめ細かいモータのトルク制御をしたいので，マイコンとD-Aコンバータの出力に，電圧-双方向電流変換回路を接続したいのですが，そのような場合に最適な改良型ハウランド電流ポンプという定番回路があります．

差動アンプのアプリケーション・ノートの中に図1の回路があり，役割として電圧-電流(V-I)変換回路となっています．これを応用すれば作れます．

図1の回路は，ハウランド電流ポンプ(Howland current pump)と呼ばれています．図2のように，入力電圧V_1-V_2に比例した電流出力I_Oが得られます．V_1-V_2が正ならば電流は図の向きに流れ出し，反対に負であれば流れ込みます．

ハウランド電流ポンプでは，構成する抵抗R_1とR_3，R_2とR_4は同じ値でないといけません．IC化された差動アンプでは内部の抵抗が高精度にマッチングされているためこうした回路を構成するのに向いています．

● 目的の電流を得るための計算式

$R_1=R_3=R_A$，$R_2=R_3=R_B$と表現して式(8-1)が得られます．

入力1Vで10mAを得るためのR_Zは，式(8-1)を変形した式(8-2)で求まります．INA133では，すべての内部抵抗が25kΩなので図のように簡単な式になります．

図3は計算結果$R_Z=100.4\,\Omega$に対して100Ωで代替した結果のグラフです．1V/10mAのゲインに対して0.4％ほど電流が多めになりますが，グラフからでは読み取れない程度の誤差です．〈中村 黄三〉

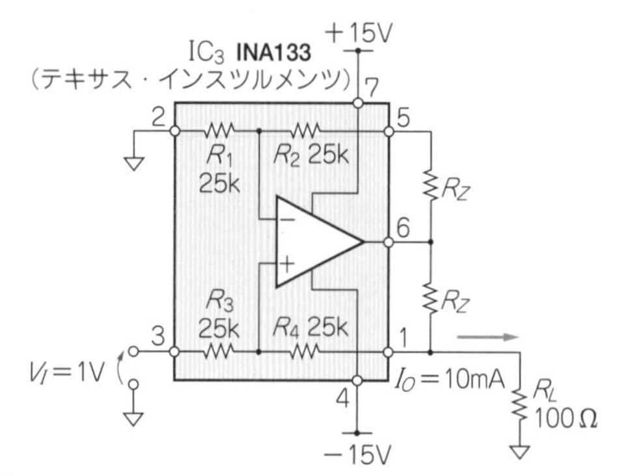

図1 差動アンプを利用した電流-電圧変換回路
入力電圧$V_I=1$Vに対して出力$I_O=10$mAを出力する回路を作りたい

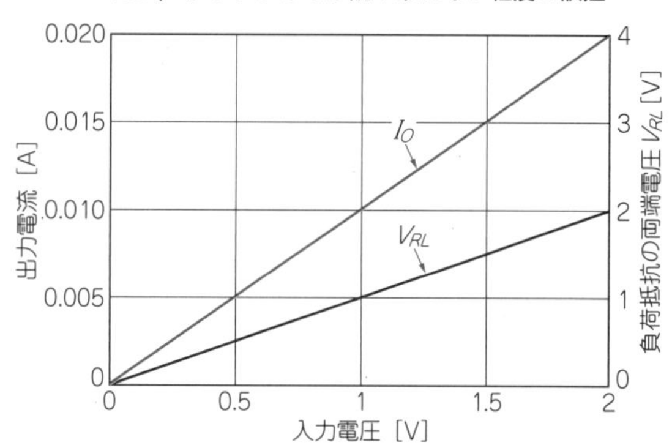

図3 図1の回路で$R_Z=100\,\Omega$としたゲイン1V/10mAの電圧入力-電流出力特性
1V/10mAのゲインに対して0.4％ほど電流が多めだが，グラフからでは読み取れない程度の誤差

図2 電圧入力-電流出力のV-Iコンバータ回路の一つであるハウランド電流ポンプ
両電源でOPアンプを駆動すると，負荷に対して，電流の吐き出し，吸い込みのどちらもできる

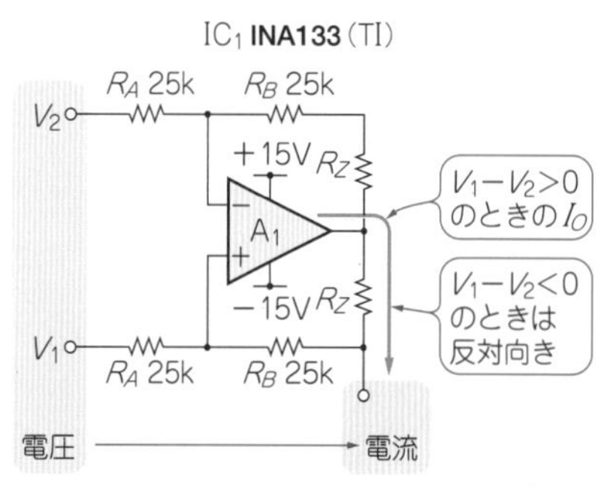

図1の回路で，R_1とR_3，R_2とR_4をそれぞれ等しくしてR_A，R_Bの記号に置き換えると，入力電圧に対する出力電流I_Oが求まる．

$$I_O=\left(\frac{R_B}{R_A R_Z}+\frac{1}{R_A}\right)(V_1-V_2) \quad \cdots\cdots\cdots\cdots (8\text{-}1)$$

$R_A=R_B$なので，式(8-1)を$V_1-V_2=V_I$とおいて変形すればR_Zが求まる．

$$R_Z=\frac{R_A V_I}{I_O R_A-V_I} \quad \cdots\cdots\cdots\cdots (8\text{-}2)$$

$$=\frac{25\mathrm{k}\times 1\mathrm{V}}{100\mathrm{mA}\times 25\mathrm{k}-1\mathrm{V}}=100.4\,\Omega$$

2-9 定電流出力回路の高精度化

OPアンプとトランジスタで構成した回路の精度を高める

4-20 mA電流ループの送信側を図1のように製作しましたが，目標の変換誤差を達成できません．送信器に与えられた目標はスケーリング誤差(ゲイン誤差＋オフセット誤差＋非直線性誤差)として0.01 %ですが，結果は図2と目標からは程遠い状況です．

抵抗は0.1 %の高精度抵抗を使用したので，抵抗誤差が原因とは思えません．何が原因なのでしょうか？

● トランジスタのベース電流は無視できない

高精度を得るにはトランジスタのベース電流の影響を考える必要があります．

この回路の誤差要因はトランジスタTr_1のベース電流I_Bです．図3にI_Bをクローズアップします．この回路は，入力電流I_1を与えると，$I_1 : I_2 = R_S : R_7$のようにR_SとR_7の比率でI_2が決まり，図の抵抗定数ではI_2は10倍のI_1になるので，$I_1 = 0.4 \sim 2$ mAを流せば$I_2 = 4 \sim 20$ mAを得られます．

ただし，負荷抵抗に流れる電流I_{RL}は，I_2からトランジスタの直流電流増幅率h_{FE}で決まるベース電流I_Bを差し引いた値となるので，このI_Bが図2の実験結果のうち，オフセット誤差とゲイン誤差の要因になっています．ここで，直流電流増幅率h_{FE}は，I_CをI_Bで割った値です．

● h_{FE}の変化が非直線性誤差の要因

ところで，このh_{FE}は常に一定ではありません．図4

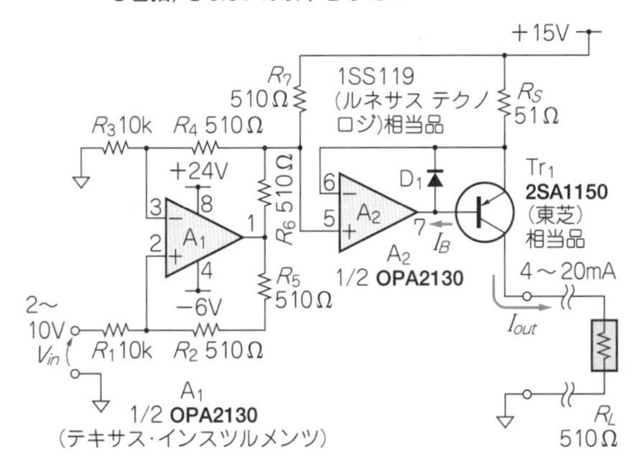

図1 4-20 mAの電流ループ回路を作ったが精度が出ない
2 Vの入力に対して4 mAの出力を得られる2 mA/Vのハイ・サイド電圧-電流コンバータ．スケーリング誤差(オフセット/ゲイン/非直線性のすべての誤差を包括)を0.01 %以下としたい

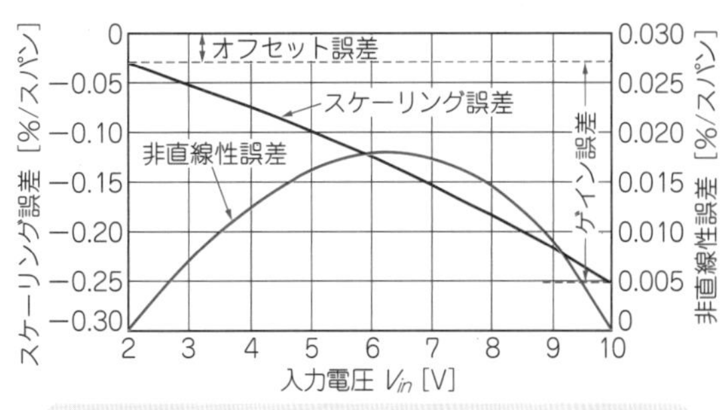

図2 図1の回路のスケーリング誤差…結果は−0.25 %と目標の0.01 %に達していない
R_Lの両端電圧を測定した結果．非直線性誤差だけで0.0175 %もある

4-20 mA電流ループとは

column

図Aの4-20 mA電流(カレント)ループは，工業分野においてアナログ信号の長距離通信に使われている伝送方式で，4-20 mAという値は世界標準です．電流をループさせるため，線路上のどの部分でも同じ値となり，電圧伝送のように配線抵抗R_Wによる信号ロスがありません．

信号電流は受信側の負荷抵抗R_L(通常は250ないしは500 Ωが使用される)で電圧信号として取り出されます．ちなみに4 mAをスタートとしているのは断線検出のためで，R_Lの両端が0 Vになると断線したと判断できます．

〈中村 黄三〉

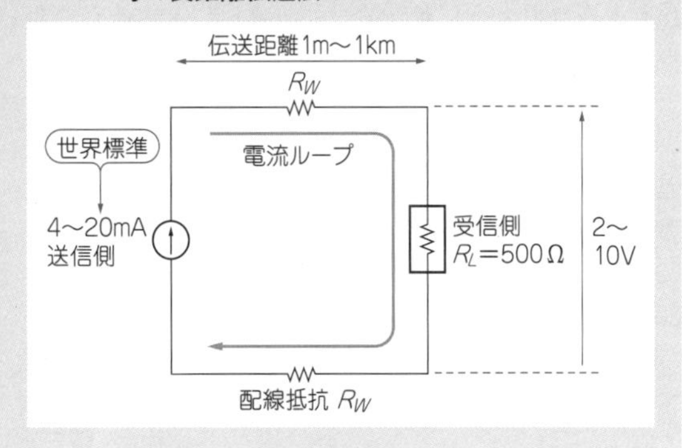

図A 4-20 mA電流ループは従来からあるアナログ信号の長距離伝送法の一つ

図3 I_{RL}の期待値I_2に対してTr_1のベース電流が流れてしまいオフセットとゲイン誤差の要因になっている
電流I_1が鏡に映るようにI_2に反映されるカレント・ミラー回路

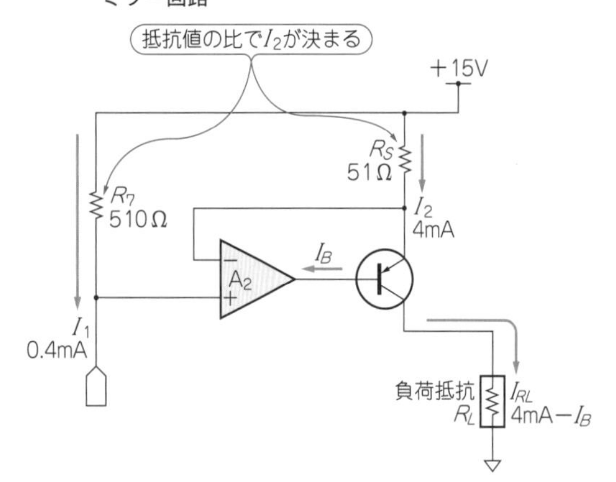

R_7がR_Sの10倍の値の場合，次式より，I_1 : I_2 = 1 : 10になる．

$$I_2=\frac{R_7}{R_S}I_1=\frac{510}{51}I_1=10I_1 \quad \cdots\cdots\cdots\cdots\cdots (9\text{-}1)$$

ただし，負荷抵抗に流れる電流I_{RL}は，I_2からトランジスタのベース電流を差し引いた分となる

図5 トランジスタを追加してベース電流を低減する
ダーリントン接続によりTr_1の大きなベース電流もR_Lに流れて非直線性誤差が改善される

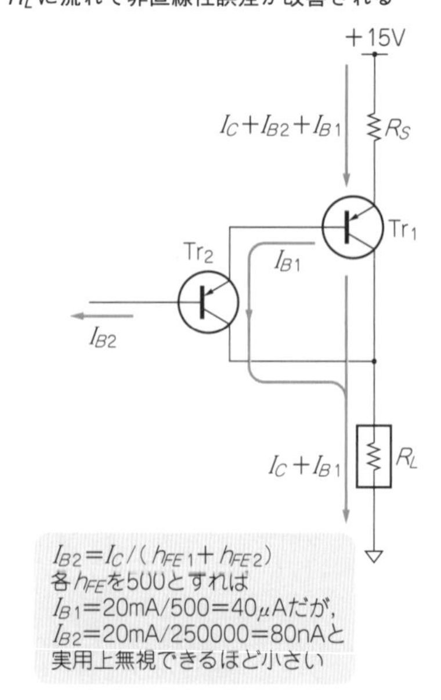

図4 図1の回路で出力の非直線性誤差が大きい理由はh_{FE}の変動
I_2の増大に伴いh_{FE}が低下し，I_Bが非直線に増大．I_Bが増大した分R_Lに流れるI_Cが目減りして出力の非直線性誤差となる

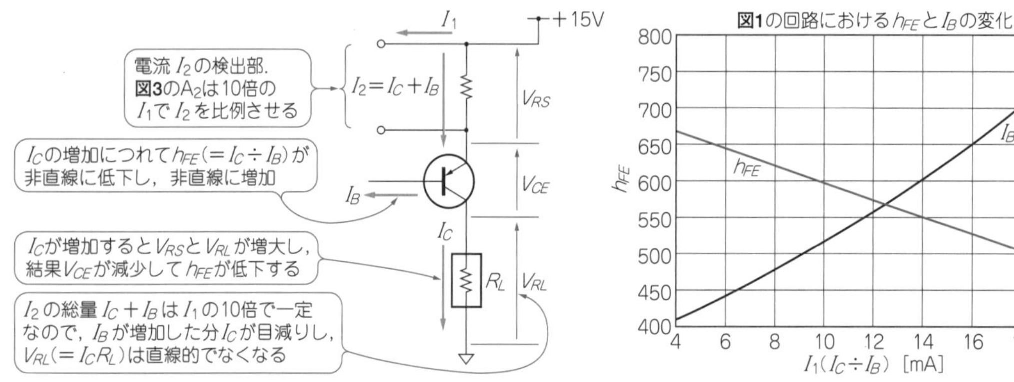

の中のグラフのようにI_Cとコレクタ-エミッタ間電圧V_{CE}の変化に依存して非直線的に変化します．するとI_Bもグラフのように非直線的に増減し，実験結果の非直線性誤差として現れます．

対策としてR_LにI_Bを導くため，**図5**のようにトランジスタTr_2を追加してダーリントン接続します．誤差要因として依然I_{B2}は残りますが，Tr_1とTr_2で形成される総合h_{FE}はh_{FE1} h_{FE2}ですから，仮にこれらを500としてもI_{B1} = 20 mA/500 = 40 μAに対してI_{B2} = 20 mA/250000 = 0.08 μAと十分に小さな値です．

図6は対策結果です．トランジスタ1個の追加ですべての誤差が激減しているのがわかります．

〈中村 黄三〉

図6 ダーリントン接続により改善した誤差特性

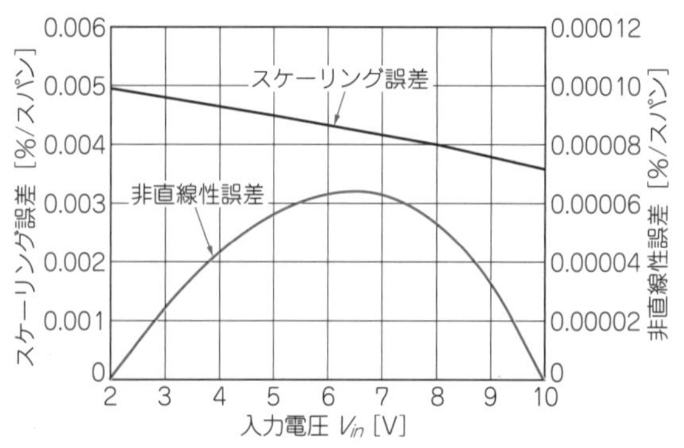

2-10 差動入出力の回路でひずみを生じることがある OPアンプの同相入力電圧範囲に注意する

図1のように差動入力型高速A-Dコンバータ(以下，ADC)のドライバ用の差動アンプ(完全差動アンプ)を作りました．1.41 V_{P-P}の入力信号を1.3倍(= 390 Ω/300 Ω)の1.82 V_{p-p}(差動振幅)に増幅します．後段のADCのコモン電圧(差動信号のセンタ電圧)から，出力信号に重畳する直流電圧V_{OCM}端子の電圧を1.5 Vと決めました．ところが図2のようにV_{on}の波形がひずんでしまいます．

● 同相入力電圧の考えかた

同相入力電圧は，直流電圧と交流電圧を個別に考え，重ねの理を使って合成する必要があります．図1の回路の場合は，次のように考えます．

① 直流の同相入力電圧を求める

ACカップリングされているので，V_{OCM}の電圧そのものとなります．

したがって，直流の同相入力電圧V_{COM_DC}は次式で表せます．

$$V_{COM\_DC} = 1.5\ \mathrm{V}$$

② 交流の同相入力電圧を求める

入力の300 Ω/(300 Ω + 390 Ω)倍の電圧が＋入力，および－入力端子に加わります．具体的に計算すると，入力信号が0.5 V_{RMS}のとき，そのピーク・ツー・ピーク電圧は，次式のように求まります．

$$V_{P-P} = \pm 0.5\ \mathrm{V} \times \sqrt{2} \fallingdotseq +0.707\ \mathrm{V} \sim -0.707\ \mathrm{V}$$

これにより，交流の同相入力電圧V_{COM_AC}は，次式で求まります．

$$V_{COM\_AC} = (+0.707\ \mathrm{V} \sim -0.707\ \mathrm{V}) \times 300\ \Omega / 690\ \Omega = +0.307\ \mathrm{V} \sim -0.307\ \mathrm{V}$$

③ 実際の同相入力電圧が求まる

V_{COM_DC}，およびV_{COM_AC}の計算結果から，実際の同相入力電圧V_{COM_TOTAL}は，直流と交流を合成して求めます．

$$V_{COM\_TOTAL} = V_{COM\_DC} + V_{COM\_AC} = +1.807\ \mathrm{V} \sim +1.193\ \mathrm{V}$$

この結果から，同相入力電圧の最低値は＋1.193 Vになります．

同相入力電圧範囲というのは，「この電圧範囲内で使ってください」という値です．THS4503の同相入力電圧範囲の代表値は＋1 V～＋4 Vなので＋1.8～1.2 Vは仕様範囲内に思えます．しかし，最悪値(＋1.6～＋3.4 V)では範囲外です．このため，図2のような波形ひずみが発生します．

● アンプを変更して解決する

完全差動アンプには，AC特性が同じであっても同相入力電圧範囲の異なる製品が存在します．例えば，THS4503と同じAC性能で同相入力電圧範囲が0.1～2 VのTHS4501があります．図1の回路の場合，THS4503からTHS4501へICを変更するだけでも回路は正常に動作するようになります．

▶回路の工夫で入力電圧範囲を広げる

図3のように直流帰還用の抵抗を追加することによって，同相入力電圧を下げることが可能です．この

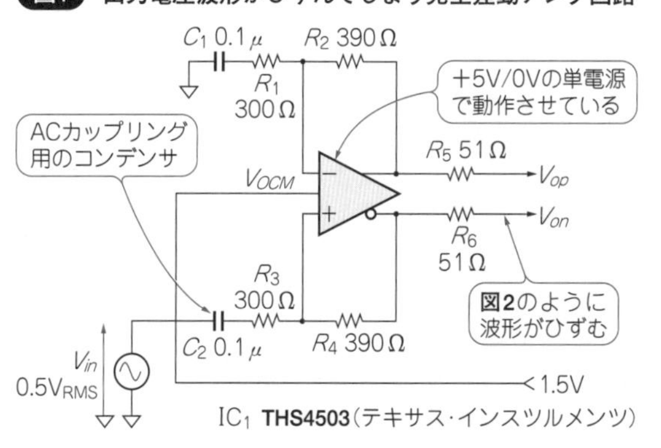

図1 出力電圧波形がひずんでしまう完全差動アンプ回路

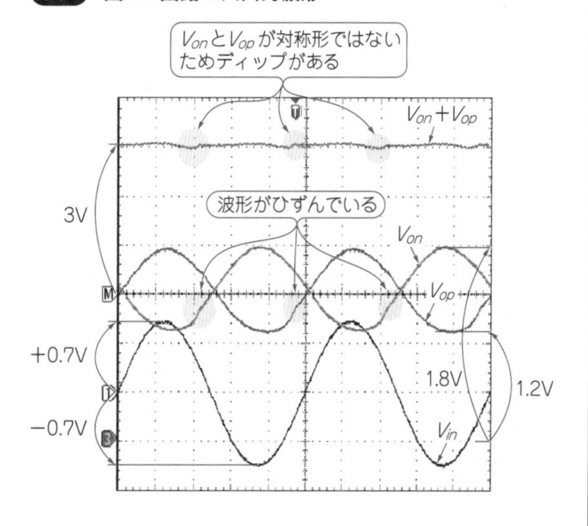

図2 図1の回路の入出力波形

図3 ひずみ対策として同相入力電圧範囲が広いOPアンプに変更
直流帰還用の抵抗を追加することによって直流の同相入力電圧を下げ，信号成分を含めた同相入力電圧を下げることもできる

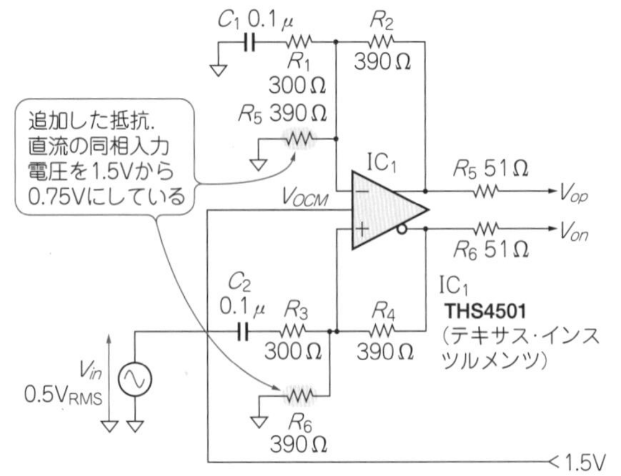

図4 直流帰還抵抗を追加することで同相入力電圧がさらに下がる
入力電圧範囲の中心を動作点とすることで大きな信号を扱えるようになる

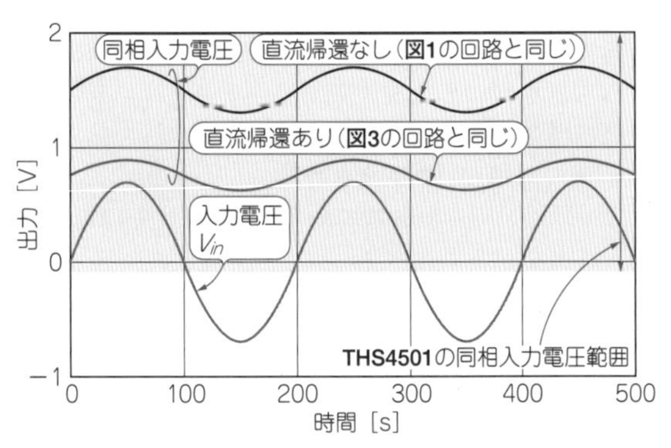

ように，完全差動アンプの動作点を同相入力電圧範囲の中心にもっていくことで，より大きな信号を取り扱えます．図4に，図1の回路と図3の回路における同相入力電圧の違いをシミュレーションした結果を示します．

〈川田 章弘〉

◆参考文献◆

(1) THS4501データシート，SLOS350D，2004年，テキサス・インスツルメンツ．
(2) THS4503データシート，SLOS352D，2004年，テキサス・インスツルメンツ．

差動信号の考えかた

column

例えば，シングル・エンドで0.8 V_{P-P}の場合，差動では1.6 V_{P-P}になります．つまり，シングルで見たときの振幅に対して，差動はその2倍になると考えればOKです．

図1の回路において，差動信号は，次の順を追って考えられます．

① コモン・レベルを認識

ここでは，+1.5 Vとします．

② コモン・レベルと出力レベルの差を得る

例えばV_{op}出力が+1.9 Vのとき，その振幅は，1.5 Vよりも0.4 V大きいので，振幅は+0.4 Vと考えます．

V_{on}出力について見ると，V_{op}出力が+1.9 Vのときは，+1.1 Vです．これは，1.5 Vに対して−0.4 Vです．つまり振幅は−0.4 Vと考えます．

③ 差動信号の振幅を算出

差動信号は$V_{op}-V_{on}$なので，+0.4 V−(−0.4 V)=+0.8 Vです．これは，V_{op}が+1.9 Vのときの差動信号のレベルになります．

もし，V_{op}ではなく，V_{on}が+1.9 Vのときは符号が負になって，−0.8 Vになります．したがって，差動信号の振幅は+0.8 V～−0.8 Vで1.6 V_{P-P}となります．

差動信号のレベルは，シングル・エンドの信号レベルが2倍になったのと等価です．これは，ダイナミック・レンジが2倍(6 dB)改善されたのと同じことです．最近の低電圧動作のA-Dコンバータの入力が差動になっているのは，ダイナミック・レンジを拡大するためとも言えます．

〈川田 章弘〉

2-11 出力の変動が止まらなくなる 積分回路ではコンデンサやOPアンプの選択に注意が必要

図1のように積分回路を作りましたが，計算どおりに動きません．

おまけに，入力電流を0Aにしても出力電圧の変化が止まりません．OPアンプがドリフトしているのでしょうか？

● 積分時間が設計値と合致しないおもな理由

図2に積分回路の誤差要因と対策方法を示します．

▶コンデンサのリーク電流と誘電吸収

期待する精度にもよりますが，図3のホールド特性や図4の誘電吸収特性からわかるように積分コンデンサとしてセラミックや電解タイプはリーク電流，誘電吸収ともに大きくて不向きです．

誘電吸収が大きいと，コンデンサの電極を短絡して電荷を放電したつもりでも，短絡開放後に再び電圧が端子間に現れます．リーク電流や誘電吸収の小さなフィルム・コンデンサを使用します．

▶OPアンプのバイアス電流

バイアス電流は充電電流に加算されます．バイポーラ・トランジスタ入力のOPアンプもバイアス電流が大きいので避けます．

バイアス電流の小さなJFET入力型かCMOS型のOPアンプを使用します．

▶プリント基板へのリーク電流

特に高い性能を期待する場合はOPアンプの－入力につながる配線はリーク電流を防ぐためプリント基板上の配線パターンを使わず，図2のように空中配線をします．

もしくは，図5のようにガード電極を配置するか中継用のテフロン端子上に配線します．

● 長時間の積分動作はマイコン，微小電流の検出には積分回路

現在は，マイコンのソフトウェアで積分したほうが簡単です．現実問題として長時間の積分回路をOPアンプで組む機会は少ないかもしれません．

しかし，FETのゲート電流などpAを下回るような電流を測定する場合は別です．通常は電流を抵抗に流して電圧に変換してから扱いますが，1 pA(＝10^{-12} A)の電流を1 GΩの抵抗に流しても1 mVにしかなりま

図1 製作した積分回路が計算どおりに動かない

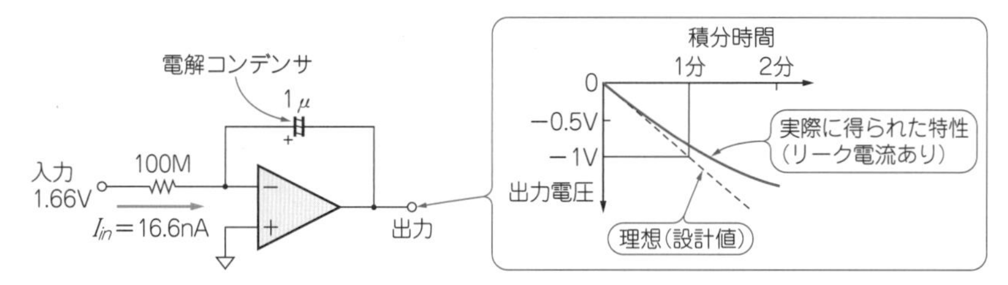

図2 積分回路の誤差要因と対策方法

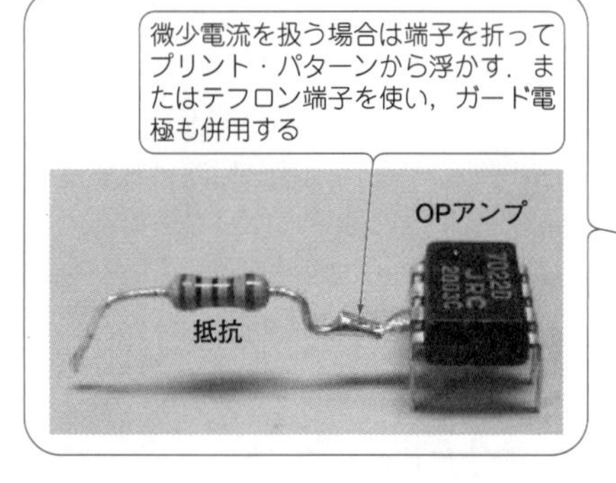

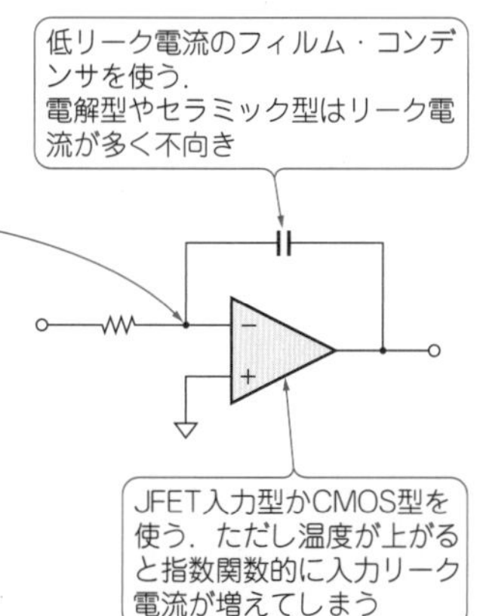

図3 ホールド特性が悪いコンデンサはリーク電流が大きく積分コンデンサに向かない

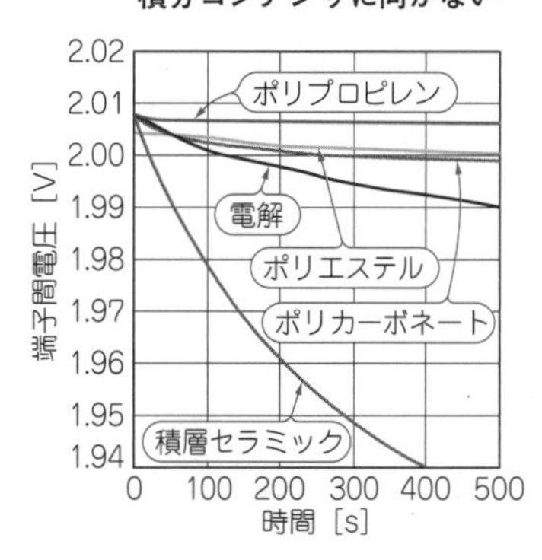

図4　誘電吸収があるコンデンサも積分コンデンサに向かない

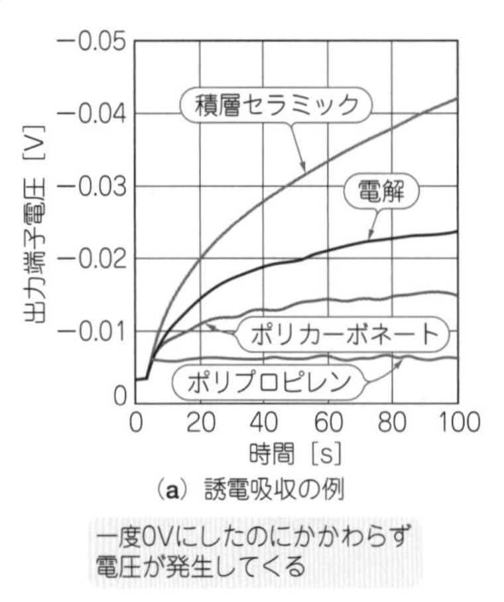

(a) 誘電吸収の例

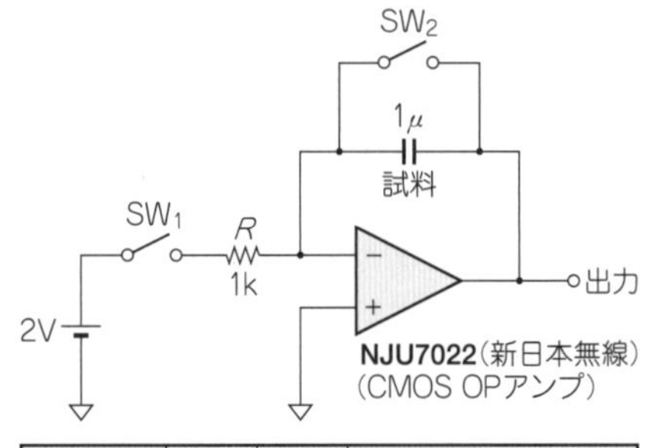

ステップ	SW_1	SW_2	備　考
①	ON	OFF	試料に2V印加
②	OFF	ON	試料を4秒間放電
③	OFF	OFF	出力電圧を測定する

(b) 誘電吸収特性の測定回路

図5　信号の電極の周りと同じ電位のガード電極によりプリント・パターンへのリーク電流を防ぐ

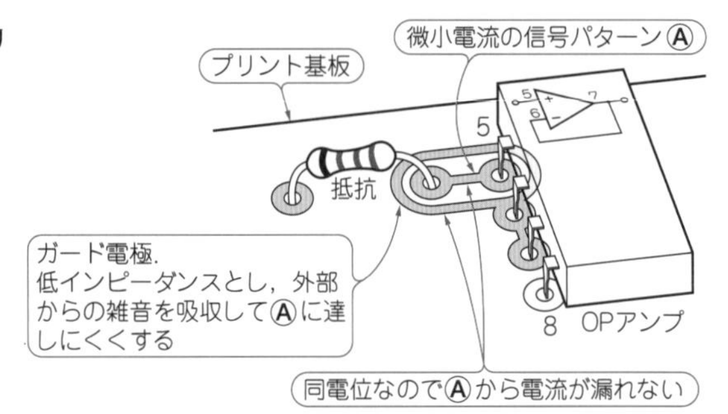

せん．A-D変換も雑音の対策も容易ではありません．微小電流をコンデンサで積分すればより扱いやすい大きさの電圧を得ることができます．雑音に対しても積分動作がフィルタ動作の一種ですし，I-V変換用の抵抗器が出す熱雑音の影響からも逃れることができます．

〈玉川 一男〉

積分回路の使いかた

column

積分回路の入力電圧V_{in}と出力電圧V_{out}の関係は次のようになります．

$V_{out} = -1/RC\int V_{in}dt$

ただし，積分コンデンサC [F] の初期チャージを0とする．

ここで，入力電圧が一定のとき，積分は入力電圧と時間の掛け算になります．

$V_{out} = -V_{in}t/RC$

つまり，$t=0$からの経過時間に比例した出力電圧を得られます．時間t→電圧V_{out}の変換回路とも言えるわけです．

逆に，ボルテージ・コンパレータなどで出力電圧を監視すれば電圧→時間への変換もできます．

出力電圧による時間の判断は，積分回路の重要な用途です．単純に頃合いを見計らうだけならば，ディジタル回路，特にマイコンは大の得意です．しかし，まだまだ純粋にアナログ回路で構成されることの多いスイッチング電源やD級アンプでは，なくてはならないものです．直線のスロープをもつ三角波や，のこぎり波の発生に使われています．

〈玉川 一男〉

2-12 周波数帯域を伸ばすために高速型に変更するとき
高速型OPアンプではパターンや周辺部品に注意する

● MHz以上でも高ゲインを維持する高速型は浮遊容量の影響を受けやすい

OPアンプの周波数特性を示すパラメータのユニティ・ゲイン周波数f_T［Hz］(ゲイン1倍となる周波数)，*GB*積［Hz］(ある周波数での周波数とゲインの積)は，一般に汎用OPアンプと呼ばれるもので共に数MHz程度です．これに対して高速OPアンプと呼ばれるタイプでは100 MHzを越えるものも珍しくありません．

これは，MHzオーダ以上の周波数で高速OPアンプが汎用OPアンプの数十倍のゲインをもつことを意味します．一方で，浮遊容量のインピーダンスは周波数に反比例して低くなり，入出力間が結合しやすくなります．

● 定石のパスコンを忘れずに！

発振の起こる理由の一つとして図1のようなことが言えます．バイパス・コンデンサがない場合は配線のもつインダクタンスが出力トランジスタの負荷になり電源端子に電圧変化を生じます．電源端子はOPアンプ内部で前段の回路にもつながっているため，ここの電圧変化は帰還電圧として作用します．これが正帰還になれば発振に至ることもあります．バイパス・コンデンサを付ければ電源端子を交流的にグラウンドに落とすことになります．

● 高速動作時の配線はインダクタンスに見える

高速OPアンプは内部のトランジスタも非常に高い周波数まで動作する性能があるので，そのような周波数まで通用するような実装を施さねばなりません．

例えば，バイパス・コンデンサまでのほんの少しの

図1 バイパス・コンデンサで帰還電圧を抑えて発振しにくくする

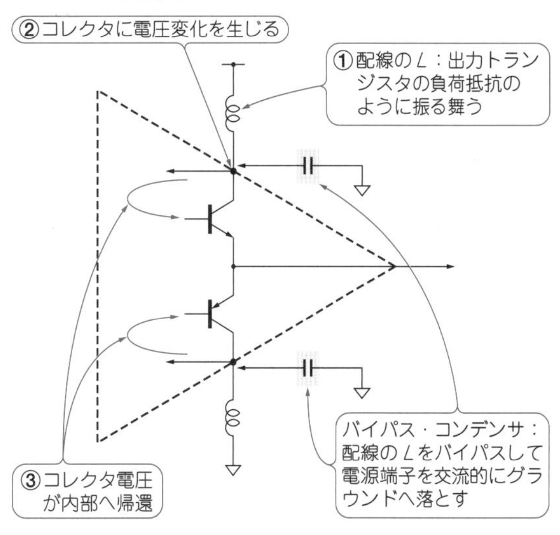

図2 低周波信号を扱う汎用OPアンプと高周波信号を扱う高速OPアンプのプリント・パターンの違い
低周波の場合，1点アースのように雑音対策などで最短距離の配線ができなくても，問題ないことも多い．高周波の場合は，グラウンドを広く取り，最短距離での接続を心がける．隣り合う電極同士が結合しない配慮も必要

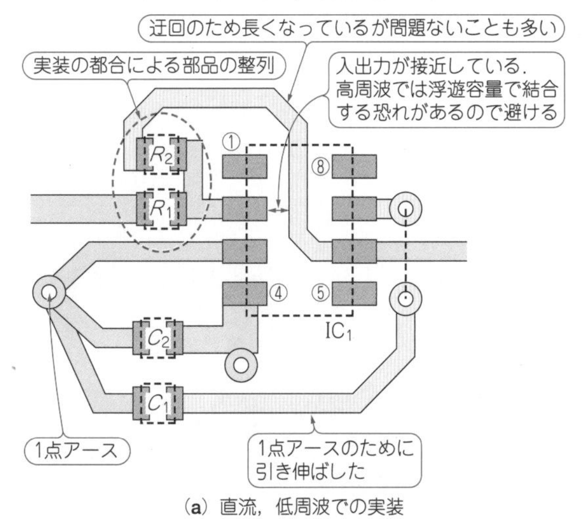

(a) 直流，低周波での実装

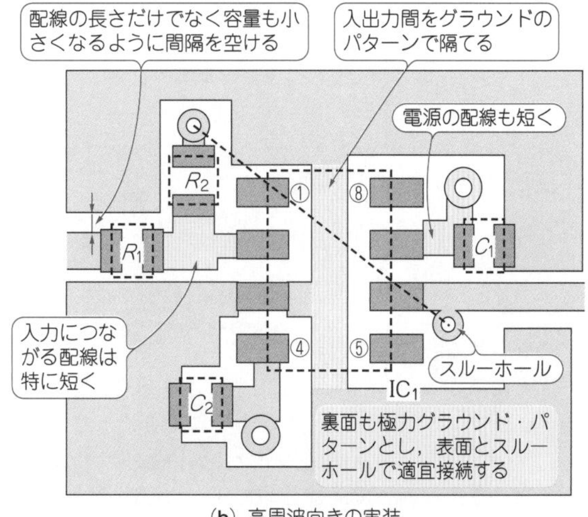

(b) 高周波向きの実装

配線の長さがインダクタンスとして見えてきたりします．

バイパス・コンデンサ自体も高い周波数では等価直列インダクタンス（*ESI*；Equivalent Series Inductance）が見えてきてしまい，品種を選ばないとバイパス・コンデンサとしての用を成しません．

● 低周波と高周波では基板パターンの描きかたが違う

図2を例に高周波と低周波の基板パターンを比較します．

▶低周波

図2(a)のようにすべての信号のグラウンドを一点に集めることが低雑音化に有効な場合もありますが，配線が長くなります．

▶高周波

図2(b)のようにグラウンド・パターンをなるべく広く取り，最短距離での接続がベストです．1点アースのための配線引き回しはインダクタンスや浮遊容量を増やすためトラブルの元です．汎用OPアンプと高速OPアンプではもともと使いかたが違うため，実装を再検討することなく単純に差し替えることは避けたほうが良いでしょう．

● 実物はそんなに気難しくはないかもしれないが…

図3に，バイパス・コンデンサの有無による出力波形の変化を示します．図4のように実験用電源を接続して測定しました．

品種にもよりますが最近のOPアンプは高速といえども，バイパス・コンデンサまでの距離が数cm程度あってもすぐに発振するようなことは少ないようです．

しかし，高周波でのゲインの高さは事実です．たとえ実験で問題がなかったとしても，実用に際しては適正にバイパスを施す必要があります．　〈玉川 一男〉

図3 バイパス・コンデンサの有無で出力を比較

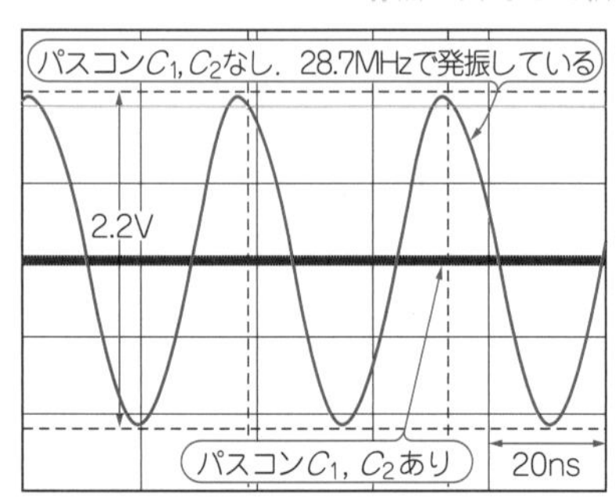

(a) 高速OPアンプ(LM6365)

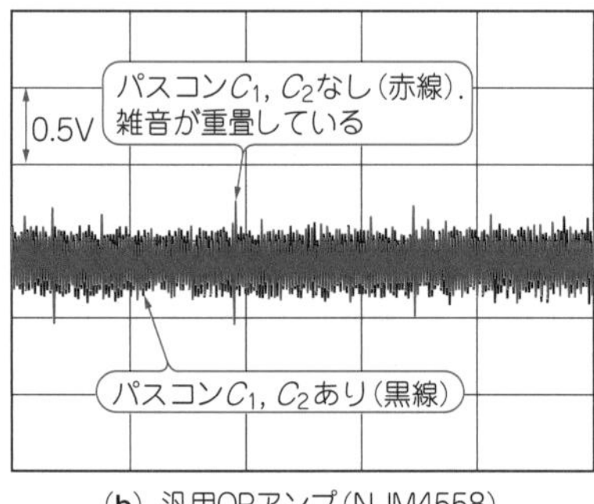

(b) 汎用OPアンプ(NJM4558)

図4 実験した回路

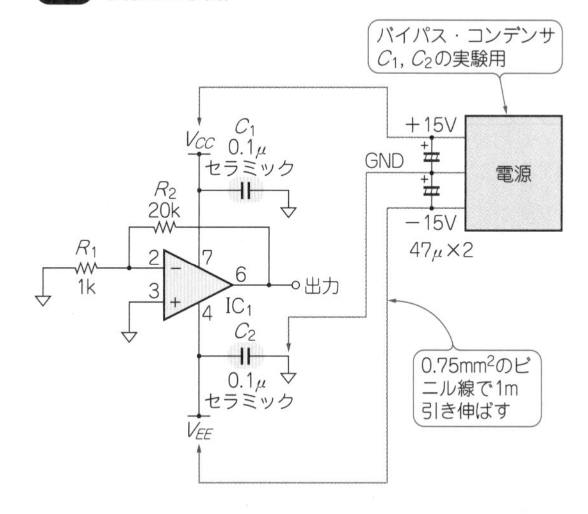

反転増幅回路の増幅率　column

OPアンプによる反転増幅回路の増幅率Aは，

$$A = \frac{R_1}{R_2}$$

で表されると，よく言われます．

ところがこれは，あくまでも使用するOPアンプのオープンループ・ゲインが十分に大きく，また入力インピーダンスも同様に十分に高いとみなせる場合という条件の下で，はじめて成立する関係式なのです．

特に，広帯域で，かつ増幅率を大きくとるような場合には，その上限の周波数で，使用するOPアンプのオープンループ・ゲインや入力インピーダンスを確認しておく必要があります．

このことは，非反転増幅回路でも同様です．

〈森田 一〉

高すぎる同相電圧によって生じる

2-13 インスツルメンテーション・アンプの内部飽和に注意する

図1のように圧力センサの出力をインスツルメンテーション・アンプ(以降，Iアンプ)で受けています．圧力を徐々に増加していくとIアンプ出力の保証値+13Vよりずっと低い5.6V付近で飽和してしまいます．

表1のセンサのカタログ値から，最大のスパン(物理量を加えないときと定格まで加えたときの差でセンサ感度)100mVで出力電圧V_{out}が10VになるようIアンプのゲインは約100倍に設定しています．センサのスパンは72.41mVだったので出力電圧のスパンの期待値は，7.24Vです．

センサの出力電圧を測定したところ，V_{OP}とV_{OM}は11.29Vと11.21Vでした．センサのコモンモード電圧V_{CM}は$(V_{OP}+V_{OM})/2=11.25$ Vなので，Iアンプのカタログ値±13Vの範囲内です．

● 同じような回路をOPアンプで組んで調べる

こうした問題が起きたときは，Iアンプ内部の飽和を疑います．使用したIアンプINA128は，図2に示す類似のアンプA_1～A_3で構成されるモノリシックICです．8ピン構成というピン数の制限から前段のA_1とA_2の出力が外部に引き出されていません．そこで，INA128の内部アンプと入/出力電圧範囲が似ているOPアンプOPA2277(以下，A_1，A_2)と，差動アンプINA133(以下，A_3)によりIアンプをディスクリートで構成し，A_1とA_2の出力(以下，V_{A1}，V_{A2})をモニタしてみます．

● 定量測定のためのダミー信号源を用意する

図1のようなロー・サイド定電流源では，センサのブリッジ抵抗R_{BR}が小さいほど，ブリッジ下方の電圧V_{BR}が上昇して大きなV_{CM}が発生します．そこで図2の実験回路では，センサのカタログ値最小の$R_{BR}=3.29\,\text{k}\Omega$に近い，3.3kΩ固定抵抗で構成したダミー(擬似)・ブリッジを使います．

A_5, A_6は，標準電圧発生装置の出力V_S(ダミー信号)を，A_4でバッファされたV_{CM}に重畳するための差動アンプです．グラウンド基準の$V_S=0$～50mVからV_{CM}基準±50mVの，フローティングされたV_{OP}とV_{OM}(差として100mV)が得られ，これをIアンプの入力V_{in}として供給します．

● コモン・モード電圧V_{CM}が高すぎて初段のアンプが飽和している

図3はV_{A2}と$V_{out}(=V_{A3})$です．V_{in}が30mVあた

表1 センサのカタログ値と試作回路の測定値

項　目	カタログ値	試作回路
ドライブ電流	1.5mA	1.5mA
ブリッジ抵抗	4.7kΩ±30%	4.93kΩ
スパン電流	70mV±30mV	72.41mV
オフセット電流	±3mV	−2.3mV
非直線性	±0.5% of FSR	—
ヒステリシス	±0.5% of FSR	—

(アンプ飽和のため測定不可)

図1 出力電圧が飽和してしまうインスツルメンテーション・アンプを使ったブリッジ・センサの試作回路

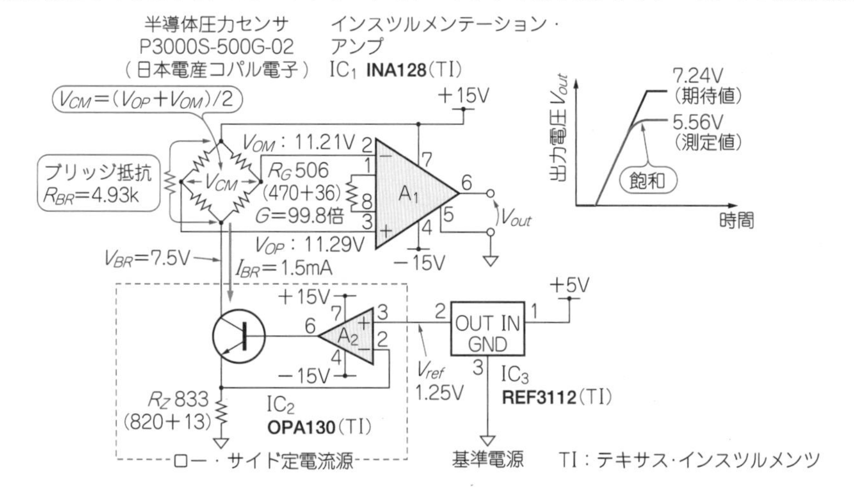

図2 図1におけるインスツルメンテーション・アンプの各部の電圧をディスクリートで製作した同等回路で確認

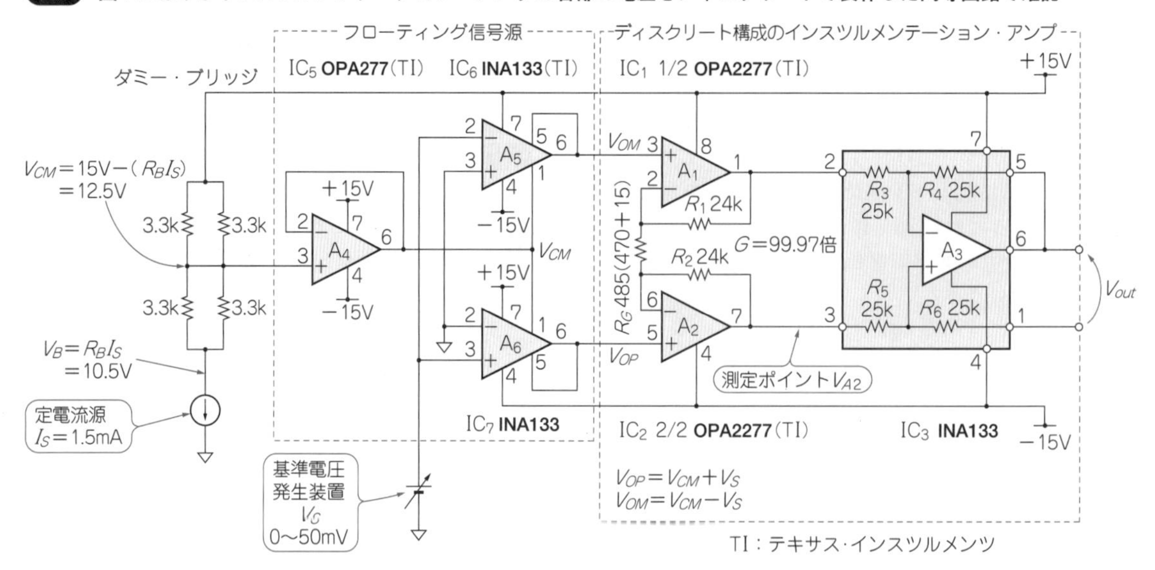

図3 図2のディスクリート回路の測定によりインスツルメンテーション・アンプ内部のアンプの出力が飽和していることがわかる
電源電圧+15 Vに対してV_{in}=33 mV付近でA_2の出力が飽和している

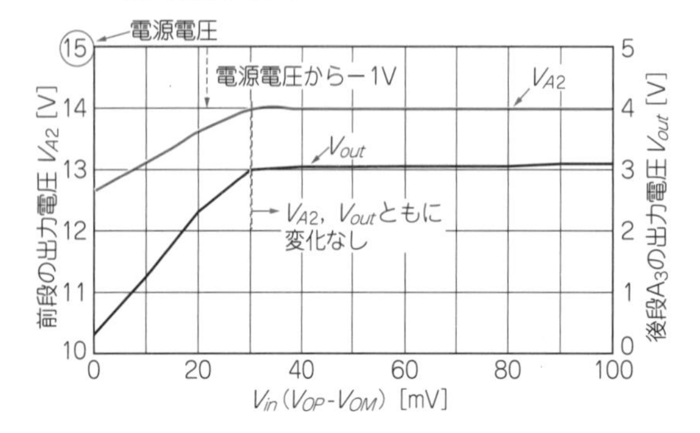

りでV_{A2}が電源電圧15 Vの1 V下で飽和して，それ以上のV_{in}ではV_{A2}，V_{out}ともに変化がありません．**図1**の回路は，センサのブリッジ抵抗R_{BR}の変化に対する出力ができていないことになります．

● 対策

原因としてV_{CM}が高すぎることがわかったので，定電流源を変更してV_{CM}を下げます．

▶ 定電流回路のグラウンド側を − 15 Vにする

図4(a)は，定電流源を変更してV_{A2}が電源電圧に近づかないようにV_{CM}を下げるためのアイデアです．現行の回路をくずさないで実施可能で，V_{CM}も一番悪

図4 インスツルメンテーション・アンプが飽和する原因であるコモン・モード電圧を下げる工夫

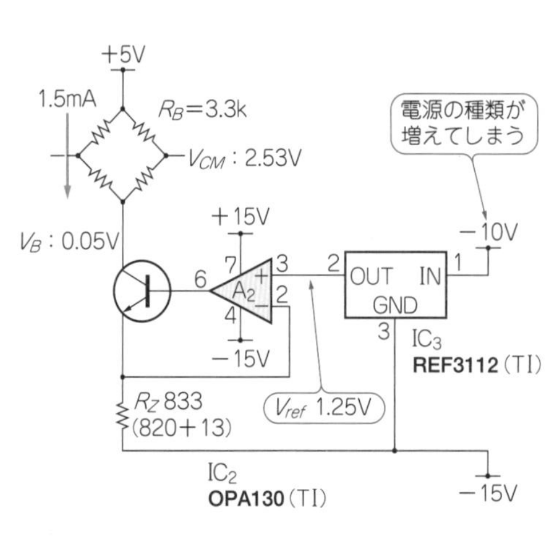

(a) 定電流回路のグラウンド側を−15Vにする

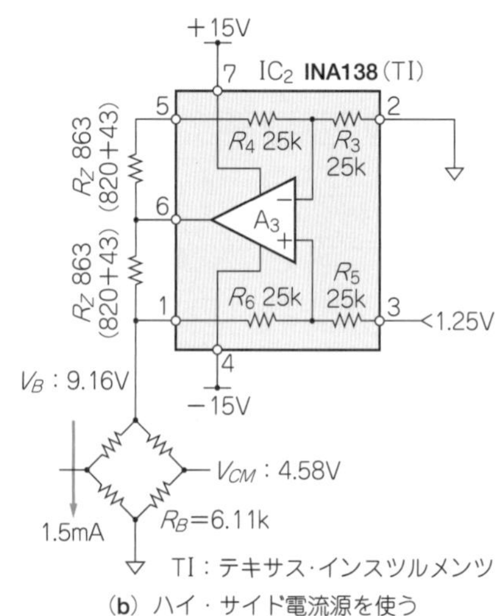

(b) ハイ・サイド電流源を使う

図5 定電流源にハイ・サイド方式を採用したときのインスツルメンテーション・アンプ内部の出力電圧
前段のアンプA_1とA_2の出力V_{A1}とV_{A2}はコモン・モード電圧V_{CM}＝4.58 Vを基準にフルスケールV_{FS}の1/2の値で上下している．V_{FS}の大きさに応じてV_{A1}とV_{A2}の上下幅が大きくなるので，V_{CM}をそのぶん低く抑えて電源電圧にV_{A1}とV_{A2}が接近しないようにする

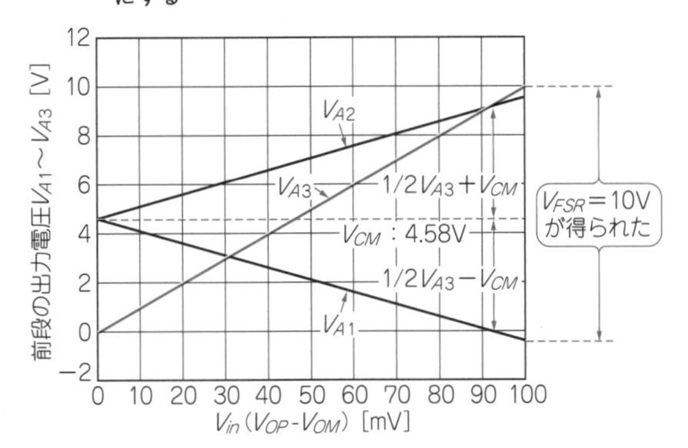

図6 フルスケール出力電圧に対するコモン・モード電圧のリミット値は算出できる
電源電圧が±15 V時のINA128の例

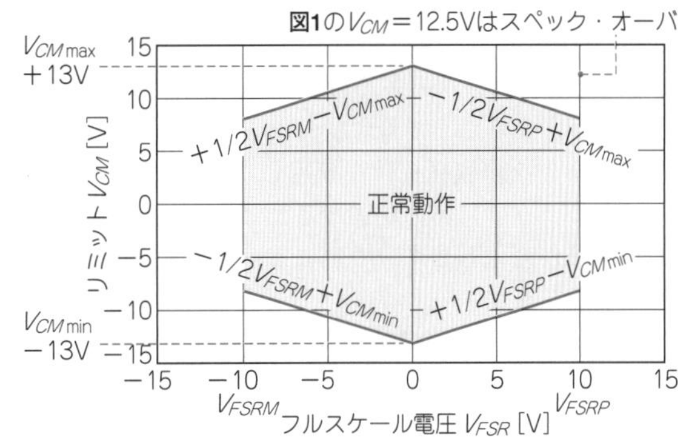

い条件(R_{BR}最小値，3.3 kΩ)で2.53 Vと大幅に小さくなります．欠点としては，新たに－10 Vの電源電圧が必要なことです．

▶ハイ・サイド電流源を使う

図4(b)のように定電流源をブリッジの上側に配置するする方式です．図5のようにV_{A1}～V_{A3}がきれいに0～10 Vの範囲内に収まります．この回路の長所は外部トランジスタが不要なことで，短所は，抵抗精度の関係からINA138のような抵抗入り差動アンプICでないと実用化が難しいことです．

● インスツルメンテーション・アンプにおけるコモン・モード電圧範囲の条件

メーカのカタログに記述されたIアンプのV_{CM}電圧の範囲は，V_{out}＝0のときの値です．図1の2番，3番ピンをショートしてV_{A1}＝V_{A2}→V_{out}＝0の条件下でA_1とA_2が飽和しない入力範囲となります．

ICタイプの汎用Iアンプの場合，ゲイン1倍から使えるように後段A_3のゲインを1倍に設定し，前段のA_2，A_3で全体のゲインを設定するようになっているためです．図5のグラフからもわかるように，前段のV_{A1}とV_{A2}はV_{CM}を基準に，V_{FSR}の1/2と大きな値で上下しています．したがってV_{FSR}の大きさに応じて，電源電圧にV_{A1}，V_{A2}が接近しないV_{CM}の条件が必要になります．しかしV_{FSR}に応じたV_{CM}の値を規定するのは無理があるので，V_{out}＝0 VでV_{CM}電圧範囲を規定するわけです．

カタログに特に注釈がなくても，V_{CM}電圧の範囲はV_{out}＝0 Vでの値と考えて設計すれば失敗しません．

図6に，必要なV_{out}の最大値をフルスケール電圧V_{FSR}として，V_{FSR}依存したV_{CM}の範囲をINA128の仕様をもとに作成した換算図を示します．ゲイン1倍から適用できます．

〈中村 黄三〉

インスツルメンテーション・アンプとは

column

インスツルメンテーション・アンプは，その昔，アナログ 電圧ベースで計算を行うアナログ・コンピュータの加減算用回路として開発されたものです．

抵抗分圧による係数や変数を受けて高精度なアナログ演算を達成するため，高入力インピーダンス，かつ同相電圧V_{CM}を多く除去する(同相信号除去比 *CMRR*：Common Mode Rejection Ratioが高い)特性が求められたことから，図2の回路が考案されました．

その後，ブリッジ型センサの信号処理に応用され，その用途からインスツルメンテーション・アンプと呼ばれるようになりました．

日本語では計測アンプあるいは計装アンプの呼称が主流です．

〈中村 黄三〉

2-14 プリント基板の変形などが影響を及ぼす 高精度型OPアンプではパッケージへの応力に注意する

高精度OPアンプの多くは，薄膜抵抗体をレーザ・トリミングすることで低オフセットを実現しています．

このような薄膜抵抗体を使用した高精度OPアンプの場合，チップに応力が加わるとピエゾ効果によりその抵抗値が変化します．これによって，オフセット電圧が変化します．

写真1のようにOPアンプICのパッケージの上をプラス・ドライバで強く押しながらオフセット電圧を測定する実験を行いました．測定回路を図1に，測定結果を図2に示します．この結果から，定量的ではありませんが，ICに応力が加わるとオフセット電圧が変化することが確認できます．

物理寸法の大きなプリント基板では，たわみが発生することがあります．このようなたわみによってもチップに応力がかかり，オフセット電圧を悪化させることがあります．高精度直流回路のプリント基板を設計するときは，ICにかかる応力まで考えて配置検討するとよいでしょう．

〈川田 章弘〉

◆参考文献◆

(1) TLE2027データシート，SLOS192B，2006年，テキサス・インスツルメンツ．

写真1 プラス・ドライバで高精度OPアンプTLE2027に応力を加えているようす

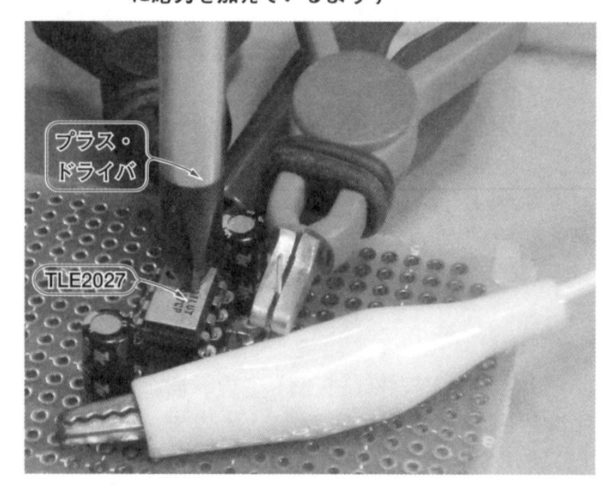

図1 高精度OPアンプTLE2027に応力を加えて出力オフセット電圧を観測する回路

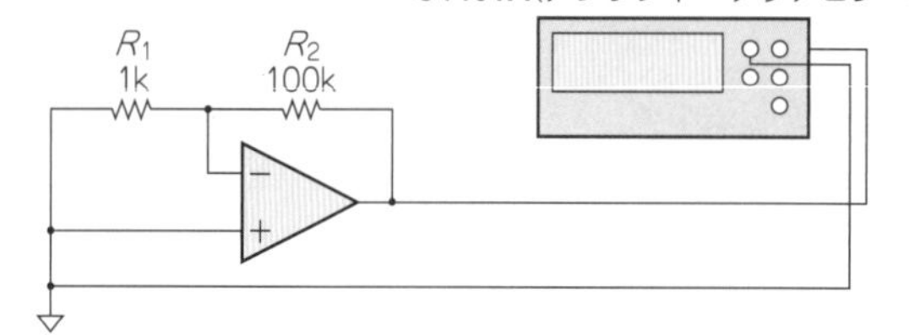

図2 OPアンプに加わる応力によってオフセット電圧が変化する

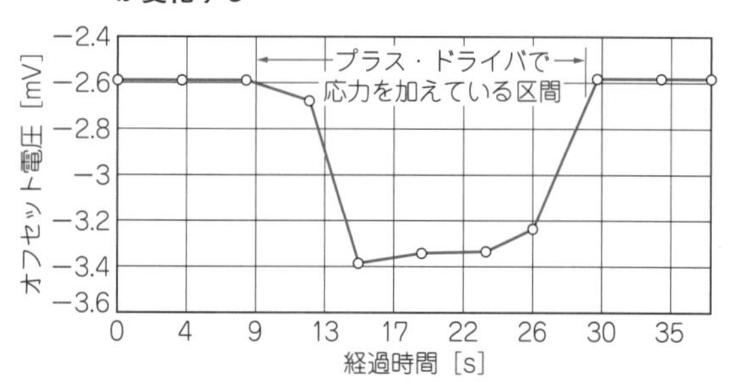

プリント基板の反り

column

サイズの大きなプリント基板では，ねじ止めと基板上に載せる重い部品の位置によって，組み立て後に反りが発生する場合があります．

さらに，両面基板以上の配線層をもったプリント基板では，表面と裏面の銅箔の面積に差があると反りの要因になります．

例えば，部品面に表面実装のICを載せた場合，その周りはパターンが引かれるため，銅箔の面積は40％程度になります．一方，その真裏のはんだ面をべたグラウンドとすると，こちらは銅箔の面積はほぼ100％になります．

このように，表裏で銅箔の面積に差があるとリフロー時に基板が反ってしまいます．したがって，裏側はべたグラウンドにせずに，メッシュまたは水玉模様に銅箔を抜いて，銅箔の残っている率の差を10～20％に抑えることが必要になります．

〈森田 一〉

第3章

さまざまなアナログ信号を正確にディジタル化するために

A-Dコンバータ応用回路のケース・スタディ

3-1 分解能と変換速度，インターフェースで選ぶ A-DコンバータICの選びかた

例えば，振動解析では，さまざまな強度と周波数の波形が重なり合ったものをFFT演算などで分離します．したがって，そのような用途に使用するA-Dコンバータ(Analog to Digital Converter；ADC)には，

(1)大振動に隠れた小さな信号を見逃さないように，ダイナミック・レンジが広いこと

(2)相関演算の邪魔にならないように，微分直線性が良く，ひずみが小さいこと

に加えて，

(3)100 ksps以上の変換レートをもつこと

が選択時のポイントになります．

● 変換方式の決定

図1は変換方式ごとの分解能と変換レートとの相関図です．

上記の振動解析の用途にはΔΣ型が適していることがわかります．この場合はダイナミック・レンジが十分に広い24ビット分解能のデバイスを使うことにしましょう．ΔΣ型は微分直線性にも優れています．

● 計測信号の伝送方式

被測定物と解析装置間の信号伝送は常に頭を悩ます問題です．ΔΣ型の高分解能を生かすには可能な限り外部からのノイズ混入を排除しなければなりません．

伝送距離が比較的短く，しかもチャージ・アンプや増幅器をセンサに内蔵しているか，これらをセンサの近くに置ける場合は，接続が容易な図2(a)のアナログ伝送が可能です．このとき，

(1)なるべく高レベルで伝送する

(2)2芯シールド・ケーブルを使って差動伝送する

などの手法を使えば，外部ノイズの影響を最小化できます．その際は，

(1)信号レベルに見合った入力レンジ

(2)低域のコモン・モード・ノイズを数十dB以上低減可能な差動入力

をもつADCを選択します．

構造物の振動解析など，多少の質量増加は許容できるけれど伝送距離が長いという場合は，図2(b)のようにシリアル出力のADCをセンサ近くに置き，変換後のディジタル信号を伝送するほうがノイズに強くな

図1 おもなA-D変換方式の分解能とサンプリング・レートによる分類(2008年1月現在)

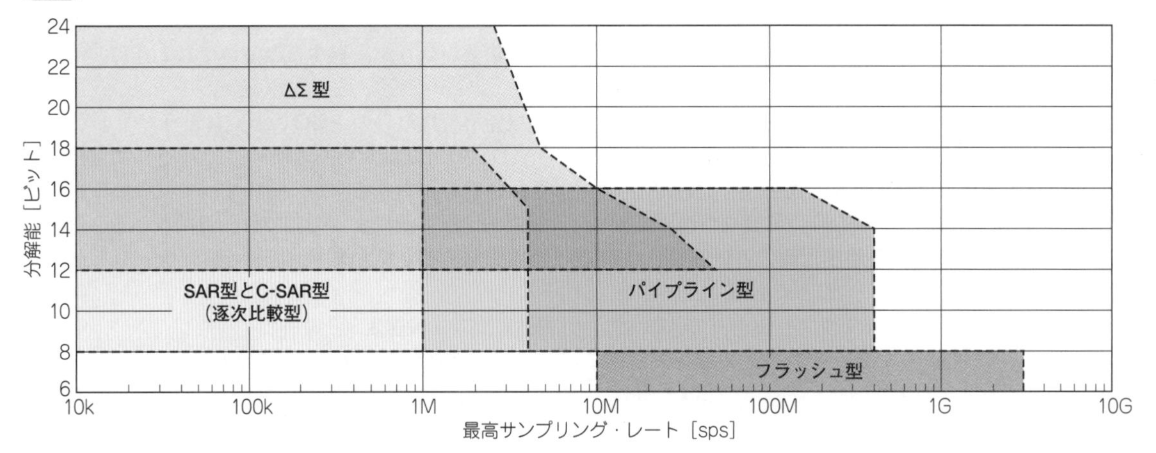

図2 アナログ伝送とディジタル伝送
被測定物の状況やセンサの種類，伝送距離によって回路構成やA-Dコンバータを選択する．
(a)被測定物への影響をなるべく小さくするために小形の加速度センサ単体を使い，そのすぐそばにチャージ・アンプやバッファ・アンプを置いて，十分大きな信号レベルと十分低い出力インピーダンスとした後，2芯シールド線で解析装置にアナログ伝送する方法．受信側に差動入力型ADCを使えば，部品数を増やさずに重畳したコモン・モード・ノイズを除去できる
(b)鉄塔などの大きい構造物にセンサとADCを一緒に設置して、外来ノイズに強いディジタル信号で離れた場所に伝送する場合の例．伝送線の本数を少なくするため，シリアル出力方式のADCを使う．またレジスタ選択式のPGA(Programmable Gain Amp)を内蔵したADCを使えば遠隔操作で入力レンジを選択できる．ADCはマスタ・モードで使わないと伝送遅延によるタイミングずれに悩まされる．ディジタル信号といえど，長距離ではノイズや電位差，信号反射が無視できないので，フォト・カプラによる絶縁や，伝送線のインピーダンスに合ったドライバ，受信側での終端処置が必要

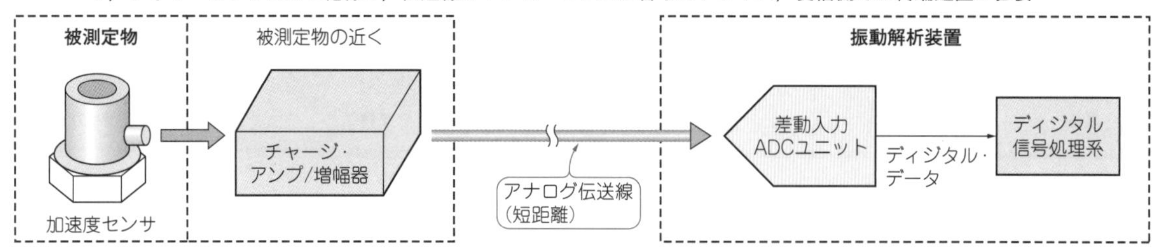

(a) アナログ伝送の例

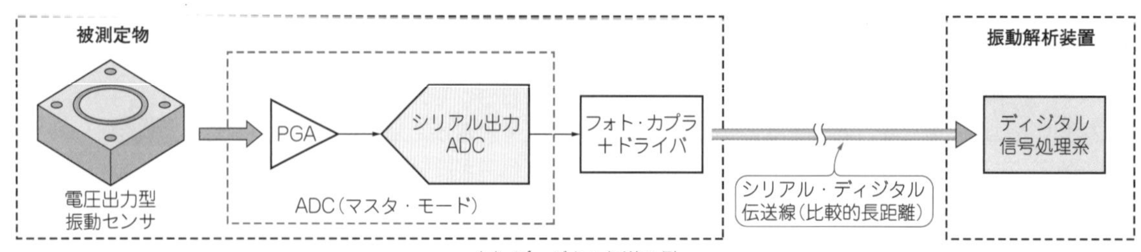

(b) ディジタル伝送の例

ります．この場合には，プログラマブル・ゲイン・アンプ(PGA)を内蔵したADCを使用すれば，センサ用増幅器の一部を省略することができますし，レジスタで増幅度を設定できるタイプを使用すれば，離れた場所から入力レンジを選択することもできます．

● 出力形式

解析に複数のセンサとADCを使う場合を考えると，ADCごとに24本のデータ線が必要な全パラレル形式は現実的ではなく，バス形式かシリアル型になります．

シリアル型では1データの伝送に最低でも26クロックぶんの時間が必要ですから，100 kspsの場合でも2.6 MHz以上と高速のクロックになります．したがって，DSPかFPGAで受信するのがよいでしょう．

図2(b)の例のように，被測定物が離れた場所にあって解析装置との間をディジタル伝送する場合には，MicroWire準拠などのシリアル形式が適しています．

ただし比較的距離が長い場合は，特別な考慮が必要です．ケーブル中の電気信号は光速に近い(例えば75%)スピードで伝わりますが，それでも10 mあたり往復で90 ns弱の遅延が起こります．したがってADCをマスタ・モードで使わないとシリアル・クロックとデータとのタイミングのずれに悩まされることになります．

またディジタル信号といえど，送信側と受信側でケーブルのインピーダンスに合った整合を行わないと信号反射によって正常な伝送ができなくなります．

● 具体的な品種の選定

条件がかなり絞り込まれたので，おもなメーカのサイトで検索を行って候補をリストアップします．この作業と同時に，メーカごとの得意/不得意なジャンルもわかるでしょう．

また通販サイトを利用して在庫を確認すれば，入手性や価格，売れ筋などの情報が得られます．最終的に迷ったら，データシート上の情報やアプリケーション情報が多いほうを選択するとよいでしょう．

*

振動解析用以外のADCの選定はどうでしょうか．

ADCの用途はたいへん広く，それぞれに重視すべき仕様項目がありますが，そのすべてについて説明することは不可能です．ここでは一般的なADC選定の指針を示すことにします．

● 変換方式の選定

まず，図3で変換方式を選定します．

▶エイリアシングを積極的に利用する場合

通信用途やオシロスコープの等価サンプリングなど，

サンプリング速度より高い周波数の信号を入力し，エイリアシングを利用する用途には，パイプライン型が適しています．ただし，400 Mspsを越える場合やレイテンシ(サンプリングからデータ出力までの遅延)が問題になる場合はフラッシュ型を使用します．

アナログ入力帯域や*SINAD*(信号とノイズ＋ひずみの比)，アパーチャ・ジッタなどが重視すべき仕様です．

▶ 入力信号が非常に低速の場合

温度や電圧の監視のようにDCに近い信号だけを変換する場合は，基本的に$\Delta\Sigma$型が適しています．データ・ロガーのように，マルチプレクサで一つのADCコアの入力を切り替えて多チャネル計測をする場合は，SAR型(逐次比較型)のほうが一般的に有利です．

温度ドリフトなどのDC特性が重視すべき仕様になります．

▶ 上記以外の用途

まず，最高サンプリング速度を考えます．現実的なフィルタ特性から最高入力周波数の4倍以上のサンプリング速度が必要ですが，逆に速すぎるADCは使いにくい場合もあります(3-2参照)．

続いて，入力信号精度や雑音などから分解能を決定します．欲張りすぎないことが肝心ですが，パルス波高の統計分析など微分非直線性を嫌う用途では，高分解能ADCの上位ビットだけを使う場合もあります．

サンプル速度と分解能をもとに**図3**のチャートから変換方式を選定します．複数の方式にまたがる場合は，他の仕様を比較してあとで決めます．

● アナログ入力の形式

図4に入力形式の選択チャートを示します．

両極性か片極性かは，**図5**のようにアナログ・グラウンドを基準に判断します．両極性入力が可能ながら，単一電源で動作するADCもあります．

ブリッジ型センサの出力のように中間電位に浮いた信号は，ADCも差動入力型のほうが有利になります．

0 V基準の片極性入力でも，差動または疑似差動(片側の入力範囲が狭い)を備えたADCのほうが*S/N*を向上しやすいだけではなく，オフセット補正も楽になります．

チャートにはありませんが，PGAやインスツルメンテーション・アンプ(INA)を内蔵したもの，入力極性やレンジを切り替えられるものなど，便利な入力段をもつADCが増えてきています．

● データ出力の形式

図6に出力形式による分類を示します．

差動入力形式のADCには，ディジタル演算に適した2の補数やサイン・ビット付きコードを出力するものがありますが，DSPやFPGAの発達により必然性は薄れています．

同じ理由でシリアル形式の高速化が進んでいますが，今でも高速ADCではPECL(Positive Emitter Coupled Logic)やLVDS(Low Voltage Differential Signaling)のパラレル出力になります．

高機能ADCではピン設定でシリアル/パラレルの複数形式に対応するADCもあり，ユーザの自由度が増しています．

〈三宅 和司〉

図3 A-Dコンバータの変換方式の選択チャート

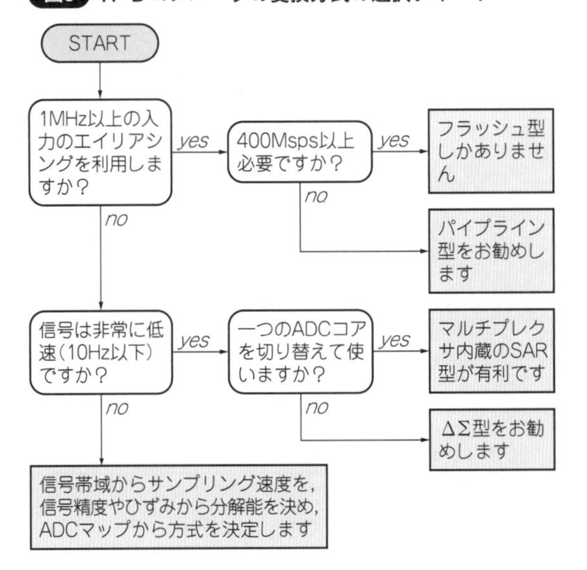

図4 A-Dコンバータの入力形式の選択チャート

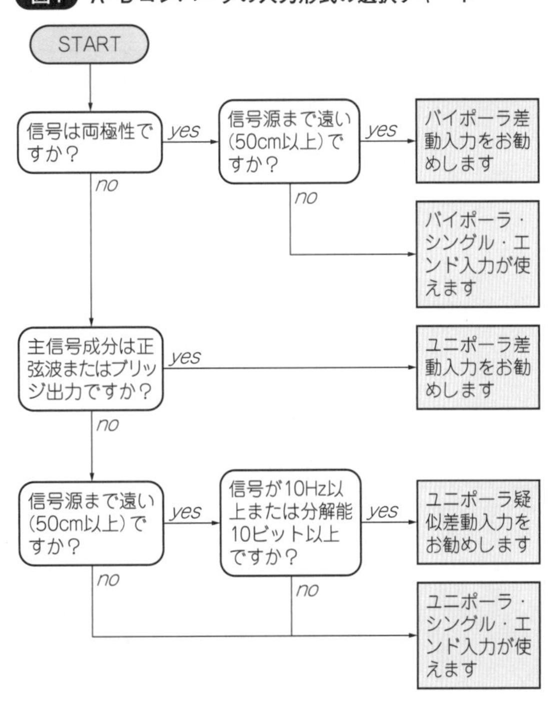

図5 シングル・エンド入力と差動入力
ペア性の高い2芯シールド線と差動入力型ADCを使うとコモン・モード・ノイズを効果的に除去できる

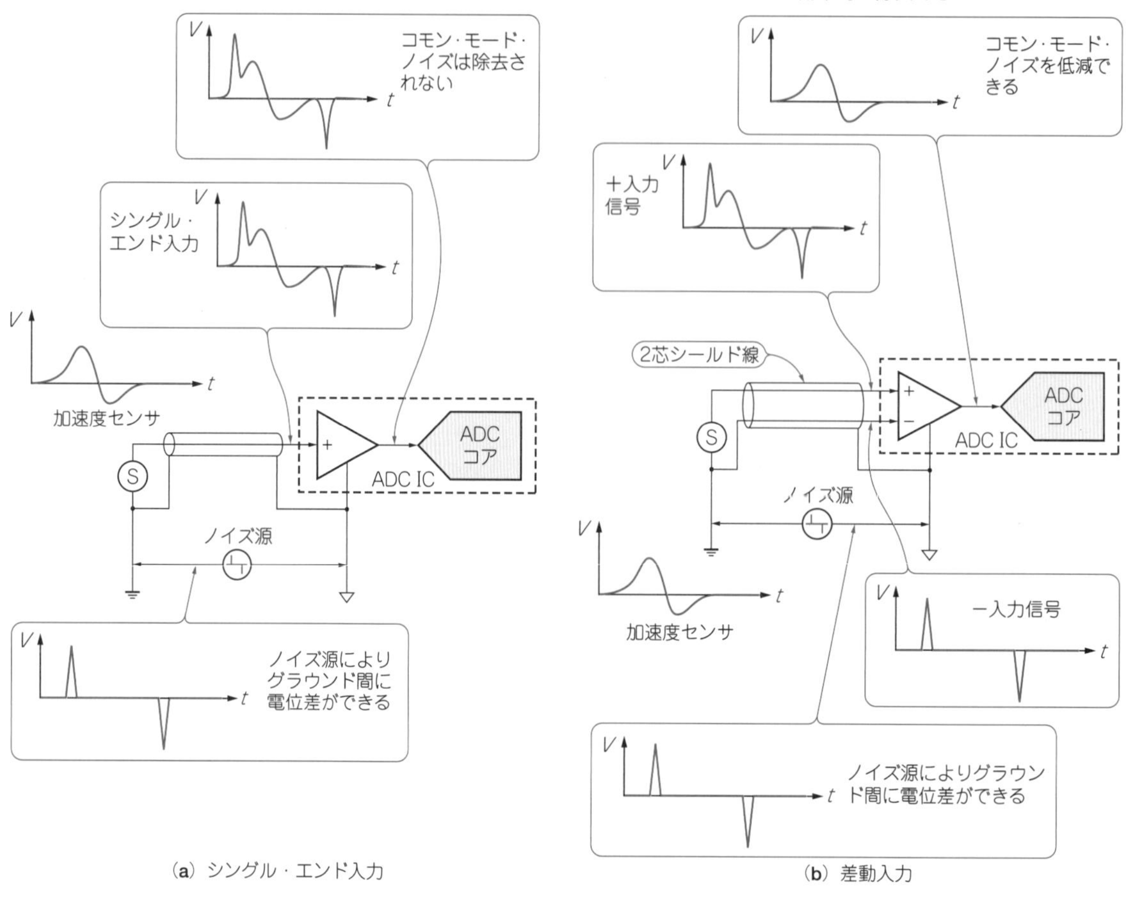

(a) シングル・エンド入力　(b) 差動入力

図6 A-Dコンバータの出力形式による分類

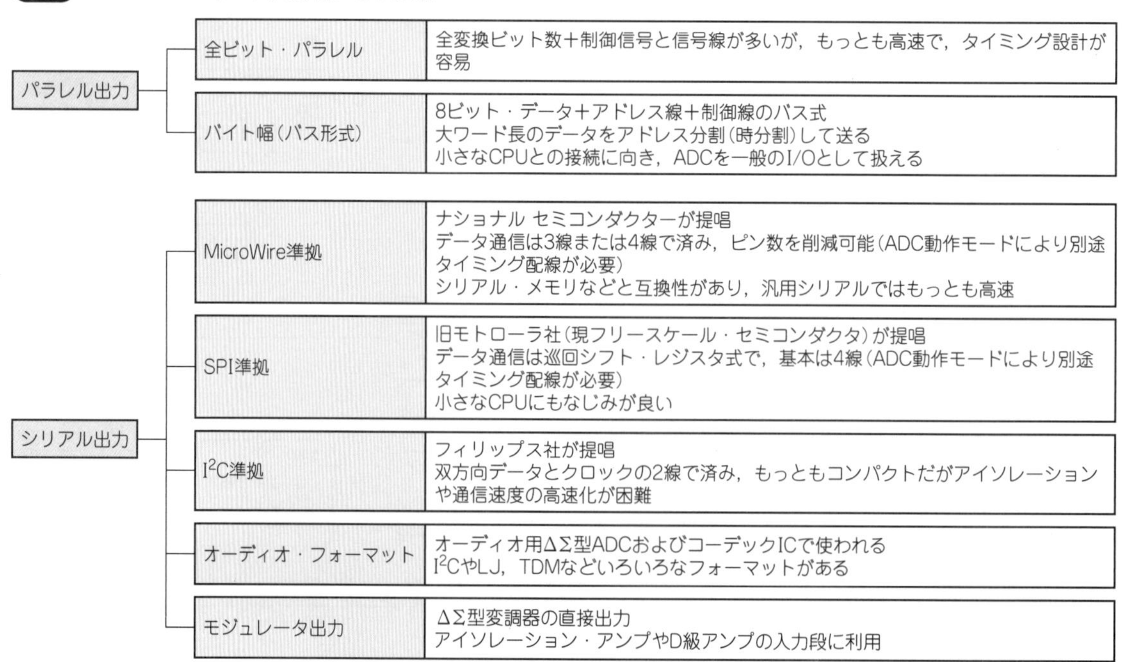

3-2 変換データの下位数ビットの安定性に影響する A-Dコンバータの入力帯域と雑音

ある制御システムの温度計測部に16ビットの逐次比較(SAR；Successive Approximation Register)型ADCを使いましたが，変換のたびに下位5～6ビットがランダムに変化して安定しません．信号源は外部の半導体式温度センサで，2倍のアンプを通して500 kspsで変換しています(図1)．ADCの周辺回路や定数はデータシートの回路例どおりで，誤配線はありません．

このときは，信号源に対して入力帯域が広すぎるのが原因でした．

このADCの1 LSBは$2.5\ \mathrm{V}/2^{16} \fallingdotseq 38\ \mu\mathrm{V}$と普通のテスタやオシロスコープでは測定しかねるほど微小ですが，入力回路にはR_4とC_5による帯域制限しかなく，雑音もDC～3.9 MHzの広範囲にわたるので，下位ビットが安定しないのは無理からぬことです．

一般に，温度測定系の時定数は100 ms以上あるので，もっと入力帯域が狭く低サンプリング速度のADCを使用したほうが良い結果を得られます．

また，温度センサLM35CZの精度(0～150 ℃の範囲で±1.5 $℃_{max}$)に対して，16ビットの分解能は過剰かもしれません．

なお，このADCとマルチプレクサを使って，他の比較的速い信号と一緒に計測する場合は，以下の説明を参考にしてばらつきを軽減してください．

● ADC自体のノイズ

温度センサの信号は直流に近いので，トランジション・ノイズ(遷移点ノイズ)の0.7 $\mathrm{LSB_{RMS}}$から，その6倍の約4.2 $\mathrm{LSB_{P\text{-}P}}$が見込まれ，サンプル・ヒストグラムも同様の傾向です．

しかし，実機では下位5～6ビット(32～64 LSB)の変動が見られるので，これ以外の要因が支配的だとわかります．

● 信号源の雑音

温度センサのデータシート中の雑音分布グラフから，およそ600 nV/$\sqrt{\mathrm{Hz}}$の値が読み取れます．この値に帯域の平方根をかけると雑音レベルが計算でき，帯域

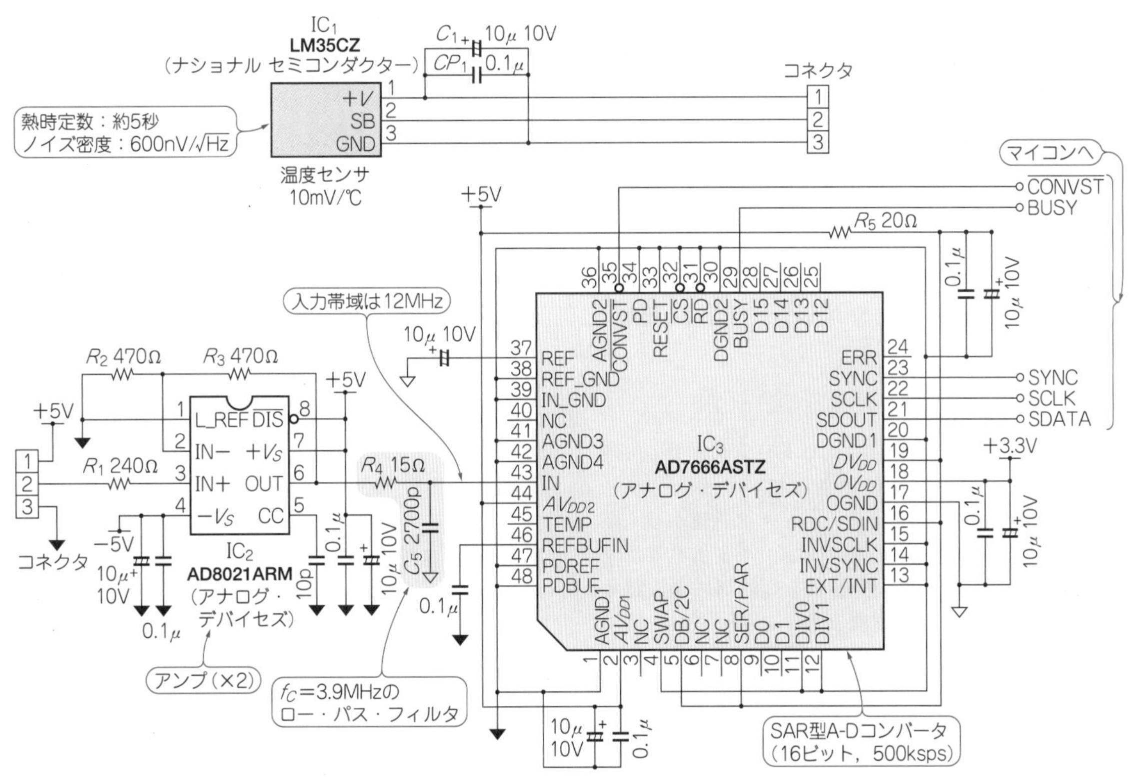

図1 16ビットSAR型ADCによる温度計測部の回路
変換のたびに下位5～6ビットがランダムに変化して安定しない

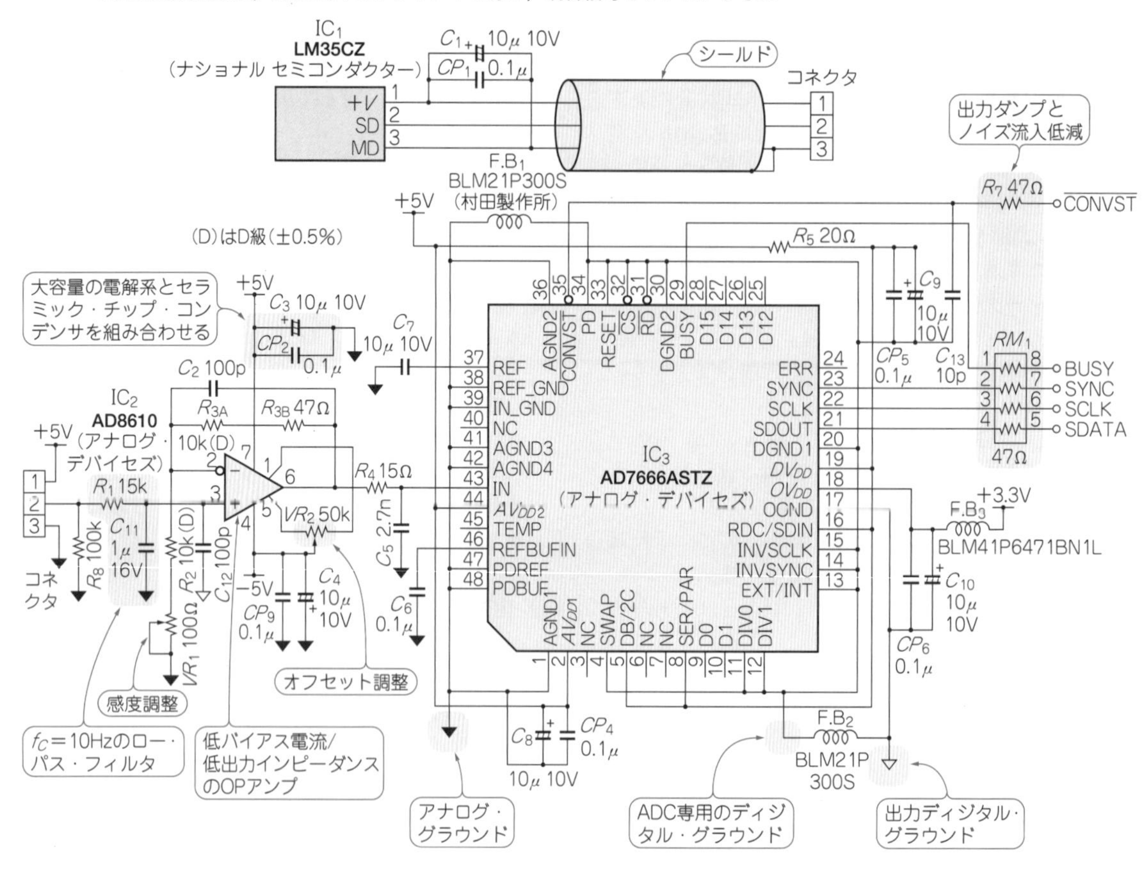

図2 雑音対策を施した回路例
入力帯域を制限し，ADC周りのグラウンドを分け，制御信号をダンピングした

3.9 MHzでは約1.2 mV_{RMS}になります．これを2倍増幅してA-D変換すると約62 LSBに相当します．下位ビット変化の主原因はこれに起因するようです．

雑音に対する一番の解決法は，必要以上に帯域を欲張らないことです．

TO-92パッケージの温度センサの熱時定数は5秒程度ですので，図2のR_1とC_{11}で約10 Hzに低域制限してもセンサの応答性は損なわれず，雑音を数μVまで低減できます．

● 入力アンプ

データシートの回路例には，セトリング重視の広帯域/低雑音OPアンプが使用されています．しかし，この用途には高速すぎるうえ，バイアス電流が多くオフセットが無視できないなどのデメリットもあります．

ただし，ADC内部の入力容量を短時間に充放電するため，OPアンプの高周波出力インピーダンスは十分に低くなくてはなりません．図2ではAD8610を使い，出力能力と低入力バイアス電流を両立させています．

● 基板パターン

同じ回路でもパターンおよびデカップリングの手法でS/Nに大差がつくことは珍しくありません．

回路例だけでなく評価ボードのパターン例も参考にしてください．

● ディジタル系のタイミング設計

SAR型ADCは，アナログ信号をホールドする瞬間と下位ビットの変換中が最もノイズに敏感なので，この期間にディジタル信号を変化させないようにします．

● ディジタル出力からの回り込み

ADCのディジタル出力はノイズの入力路でもあり，高速/高分解能のADCでは十分な配慮が必要です．

〈三宅 和司〉

3-3 入力がフルスケールを越えるような場合 入力信号をアッテネータで減衰する

12ビットのADCを使って0～5Vの直流電圧を検出しようとしていますが，5VフルスケールのADCは図1(a)のようにコードFFEhからFFFhへ変化する点が約4.998Vで，それ以上はFFFhのままです．

ちょうど5.000Vになった場合や，それよりわずかに電圧が高い場合も検出したいのですが，10VフルスケールのADCを使うのは無駄な気がします．

一般的なADCでは，フルスケールとコードの関係が図1(a)のような関係になることを目標に設計されています．しかし問題の根本は，5V付近も計測したいのに，信号源をADCに直結していることです．

最も簡単な解決策は，信号源とADC入力の間に図2(a)のような4000/4096 = 125/128倍のアッテネータを挿入することです．すると5.000Vの入力は約4.883Vに減衰し，これをADCで変換すると図1(b)のようにFA0h(10進数の4000)になります．最高コードFFFhは約5.119V入力時になります．

この方法のメリットは，ほとんど分解能を犠牲にせず1 LSB = 1.25 mVと人間にとって切りのよい数字になり，あとの換算が簡単になることです．

実際の抵抗器には誤差があるので図2(b)のように抵抗の一部を可変抵抗に置き換え，ADCのフルスケール誤差と一緒に合わせ込みます．

アッテネータだけで済むのは，信号源の出力インピーダンスが十分に低く，かつADC側の入力インピーダンスが十分に高いときだけです．そうでない場合や信号レベルがADCの入力レンジより低い場合には，OPアンプを使ったスケーリング・アンプが必要です．オフセット調整回路も兼ねると，ADC側のオフセット誤差を含めて補正できます．　〈三宅 和司〉

図2 信号源とADCの間にアッテネータを入れる

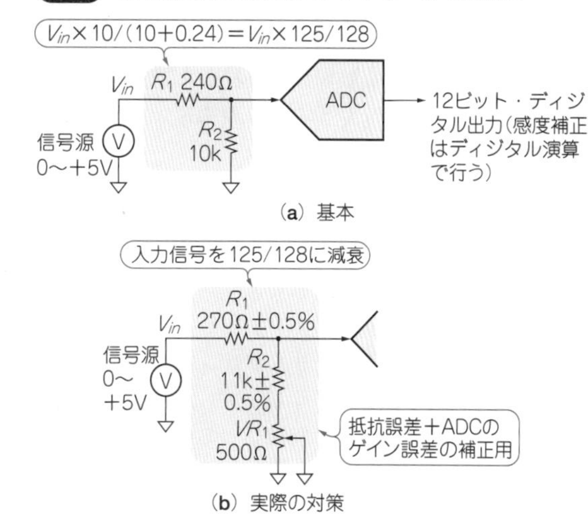

(a) 基本

(b) 実際の対策

図1 12ビット/5Vフルスケールの変換曲線とアッテネータを入れた変換曲線

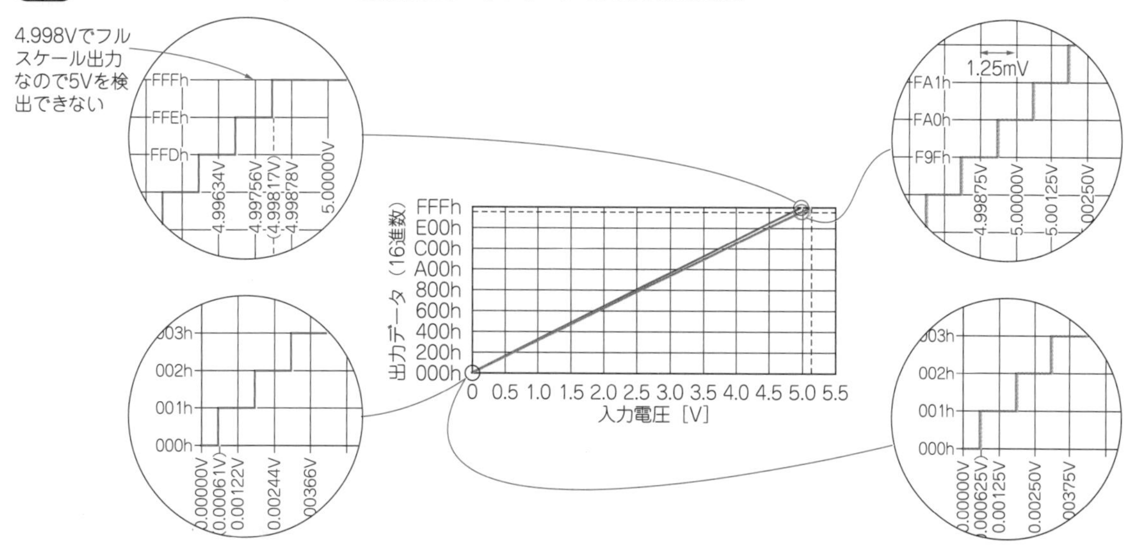

(a) 12ビット，5VフルスケールADCの理想変換曲線

(b) アッテネータ挿入後

3-4 入力していない信号が変換データに現れる 高周波の雑音がエイリアスとなる

図1のように複数の実験用基板を使って波形分析を行う装置を製作しました．微小波形を観測するために，A-Dコンバータ(以下，ADC)は分解能24ビットのΔΣ型を125 kspsで使っています．

ADCの変換データを分析してみたところ，レベルは小さいものの10 k～20 kHzの波形が混入していました．

念のためにADCの入力をディジタル・オシロスコープ(以下，オシロ)で観測してみましたが，それらしい有色ノイズ(特定の周波数成分をもつ雑音)は見当たりませんでした．

基板を複数枚組み合わせて実験する装置は，どうしても基板間の配線の引き回しが長くなります．これがアンテナとなって，実験回路や機材から発生する高周波雑音を拾いやすくなります．この雑音がエイリアス(コラム参照)として現れているのです．

● ディジタル・フィルタの限界を把握する

ΔΣ型のADCでは，内蔵のディジタル・フィルタで高周波成分を完全に除去できると誤解されがちです．

図2に示すADS1258のディジタル・フィルタの周波数応答を見てください．サンプリング周波数とその整数倍の周波数でノッチをもちながら，弓形に盛り上がった各ピーク点が徐々に低くなっています．

問題はその先で，MHzの高周波領域では減衰率が徐々に下がり，8 MHzでは0 Hzと同じ減衰率0 dBになっています．つまり，8 MHz近傍の周波数をもつ雑音に対しては，ディジタル・フィルタが機能しないことになります．実際には8 MHzを越すとまた下がりだし，16 MHzでまた減衰率0 dBと繰り返します．

ΔΣ型ADCのカタログに広域部分の記載がない場合がありますが，ディジタル・フィルタの限界を認識しておけば失敗しないで済みます．

● 本当に高周波雑音がエイリアスとなるのかを実験

図3で示すように，基本波として2 kHzを，雑音成分として7.99 MHzの混合信号をADCへ入力して確かめてみましょう．

図4は，ADS1258の評価用ソフトで見た波形です．2 kHzの大きなうねりの中に細かい周波数成分が確認できます．図5は，同ソフトがもつFFT機能を使い図4の波形を周波数別に分解したものです．2 kHzの基本波と，7.99 MHzから折り返した10 kHz(＝8 M－7.99 MHz)のエイリアスが確認できます．

ちなみに汎用オシロが内蔵するADCは8ビットな

図2 ΔΣ型A-DコンバータADS1258のディジタル・フィルタの周波数応答

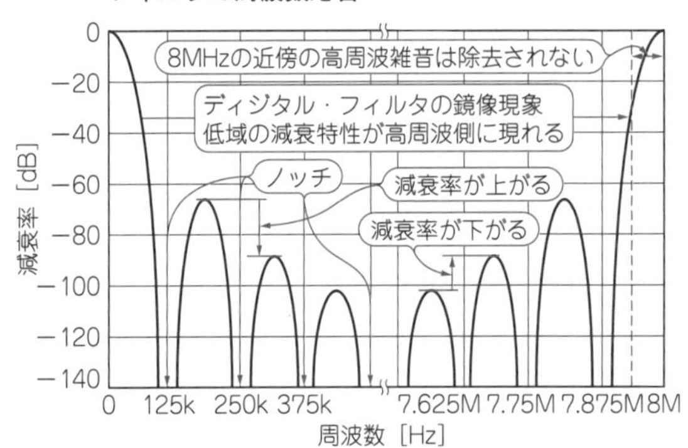

図1 入力していない信号がデータ出力されたA-D変換回路
図にはないが，電源ラインはコンデンサでデカップリングしているので，電源ラインからの回り込みとは考えにくい

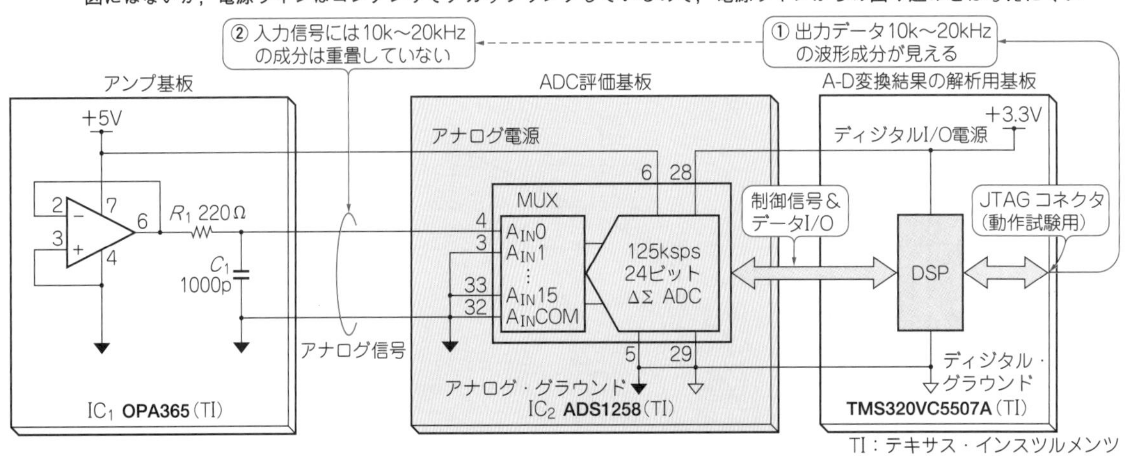

図3 試験的にA-D変換装置に注入した2 kHzと7.99 MHzの混合信号

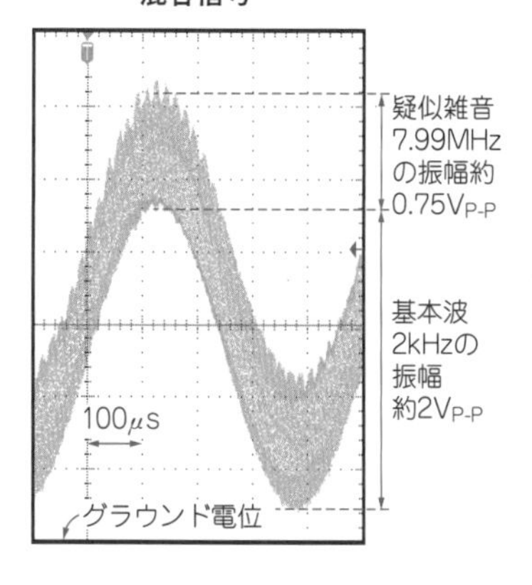

図4 ΔΣ型A-DコンバータADS1258の評価用ソフトで見た2 kHzと7.99 MHzの混合信号の変換データ

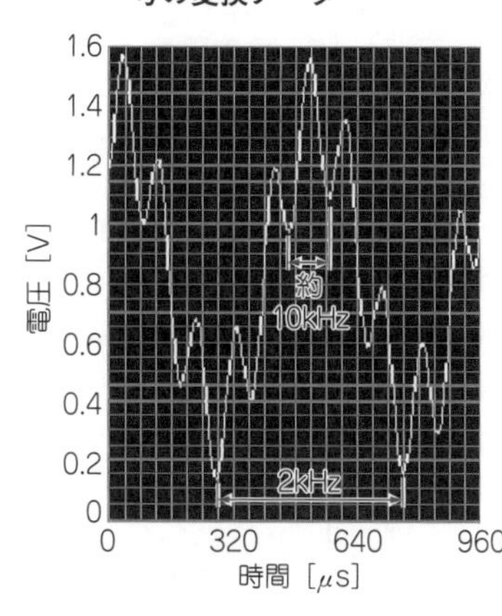

図5 図4の周波数成分とレベル

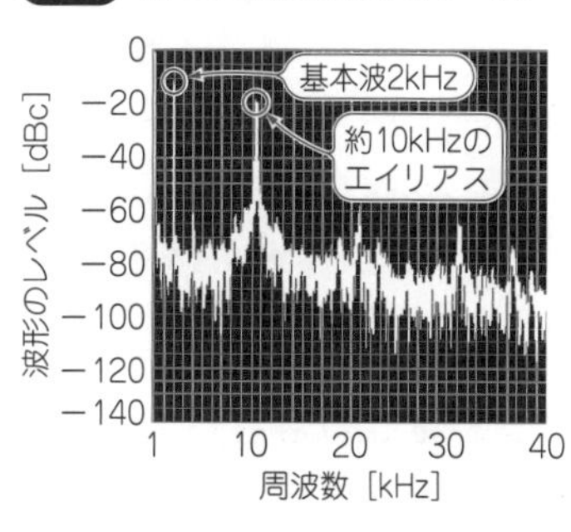

ので，24ビットのADCでは見える雑音でも，分解能不足によりオシロでは観測できない可能性があります(8ビットと24ビットの分解能の差は65535倍)．

● どうすれば対策できるのか

試作ではない本番の基板では，図1のアンプ部分をADCのそばに置きます．OPアンプとADCが離れる場合は，OPアンプ出力の配線を長くして，R_1(220 Ω)とC_1(1000 pF)によるフィルタと，ADCの入力(4番ピンの)間の配線を極力短くします．外来雑音に敏感なのは基準電圧の入力部も同じなので，同様の処置をします．また，DSPやFPGAなどの，強力なクロック雑音を発生する部品とは基板を別にして遠ざけます．

〈中村 黄三〉

「折り返し」と「エイリアス」の意味

column

図Aの波形は，90 kHzのアナログ信号を，100 kHzサンプリングでA-D変換し，その変換データをリアルタイムでD-A変換したものです．源信号の波の数9個(90 kHz)に対して，再生波形は平らな部分(DACが変換データ待ちで出力が一定の部分)10個で1周期(10 kHz)を構成しており，入力信号に対して周波数が低いことがわかります．これは，ADCのサンプリング周波数が源信号90 kHzの2倍以上ないために，正しい信号周波数を再現できていない状態です．この10 kHzの成分が，エイリアス(語源は偽名；alias)と呼ばれるものです．

サンプリング周波数100 kHzと信号周波数90 kHzの差10 kHzが，そのまま10 kHzのエイリアスとなって低周波領域に移動しています．この低周波領域に移動する現象を，折り返しと呼びます．

なお，ADCのアナログ部の帯域幅が十分に広いと，サンプリング周波数の整数倍に接近した信号や雑音もエイリアスとなります．

〈中村 黄三〉

図A 信号の折り返し波形
90 kHzのアナログ信号とA-D変換のサンプリング周波数100 kHzの差10 kHzが，低周波領域に折り返している

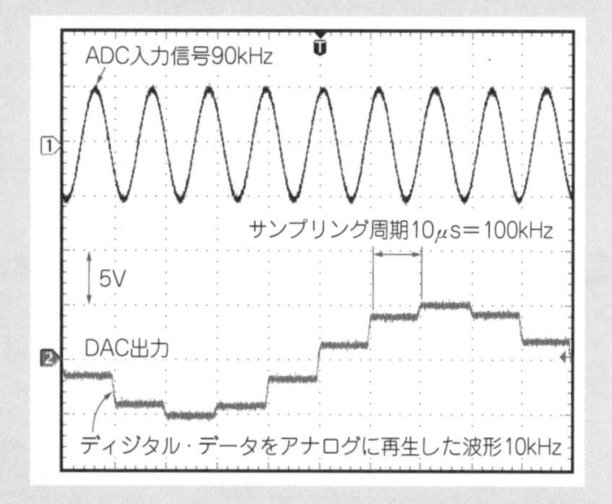

3-5 入力切り替え時にオフセットが出ることがある マルチプレクサの入力容量に注意する

アナログ・マルチプレクサ(以下，MUX)とA-Dコンバータ(以下，ADC)を組み合わせて，図1の8チャネル入力のデータ収集回路を製作しました．

チャネル1(CH-1)に10Vを加えCH-2を0V(グラウンド)とし，CH-1，CH-2の順にA-D変換したところ，CH-2のA-D変換データに約+80 LSB(電圧換算24 mV)のオフセットが発生しました．

OPアンプIC_2の16ビット精度へのセトリング時間(許容値以内に安定するまでの時間)を考慮して，チャネルを切り替えてから5 μs後にA-D変換をスタートさせているので，なにも問題はないと思います．では，この原因はどこにあるのでしょうか？

● CH-2にオフセット電圧が加わるメカニズム

図2は，MUX(MPC508)の内部等価回路です．カタログを見ると，OUT側はスイッチS_1からS_8までが束ねられており，25 pFの寄生容量C_Dがあり，各スイッチには約1.3 kΩの直列抵抗が介在する，と記載されています．

▶アナログ・マルチプレクサの動作

① S_1がONになる

C_Dの両端電圧が10Vまで到達すると，C_Dには250 pC(ピコ・クーロン)の電荷がチャージされます．

② S_1がOFFになりS_2がONになる

図1の使いかたでは各スイッチの入力側にCRフィルタが付いているので，電荷はCH-2の外部容量C_2に移動してC_2をチャージし，V_2が0Vでなくなります．これを電荷の再配分と呼びます．

C_D = 25 pFに対して容量の大きなC_2(0.01 μF)に電荷が再配分されると，C_DとC_2の両端電圧は低くなりますが，放電経路にあるCRフィルタのR_2が1.5 kΩと高抵抗なので，図3のように，C_2の電荷が抜けるまで5 μsより遥かに長い時間がかかります．これをメモリ効果と呼びます．

図1 IN_1からIN_2に切り替えるとオフセット電圧が出力されたA-D変換回路(8チャネル±10V入力のデータ収集回路)
入力の10V入力のCH-1と0V入力のCH-2を切り替えるとチャネル2の変換データに+80 LSB程度のオフセット電圧が出る

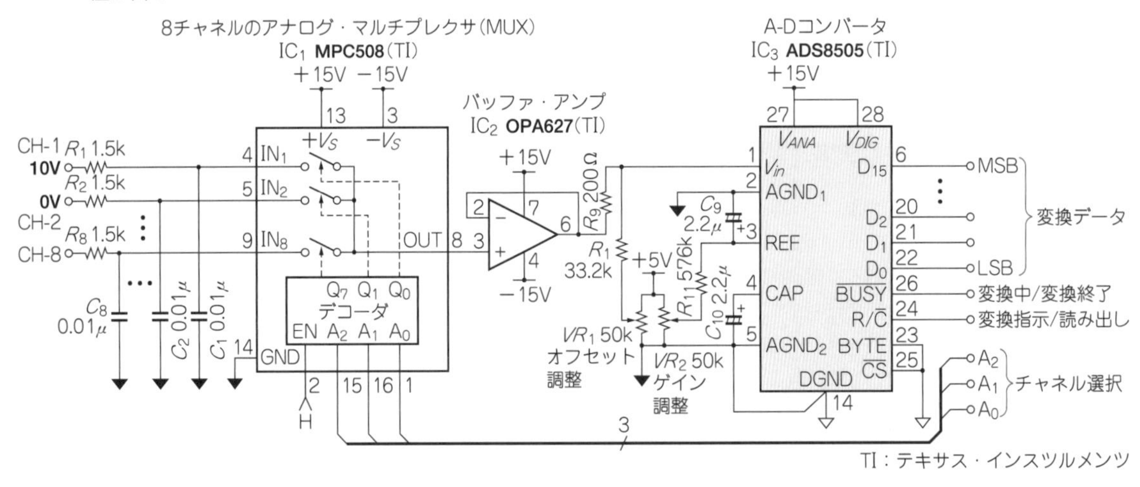

図2 S_2がONするとOUT側にある寄生容量C_Dから外部コンデンサへの電荷が移動する

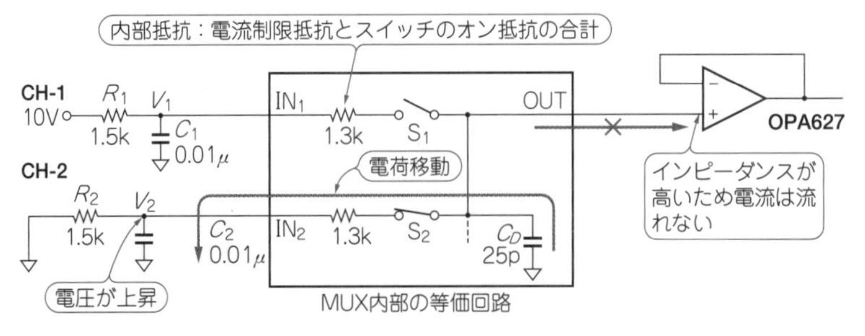

図3 S_1ONからS_2ONに切り替わったときのC_2の電圧の変化
CH-1からCH-2に切り替えて5 μs後にA-D変換した場合，MUX外部のコンデンサC_2に残留電圧が残り，誤差となる

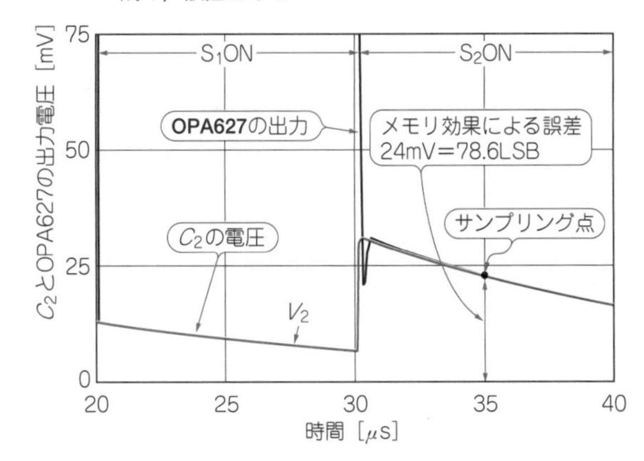

図4 コンデンサの電荷再配分のようす
1 pFのコンデンサC_2から3 pFのコンデンサC_1へ6 pCの電荷移動（電荷再配分）した例．C_2の電荷量に比例して電荷再配分後の電位が増える

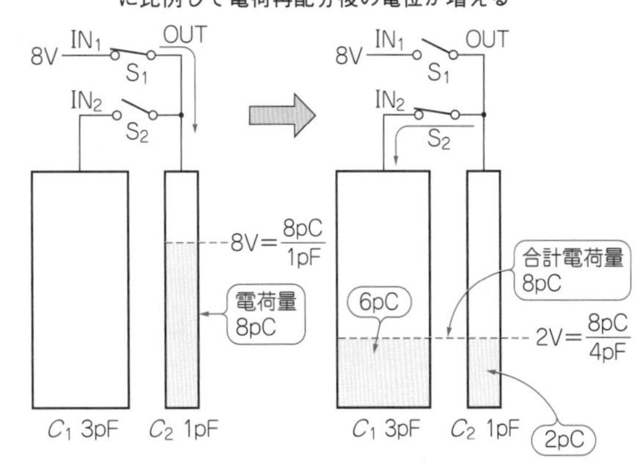

図5 バッファを追加して対策

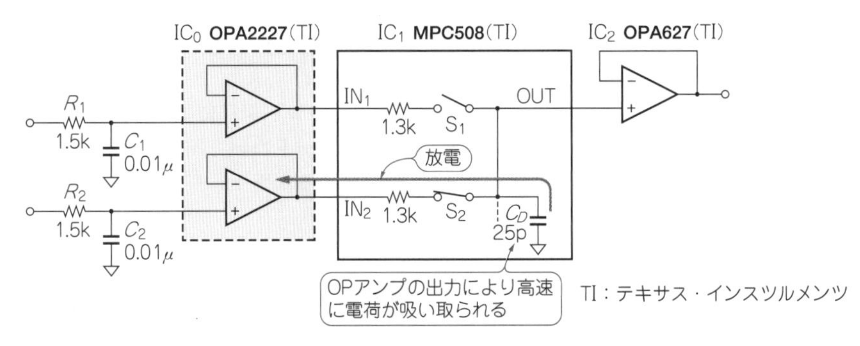

図1の回路における誤差要因は，C_DとC_2間の電荷再配分によるメモリ効果だったのです．

● 電荷量クーロンと電荷再配分の関係

電荷量1 pCとは，1 pFのコンデンサの両端電圧を1 Vまで押し上げる電荷量です．

図4は，図2，図3の電荷再配分によるV_2の上昇程度を定量的に示したものです．図のように，C_2 = 1 pFが8 Vにチャージされた場合，電荷量は8 pCとなります．これがC_1 = 3 pFに再配分されバランスすると，合計容量4 pFと$V = Q/C$関係から2 Vとなることを示しています．ここで，Vはコンデンサの両端電圧 [V]，Qは電荷 [C]，Cは容量 [F] です．したがって，図1のようにRCフィルタを直接MUXにつけると，直前のチャネル入力電圧に比例したメモリ効果を招きます．

● メモリ効果を抑える対策

図5で示すように，追加のOPアンプIC_0によるRCフィルタのバッファリングがメモリ効果の抑制に有効です．放電経路に時定数を大きくする余分なCが入らず，C_Dに溜まった電荷はOPアンプにより短時間に吸収されます．

図6 対策後（図5）のC_2の電圧変化

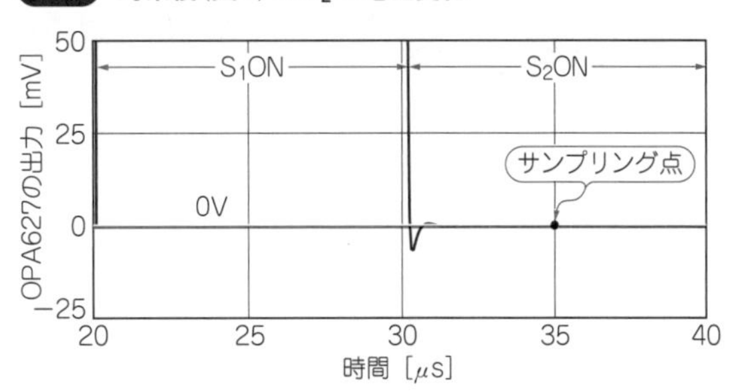

図6に，この対策によって改善されたOPアンプIC_2の出力変化の速度を示します．

〈中村 黄三〉

第4章
デバイスの破壊や機器の故障率などを考慮する

電源&パワー・デバイスのケース・スタディ

4-1 2個の抵抗または1個のダイオードを外付けすることで可能 3端子レギュレータの出力電圧を調整する方法

● グラウンド端子にダイオードを挿入する方法

図1に示すように，3端子レギュレータのグラウンド端子(G)にダイオードを直列に挿入すると出力電圧がかさ上げされます．

3端子レギュレータのグラウンド端子の電位をダイオードの順電圧 V_F(約0.6 V)でレベル・シフトしてやれば，シフトしたぶんだけ電源の基準電圧が増えたことになり，出力電圧が上昇します．

▶温度特性を考慮しなくてはならない

図2に出力電圧の温度特性を示します．挿入したダイオードが一つの場合と，二つの場合，そして3端子レギュレータ単体の特性を比較しています．

3端子レギュレータ単体では，温度変化に対してほとんど変動しませんが，ダイオードを適用した回路ではダイオードの順電圧の温度特性(約－2 mV/℃)により出力電圧が変動します．

図1の回路例では，温度特性がダイオード二つぶんほど悪くなります．かさ上げに使うダイオードは，一つにしておくほうが無難です．

なお，定電圧ダイオードを挿入して，ツェナー電圧ぶんをかさ上げする回路もできます．

● グラウンド端子に抵抗を挿入する方法

ダイオードの順方向電圧がもつ温度特性を嫌うなら，抵抗によるかさ上げもできます．

図1 GND端子とGNDの間にダイオードを挿入すると出力電圧が上がる

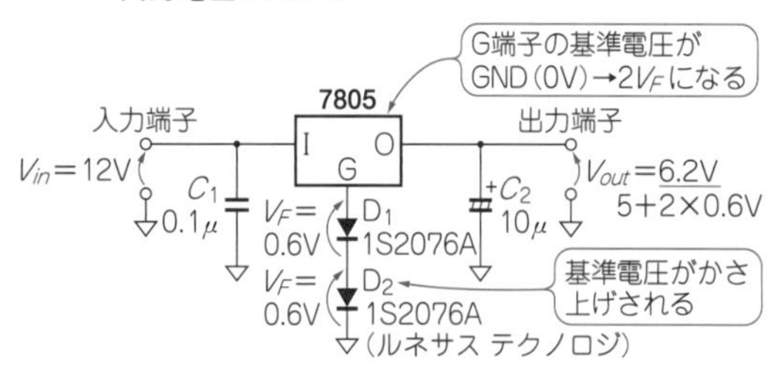

図2 図1に示した回路の出力電圧の温度特性
ダイオードの数を増やして電圧をかさ上げするほど温度特性が悪くなる

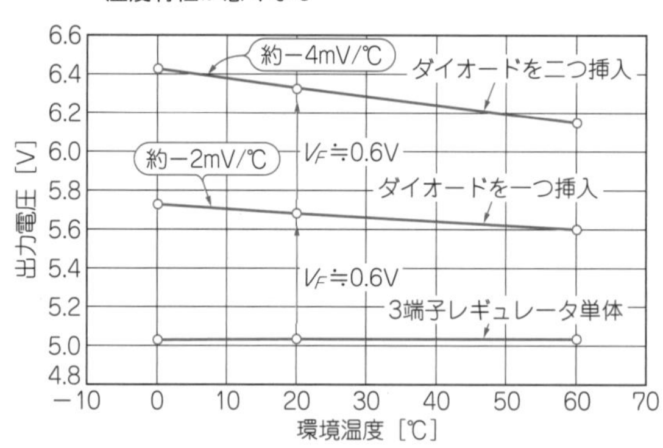

図3 抵抗を2本追加して出力電圧を上げる方法

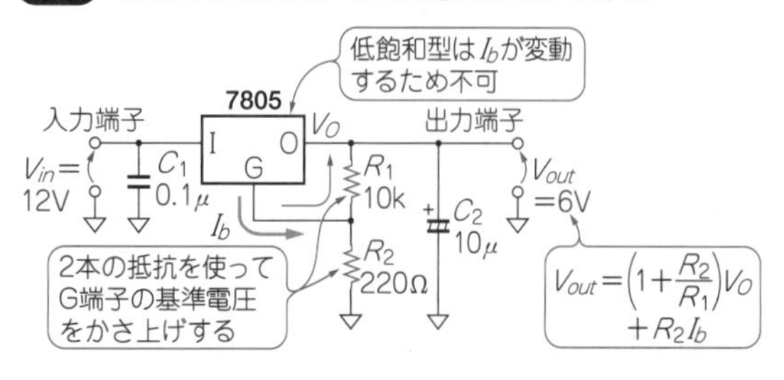

図4 図3の回路の起動特性

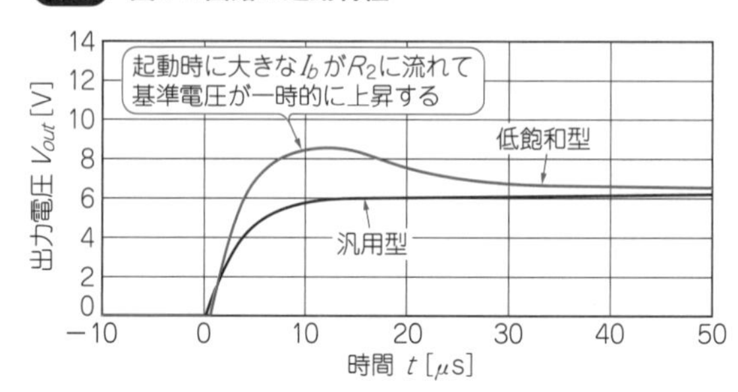

図5 3端子レギュレータの回路動作電流I_b–入力電圧V_{in}特性

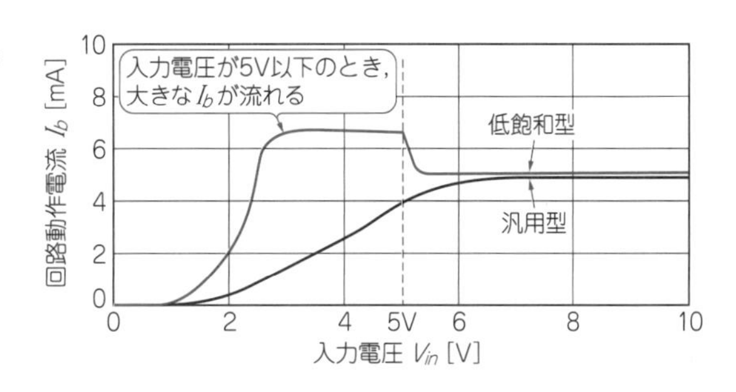

図3に5V出力用の3端子レギュレータを用いて6Vの電圧を得る回路例を示します．

レギュレータの回路動作電流をI_b，レギュレータ自体の出力電圧をV_Oとすると，出力電圧V_{out}は次式で示されます．

$$V_{out} = (1 + R_2/R_1)V_O + R_2 I_b \quad \cdots\cdots\cdots\cdots (1\text{-}1)$$

ここで，$R_1 = 10\ \text{k}\Omega$，$R_2 = 220\ \Omega$，仕様より$V_O =$ 5 V，$I_b = 4$ mAとして計算すると，$V_{out} =$約6 Vとなります．

実測すると，$V_O = 4.98$ V，$I_b = 4.4$ mA，出力電圧は$V_{out} = 6.06$ Vとなりました．

▶低飽和型の3端子レギュレータには使えない

図3に示した回路に低飽和型の3端子レギュレータを使用した場合，図4に示すように起動時に出力電圧V_{out}が大きく上昇します．これは図5に示すように，入力電圧V_{in}が低い場合，大きな回路動作電流I_bが流れるためです．

したがって，式(1-1)よりR_2によって基準電圧が高くなりV_{out}が大きくなってしまいます．〈島田 義人〉

◆参考文献◆

(1) μPC2400シリーズ・データシート，1995年9月，NECエレクトロニクス．

入力電圧や出力電流が変動しても出力電圧を一定に保つワンチップIC

column

写真Aに示すのは，三つの端子をもつワンチップ電源IC，3端子レギュレータです．

このICは，入力電圧や出力電流が変化しても出力電圧を常に一定に保ちます．5V出力用(7805)の3端子レギュレータは，入力に8V以上の電圧を加えたときに出力が5V一定に保たれます．

定番ICには，最大1Aまで電流を供給できる78xxシリーズ，79xxシリーズがあります．この他に，78Mxx(0.5A)，78Nxx(0.3A)，78Lxx(0.1A)や，一部の電圧用ですが3Aを越えるICもあります．

▶入力電圧範囲

3端子レギュレータが動作するには，出力電圧(3端子レギュレータの電圧)に対して最低でも2.5V高い電圧を入力する必要があります．

最大入力電圧は出力が18V以上のタイプで40V，それ以下は35Vまでです．

余分な電圧差はすべて熱として捨てられてしまいます．エネルギー効率の面と，放熱対策の上では入力電圧は出力電圧に近いほうが好ましいわけです．

3端子レギュレータには低飽和型もあります．低飽和型は，汎用の3端子レギュレータよりも小さな入出力間電圧差(0.5V程度)で動作できます．

〈島田 義人〉

写真A 3端子レギュレータの外観

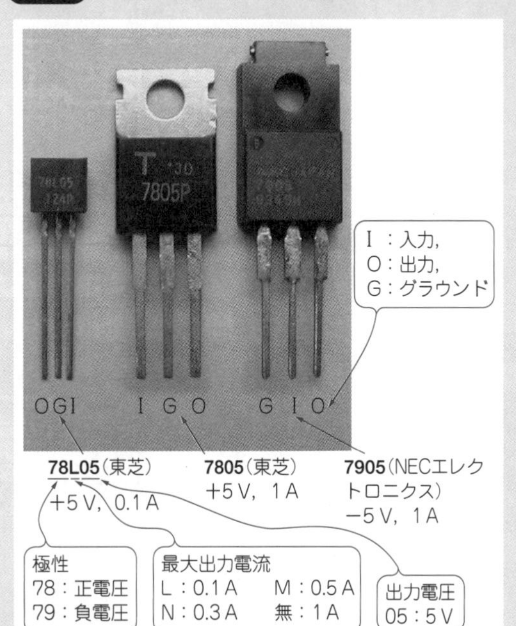

4-2 片方の出力が0 Vになったままになることがある 3端子レギュレータで正負電源を作る際の注意点

図1のような正負電源回路を作ったのですが，7805の出力電圧が0 Vのままで，出力が出ない場合があります．

図1の回路は二つの3端子レギュレータの負荷が等しく，完全に同時に立ち上がれば，問題はありません．

しかし，入力電圧の立ち上がり遅れや，3端子レギュレータ，コンデンサのばらつきによって，出力するまでの時間が常に同じとは限りません．

仮に負電圧の7905が最初に立ち上がったとします．出力された負電圧は，R_Lを通して，7805のOUT端子はGND端子よりも低い電位となります．これにより，IC内部に電流が流れるため，ラッチ・ダウンして正常な動作ができなくなります．

正電圧の7805が先に立ち上がっても同様です．

対策として，図1に赤色で示したようにGND-OUT端子間に順方向飽和電圧V_Fの小さいショットキー・バリア・ダイオード(SBD：Schottky Barrier Diode)を接続して，電位の逆転現象が起きないようにします．

● ラッチ・ダウンとは？

3端子レギュレータを始めとする多くのICは，P型とN型の半導体で作られており，一つのチップ上にトランジスタ，ダイオード，抵抗などの素子が配置されています．これらの素子を分離するためには，絶縁物質を使うのではなく，ダイオードの逆方向特性を利用しています．これをPN分離と呼びます．PN分離の箇所の例としてバイポーラICの断面構造を図2に示します．

ダイオードの逆方向特性を維持するためには，基盤となる部分を必ず最低電位(7800ではGND)にしなければいけません．最低電位とならない状態で電圧を加えると，寄生トランジスタや寄生ダイオードが動作して素子分離が行えず，正常に機能しないうえ，劣化・破損することもあります．

この現象をラッチ・ダウンと呼びます．

● 保護ダイオードは飽和電圧が小さいものを使う

GND-OUT端子間に順方向飽和電圧V_Fの小さいダイオードを挿入するのは，ラッチ・ダウンの防止や，IC内部の寄生素子を動作させないようにするためです．

図3に7800とショットキー・バリア・ダイオード(SBD)の電圧-電流特性を示します．7800のGND-OUT端子間特性は，シリコン・ダイオードの順方向飽和電圧＝0.6～0.7 V程度です．ラッチ・ダウン予防用のダイオードの飽和電圧がこの電圧よりも大きいと，IC内部に電流が流れてしまいます．

SBDは，シリコン・ダイオードに比べて順方向飽和電圧＝0.3 V程度と低いことから，保護ダイオードとしても最適です．

● OUT-IN端子間にも保護ダイオードを挿入する

OUT端子は，3端子レギュレータの出力トランジスタにつながっています．

図2 バイポーラICの断面

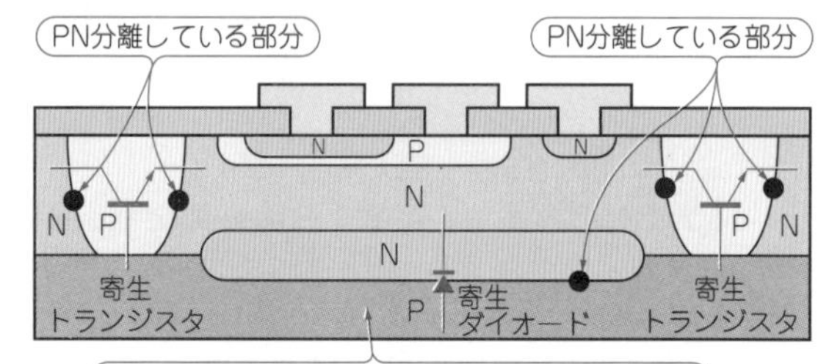

図1 3端子レギュレータを使った正負電源の構成
赤色で示したSBDを追加すると立ち上がるようになる

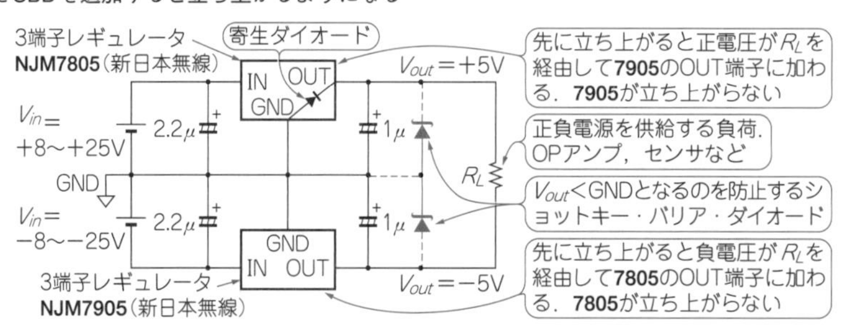

正負電源を構成する場合に限らず，入力電圧よりも出力電圧が高くなることがある場合は，図4のようにOUT-IN端子間に保護ダイオードを挿入し，出力トランジスタが逆バイアスされるのを防ぎます．

特に次のようなときは，入力電圧<出力電圧となりやすいので確認が必要です．

▶出力コンデンサが入力コンデンサよりも大きい

入力電圧をOFFにした際に，出力コンデンサの放電に時間がかかるためです．

▶OUT端子に別系統からの電圧印加がある

2出力以上の電源を構成するときやバック・アップ電池を設けるときなどは要確認です．

▶モータ負荷などインダクタンス成分が強い

起電圧によって出力電圧が持ち上がるためです．

〈高橋 資人，高木 円〉

◆参考文献◆

(1) 電源ICアプリケーションノート，新日本無線．
(2) NJM7800，NJM7900データシート，新日本無線．

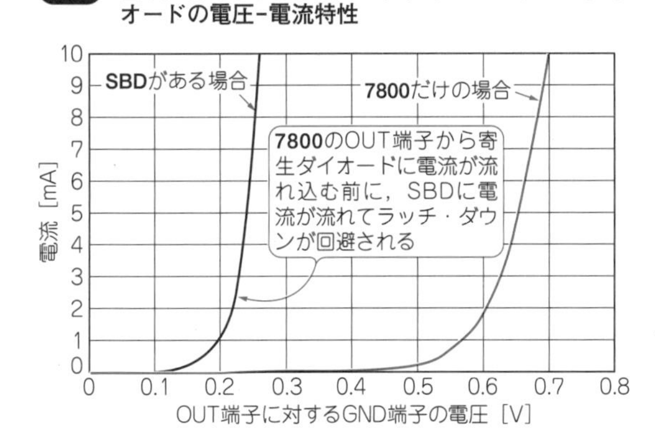

図3 図1における7800とショットキー・バリア・ダイオードの電圧-電流特性

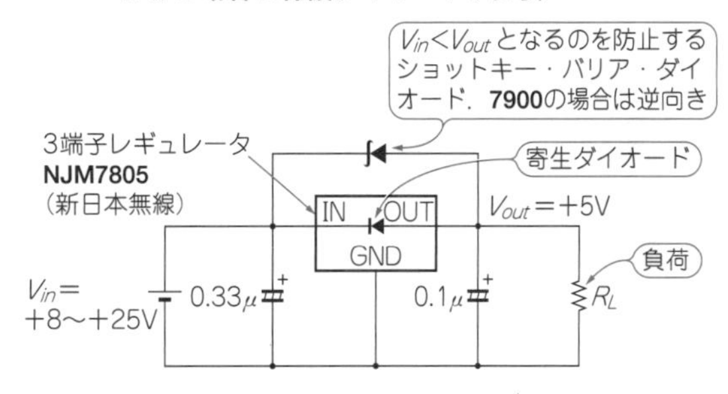

図4 OUT端子とIN端子の出力電圧が高くなる可能性がある場合は保護ダイオードが必要

MOSFETの選びかたのフローチャート

column

スイッチング電源用のMOSFETの選択では，ドレイン-ソース間に加わる電圧や異常時に流れるドレイン電流の最大値などを考慮します．

〈来島 正一郎〉

図A スイッチング電源用MOSFETの選択フロー

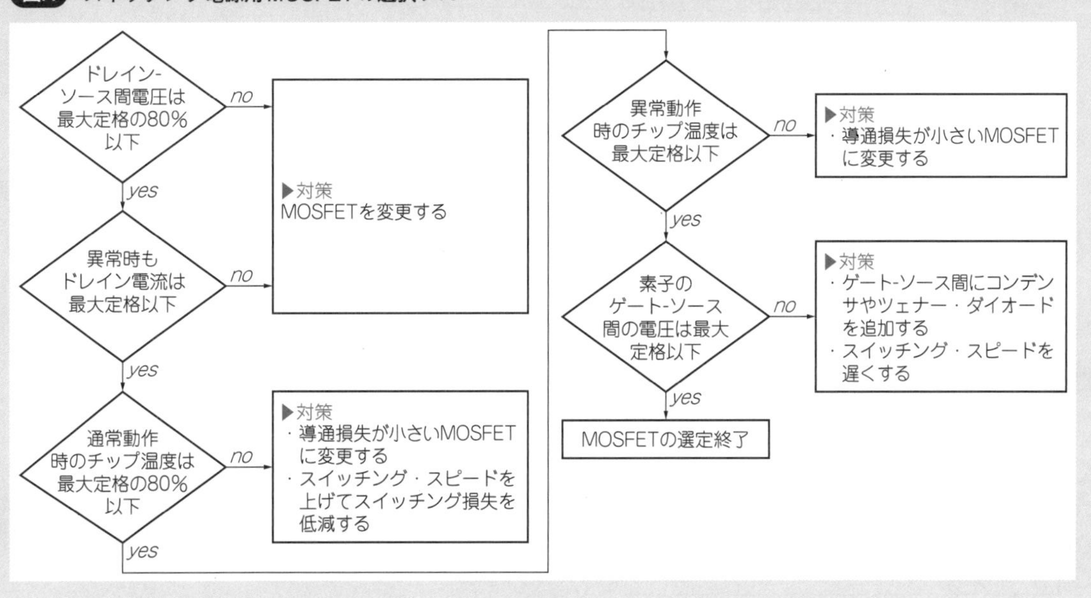

4-3 損失に熱抵抗を乗じて表面温度を加える 半導体のチップ温度の測りかた

パワーMOSFETの仕様書に，「最大チャネル温度を越えないように」と記載されています．しかしチャネル(電流経路)温度はチップそのものの温度で，チップはモールド樹脂のパッケージ内なので，測定できません．

ではどのようにして測ればよいでしょうか？

● 導通時とターン・オフ時の損失を算出する

スイッチング電源などの機器で使うパワーMOSFETには必ず損失が発生するので，チャネル温度を確認する必要があります．

図1のピーク電流2A，スイッチング周波数115 kHzで連続動作しているフライバック・コンバータのスイッチ部に使ったMOSFET TK20A60T(600 V, 20 A，0.19 Ω_{max}@T_C = 25 ℃)を例とします．

このとき発生する損失は，導通損失とターン・オフ損失です．ターン・オン時はI_Dが0 Aなので省略できます．

▶導通損失の算出

図2のように，650 ns間ONする動作を繰り返している場合の導通損失を算出してみましょう．

導通損失は，ドレイン-ソース間のオン抵抗$R_{DS(\mathrm{on})}$ [Ω] によって決定されます．

今回はケース温度(パッケージの表面温度)T_C = 80

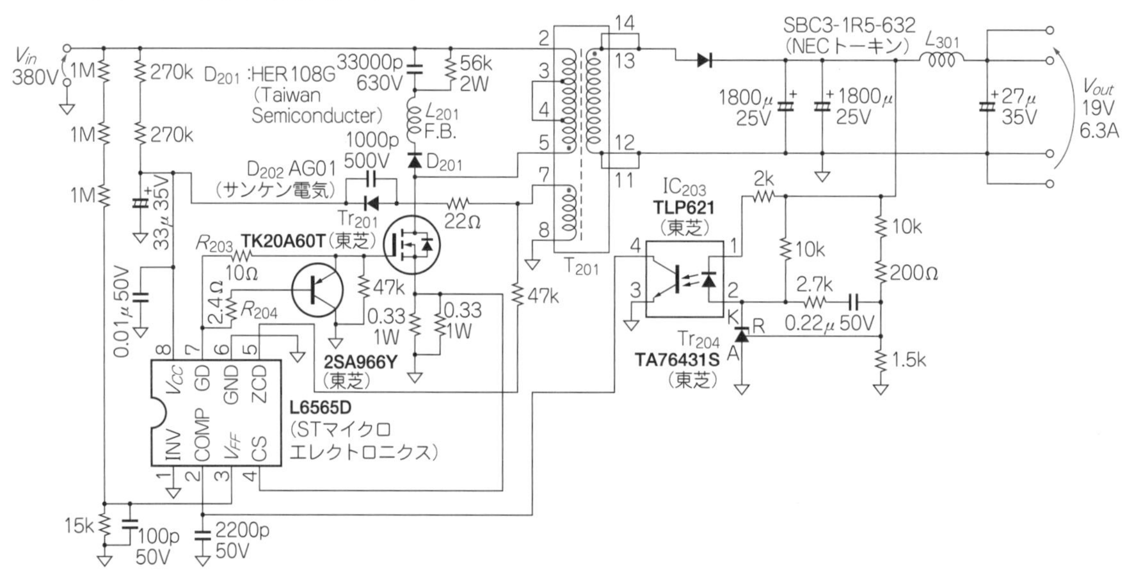

図1 パワーMOSFETのチャネル温度を算出する例(フライバック・コンバータのスイッチ部) 2Aピーク115 kHzで連続動作している

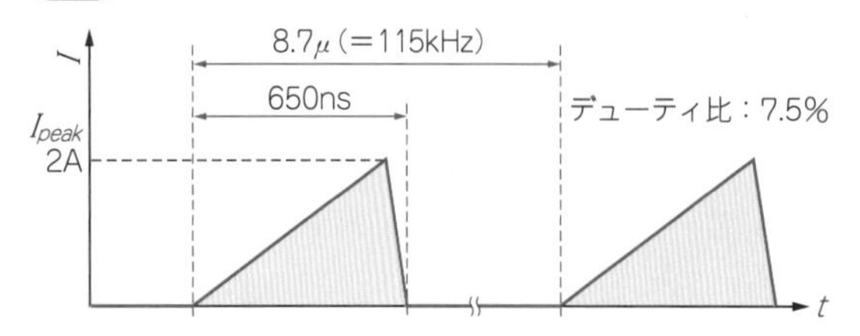

図2 フライバック・コンバータの動作パターン例

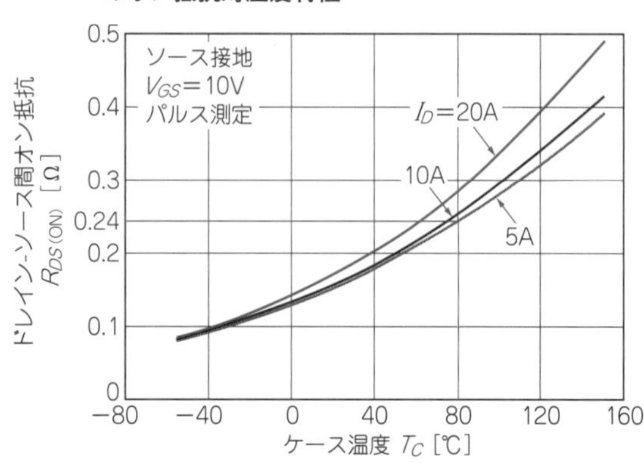

図3 パワーMOSFET TK20A60Tのドレイン-ソース間のオン抵抗対温度特性

℃とします．図3のグラフから，$R_{DS(on)}$は0.24 Ω程度になります．ここではマージンを考えて100 ℃，0.28 Ωとして算出します．

技術資料に掲載されている温度特性曲線は標準値で表されているので，$R_{DS(on)}$の最大値$R_{DS(on)max}$から最大損失を求める必要があります．

100 ℃での$R_{DS(on)100max}$ [Ω] は，次式で求まります．

$$R_{DS(on)100max} = \frac{R_{DS(on)25max} R_{DS(on)100typ}}{R_{DS(on)25typ}} = \frac{0.19\,\Omega \times 0.28\,\Omega}{0.155\,\Omega} = 0.34\,\Omega$$

ただし，$R_{DS(on)25max}$ [Ω] は$T_C = 25$ ℃でのオン抵抗の最大値．$R_{DS(on)25typ}$ [Ω] は$I_D = 2$ A，$T_C = 25$ ℃でのオン抵抗の標準値．

導通損失$P_{RDS(on)}$ [W] は，下式のように求まります．

$$P_{RDS(on)} = 1/2 \times I_D{}^2 \times R_{DS(on)100max} \times 650\ \mathrm{ns} \times 115\ \mathrm{kHz} = 1/2 \times 2^2 \times 0.34 \times 650\ \mathrm{ns} \times 115\ \mathrm{kHz} = 0.05\ \mathrm{W}$$

▶ターン・オフ損失の算出方法

図4のように実測波形から，まずはターン・オフ1回分の損失E_{off} [μJ] あるいは [J] を求めます．電圧と電流を掛け算して，時間積分して求めるのが最も簡単です．

図4では12.8 μJなので，ターン・オフ損失$P_{turn\text{-}off}$ [W] は，E_{off}にスイッチング周波数を掛けて下式のように求まります．

$$P_{turn\text{-}off} = E_{off} \times 115\ \mathrm{kHz} = 12.8\ \mu\mathrm{J} \times 115\ \mathrm{kHz} = 1.47\ \mathrm{W}$$

▶損失を加算して総合的な損失を求める

以上より，導通損失とターン・オフ損失を加算してパワーMOSFETによる総合的な損失P_{total} [W] を求めます．

$$P_{total} = P_{RDS(on)} + P_{turn\text{-}off} = 0.05\ \mathrm{W} + 1.47\ \mathrm{W} = 1.52\ \mathrm{W}$$

図4 図1のフライバック・コンバータでのターン・オフ波形
パワーMOSFET TK20A60Tの例

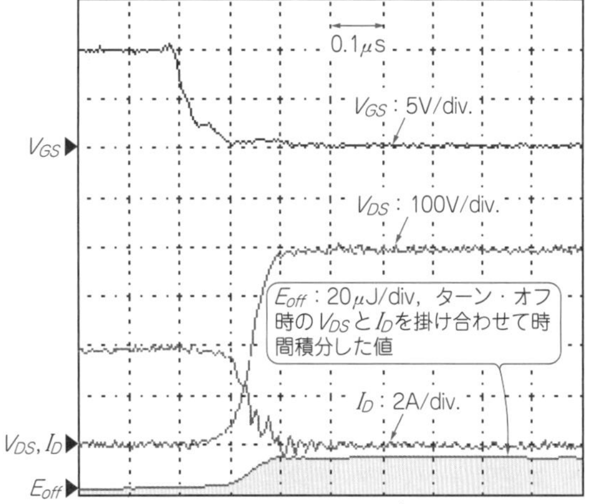

● 熱抵抗を使って表面温度からチャネル温度を算出

ケース温度$T_C = 80$ ℃がわかっているので，チャネル-ケース間の熱抵抗$\theta_{ch\text{-}c}$ [℃/W] を使います．

TK20A60Tの仕様書から，$\theta_{ch\text{-}c}$は2.78 ℃/Wなので，損失によるチャネル温度の上昇ぶんΔT [℃] は次式で求まります．

$$\Delta T_{ch} = 1.52\ \mathrm{W} \times 2.78\ ℃/\mathrm{W} = 4.22\ ℃$$

よって，チャネル温度は以下のようになります．

$$T_{ch} = T_C + \Delta T_{ch} = 80 + 4.22 ≒ 84.2\ ℃$$

TK20A60Tにて保証されている最大チャネル温度は$T_{ch} = 150$ ℃であり，実際はそこから80 %マージンをとって$T_{ch} = 120$ ℃以下とすることが望ましいです．

*

ここではフライバック・コンバータを例にしているため，導通損失とターン・オフ損失がパワーMOSFETの損失となっていますが，フォワード・コンバータの場合は，さらにターン・オン損失が発生します．ターン・オン損失はターン・オフ損失と同様に，実測波形から電圧と電流の積を時間積分して求めます．

〈来島 正一郎〉

フライバック・コンバータとは

column

スイッチング電源方式のひとつで，携帯電話のチャージャやノート・パソコンのアダプタ，プリンタの電源など，比較的容量の低い(100 W以下の)スイッチング電源で使われています．

図1に示すように，スイッチング用のパワーMOSFETを1個使用し，トランスの1次，2次巻き線は逆極性で接続されています．出力側はダイオードやパワーMOSFETの内蔵ダイオードを使用して，整流します．

フォワード・コンバータと異なり，2次側にチョーク・コイルが不要ですが，絶縁トランスが大きくなり，2次側整流素子には，出力電流に対して大きな電流が流れます．

〈来島 正一郎〉

4-4 電池動作機器などで必要となる 昇圧型コンバータのスタンバイ電流を減らす方法

電池から電源を供給する場合，長時間動作のため未使用の回路をスタンバイにして電池の消費電流を抑えます．

最近のシリーズ・レギュレータ，スイッチング・レギュレータの各ICにはスタンバイ機能が付いており，スタンバイ機能が働くと，ICは回路動作を停止して，消費電流を1 μA以下に抑えられます．

しかし昇圧型コンバータの場合は，スタンバイ機能が働いても，思ったより消費電流が下がらないことがあります．

昇圧型コンバータの回路構成に原因

図1(a)に降圧型コンバータ，(b)に昇圧型コンバータの構成図を記します．

降圧型コンバータにおいて，制御ICがスタンバイになるとTr_1はOFFして，V_{in}とV_{out}の間はTr_1で分離されるため，V_{out}に電圧が現れません．

昇圧型コンバータも同様に，制御ICがスタンバイになるとTr_1はOFFします．しかしTr_1に関係なく，$V_{in} \rightarrow L_1 \rightarrow D_1 \rightarrow V_{out}$のルートは導通状態のため，昇圧動作はしないものの$V_{out}$には入力電圧が現れます．

電流はどこに流れているのか？

昇圧型コンバータのV_{out}には，平滑コンデンサ，電圧検出抵抗がつながるため，数十μAの電流が流れ続けます．負荷にも電流は流れますが，回路構成によって電流量は異なります．

▶平滑コンデンサ

コンデンサの種類，容量，電圧によってリーク電流は異なります．10 μF/16 Vのコンデンサでリーク電流を比較すると，次のようになります．

- 電解コンデンサ…3 μA以下
- セラミック・コンデンサ…320 nA以下

▶電圧検出抵抗

$V_{out}/(R_1+R_2)$の電流が流れます．

▶負荷

マイコン，表示器，センサなど，接続する回路によって電流は異なります．

回避方法は二つある

▶スイッチを設ける

電源ラインにスイッチを設けて，V_{in}とV_{out}の間を分離します．リレーなどの機械的なスイッチや，MOSFETを用いた電気的なスイッチでかまいません．

最近では，図2のようにPチャネルのMOSFET Tr_2を接続して回路を遮断する，ロード・スイッチ機能付きの昇圧型コンバータICもあります．

NチャネルのMOSFETは，Pチャネルに比べ，オン抵抗が低く種類も豊富です．

しかしNチャネル・タイプをONさせるためには，ソースよりもゲート電圧を高くする必要があり，回路構成が複雑になることから，一般的にPチャネルを使用します．

▶回路方式を変える

Tr_1がOFFしたときに，V_{in}とV_{out}の間が分離される回路を用います．

例として，図2(b)に示す昇降圧用途としても使えるフライバック型コンバータが挙げられます．

スタンバイ時は，L_1によってV_{in}とV_{out}の間が分離されるため，V_{out}に電圧は現れません．

〈高橋 資人／高木 円〉

◆参考文献◆

(1) NJU7606/08アプリケーション・マニュアル，新日本無線．

図1 スイッチOFF時の動作の比較

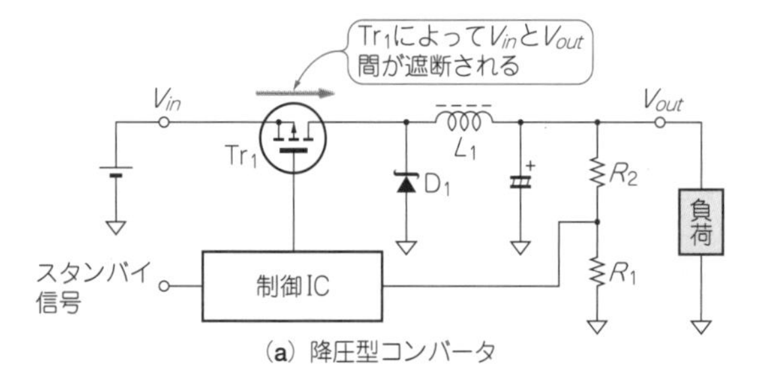

(a) 降圧型コンバータ

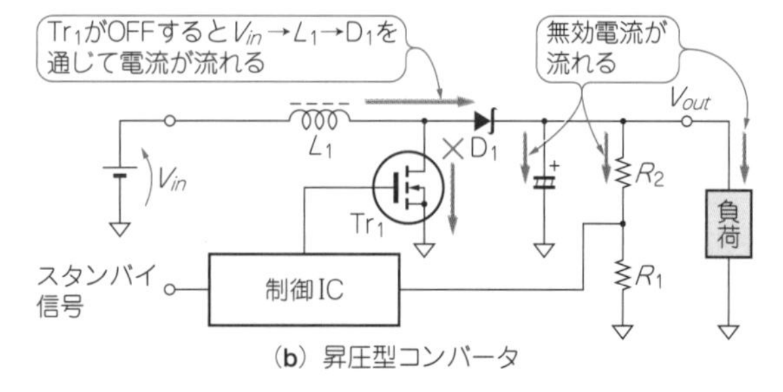

(b) 昇圧型コンバータ

図2 昇圧型コンバータのスタンバイ電流を減らす回路構成の工夫

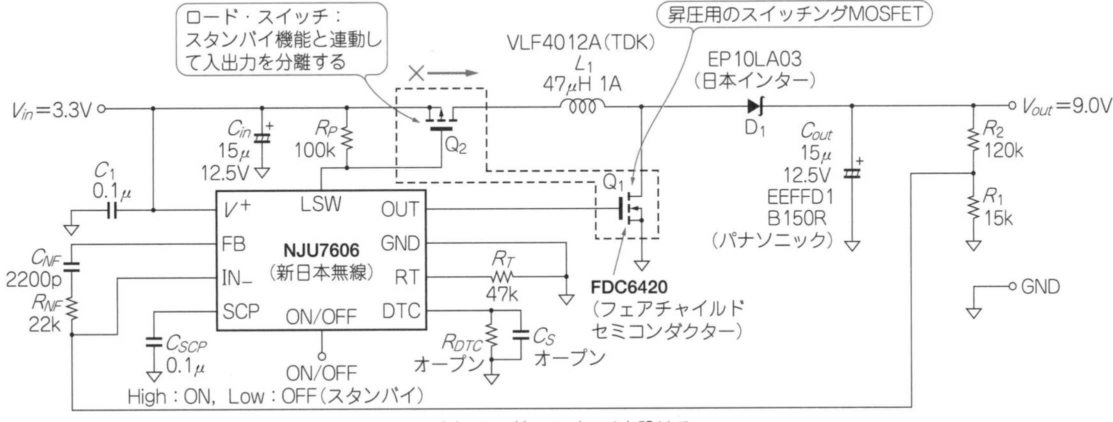

(a) ロード・スイッチを設ける

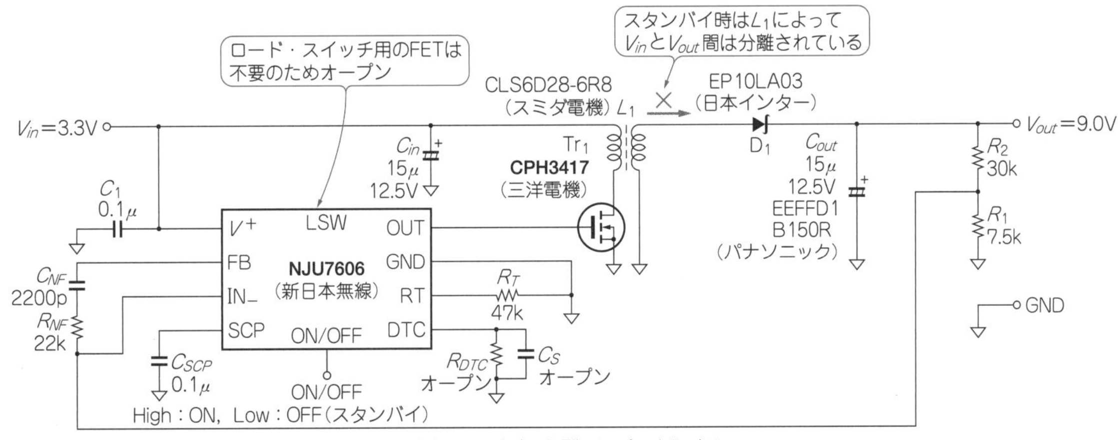

(b) フライバック型コンバータにする

MOSFETの静電破壊を防ぐ

column

MOSFETのゲート電極は，完全に酸化膜で覆われています．静電気など，ゲート酸化膜の耐電圧(約500～数千kV．大電力用製品のほうが耐電圧は高い)以上の電圧が加わると，最悪の場合は破壊してしまいます．

静電破壊は，ゲート-ソース間にツェナー・ダイオードを挿入することで防げます．例えば，動作時にゲートに加える電圧が10V，ゲート電圧の最大定格が30Vの場合は，最大定格より5V程度低い25V耐圧のツェナー・ダイオードを挿入します．

MOSFETによっては，静電破壊耐量を向上するため，図Bのようにゲート-ソース間にツェナー・ダイオードを内蔵したものもあります．

〈辻 正敬〉

図B 静電破壊保護用ツェナー・ダイオードを内蔵したNチャネルMOSFETの等価回路

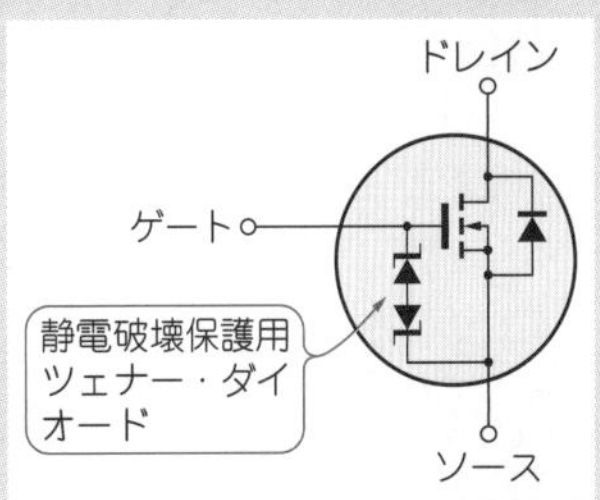

4-5 基準電源ICに流れるバイアス電流の影響を考慮する 出力電圧を設定する抵抗の考えかた

● シャント・レギュレータで考えてみる

NJM431(新日本無線)やTL431(テキサス・インスツルメンツ)など，431は多くのメーカで作られている定番シャント・レギュレータICです．回路構成を図1に示します．

リファレンス端子の電圧が基準電圧V_{ref}と同じになるように制御トランジスタに電流を流し，出力電圧V_{out}を調整します．

出力電圧は，抵抗R_1とR_2，基準電圧によって求められ，式(5-1)によって表されます．

$$V_{out}=\left(\frac{R_1}{R_2}+1\right)V_{ref} \quad \cdots\cdots (5\text{-}1)$$

$V_{out}=5$ Vをターゲットに設定する場合は，$R_1=10$ kΩ，$R_2=10$ kΩ，$V_{ref}=2.495$ Vで$V_{out}=4.99$ Vとなります．

R_1，R_2の抵抗比で出力電圧が決まることを考えれば，どんな抵抗値でも使えるように見えます．

▶抵抗値が小さいと無効電流が増加する

式(5-1)より抵抗比が同じであれば$V_{out}=4.99$ Vは変わりませんが，抵抗値によって，R_1，R_2に流れる無効電流I_qに違いがあります．I_qは式(5-2)で求まります．R_1，R_2をそれぞれ1 kΩ，10 kΩ，100 kΩとした計算結果を表1に示します．

$$I_q=\frac{V_{out}}{R_1+R_2} \quad \cdots\cdots (5\text{-}2)$$

R_1，R_2を小さくするほど無効電流が増加するため，低消費電力化できません．

▶抵抗値が大きいと出力電圧の設定値が変化する

出力電圧を高い精度で設定する場合，シャント・レギュレータIC内の誤差増幅器に流れる基準入力電流I_{ref}と抵抗値による電圧を考慮する必要があります．

基準入力電流は，OPアンプの入力バイアス電流と同じで，入力端子に流入，または流出する電流を示しています．

431の場合，図2に示すようにI_{ref}がIC側に流入するため，実際には式(5-1)で算出される出力電圧に$I_{ref}\,R_1$の電圧が加わります．式(5-3)に出力電圧V_{out}を示します．

$$V_{out}=\left(\frac{R_1}{R_2}+1\right)V_{ref}+I_{ref}R_1 \quad \cdots\cdots (5\text{-}3)$$

式(5-3)に基づいて，R_1とR_2を，1 kΩ，10 kΩ，100 kΩとした計算結果を表2に示します．

このように，R_1が大きいほど出力電圧が上昇します．

● 高精度と低消費電力を両立するには？

A-D/D-Aコンバータなどのデータ変換やセンサ回路には，高精度の基準電圧が必要です．携帯機器として低消費電力も必要な場合は，高精度かつ低消費電力のレギュレータICを選びます．

高精度マイクロパワー・シャント型基準電圧ICは，431に比べると，精度，温度特性，基準入力電流，消費電流が向上しています．代表としてNJM2825や

表1 出力電圧検出用の分圧抵抗R_1，R_2と無効電流の比較

R_1，R_2 [Ω]	無効電流 [A]
1 k	2.5 m
10 k	250 μ
100 k	25 μ

表2 出力電圧検出用の分圧抵抗R_1，R_2と基準入力電流を考慮した電圧の比較

R_1，R_2 [Ω]	出力電圧 [V]
1 k	4.992
10 k	5.01
100 k	5.19

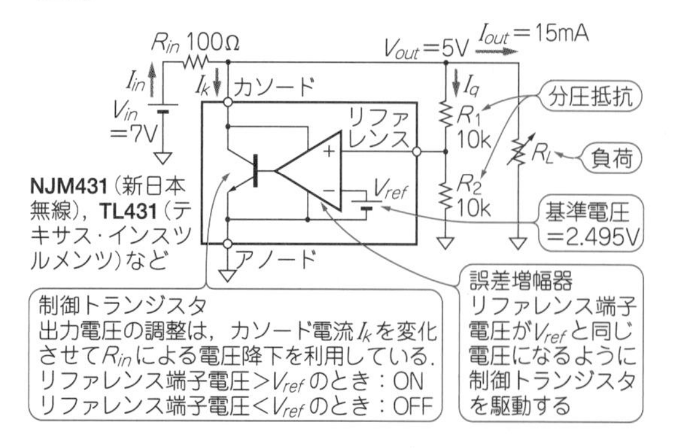

図1 シャント・レギュレータIC 431の基本構成

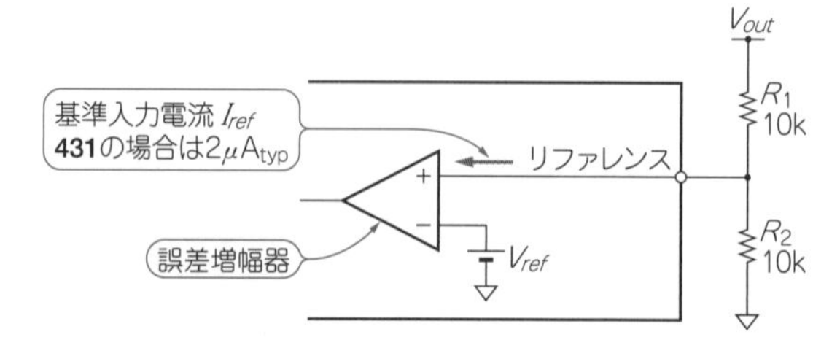

図2 シャント・レギュレータIC 431の基準入力電流

表3 出力電圧可変タイプのシャント・レギュレータICの代表特性

項目＼型名	431タイプ*1	NJM2823（新日本無線）	NJM2825（新日本無線）	LM4051-ADJ（ナショナル セミコンダクター）
基準電圧［V］	2.495	1.136	1.2	1.212
基準電圧精度［%］	±2.2	±0.4	±0.5	±0.5～0.1
温度特性*2［ppm/℃］	30	15	10	15
基準入力電流*2［A］	2μ	100 n	0.3 n	70 n
最小カソード電流*3［A］	1 m	60μ	0.7μ	60μ

*1：新日本無線，NEC，東芝，ルネサス テクノロジ，テキサス・インスツルメンツ，ナショナル セミコンダクターなど
*2：標準値
*3：ICの消費電流，シャント・レギュレータではこのような呼び方をする

表4 高精度マイクロパワー・シャント型基準電圧IC NJM2825での無効電流，出力電圧の比較

R_1，R_2［Ω］	無効電流［A］	出力電圧［V］
10 k	120μ	2.400003 V
100 k	12μ	2.40003 V
1000 k	1.2μ	2.4003 V

R_1とR_2の影響がほとんどない．ただしICの負荷による変動やカソード電圧変動などに配慮が必要

図3 高精度マイクロパワー・シャント型基準電圧ICの内部等価回路

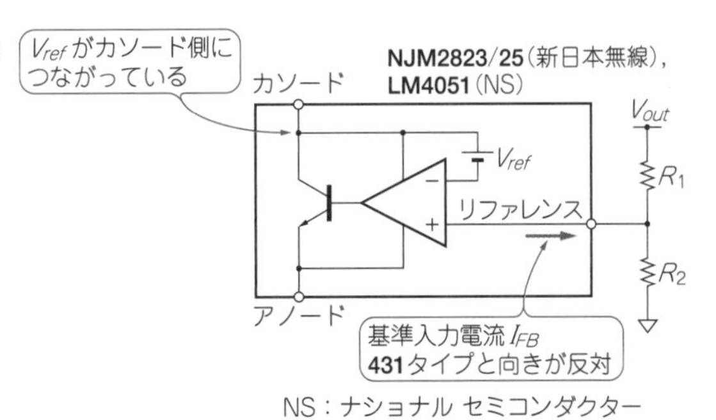

NS：ナショナル セミコンダクター

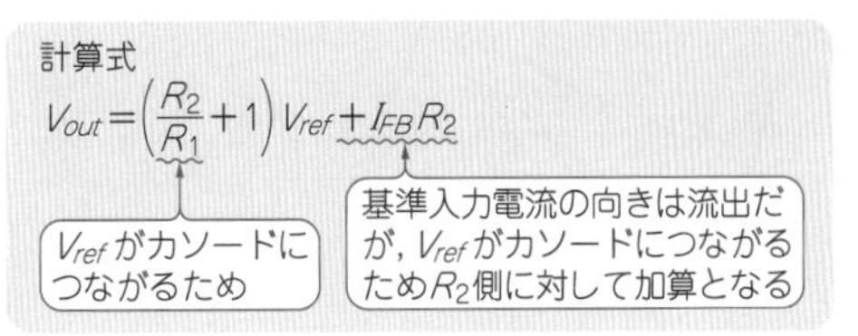

NJM2823（新日本無線），LM4051（ナショナル セミコンダクター）などがあります．

各ICの特性比較を表3，内部等価回路を図3，無効電流と出力電圧の計算結果を表4に示します．

● 他の電源ICでの考えかた

シャント・レギュレータに限らず，シリーズ・レギュレータ，スイッチング・レギュレータも同様に考えることができます．

入力バイアス電流は，誤差増幅器の構成によって流入か流出で異なります．データシートを確認するか，記載がない場合はメーカに確認します．

式(5-3)において電流の向きがICに対して流入の場合は，$+I_{ref}R_1$ですが，流出の場合は$-I_{ref}R_1$となります．

またICによっては，R_1，R_2が発振を防止するための位相補償に影響する場合があり，調整後に安定性の確認が必要です．

〈高橋 資人，高木 円〉

◆参考文献◆

(1) NJU2823，NJU2825，新日本無線．LM4051データシート，ナショナル セミコンダクター．

4-6 MOSFETの並列接続で出力電流を大きくする方法

ゲート閾値電圧の仕様に注意が必要

● パワーMOSFETを並列接続するための条件

図1(b)のように並列接続したパワーMOSFETは，ターン・オン/オフを同期させる必要があります．もし同期が取れていない場合，一つの素子に電流が集中する恐れがあり，パワーMOSFETの性能劣化や破壊の原因となります．

ターン・オン/オフを同期させるためには，同一のドライバICから駆動するほか，次の条件を満たす必要があります．

▶ゲート閾値電圧のばらつきは0.3 V以内に抑える

パワーMOSFETのゲート-ソース間電圧V_{GS}に，ゲート閾値(しきいち)電圧V_{th}以上の電圧を加えると，ドレイン-ソース間は導通(ON)状態になりパリーMOSFETに電流が流れます．一般的に並列接続した各素子には同じV_{GS}を加えます．

そのために，図2のように並列接続した素子のV_{th}がアンバランスな場合，V_{th}の低い素子が先にターン・オンします．一時的に大きな電流がその素子に流れることになり，損失が増加してパワーMOSFETの破壊につながります．

▶基板実装時の配線距離を均一にする

図3のように並列のパワーMOSFET間の配線距離が長いと，電流供給源に近いほうが多く電流が流れます．電流供給源からドレイン端子までの配線距離を均一にすることが理想的です．また，図4の例に示すように，並列接続素子のオン抵抗$R_{DS(ON)}$が異なると，オン抵抗の低い素子には電流が集中しやすくなります．オン抵抗の低い素子に電流が集中すると，劣化や破壊の原因につながります．

〈辻 正敬〉

図1 パワーMOSFETを二つ並列に接続すれば一つ当たりの導通損失を減らせる

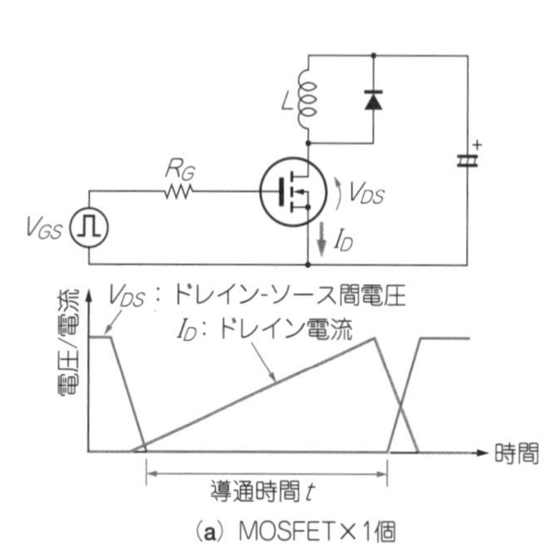

(a) MOSFET×1個

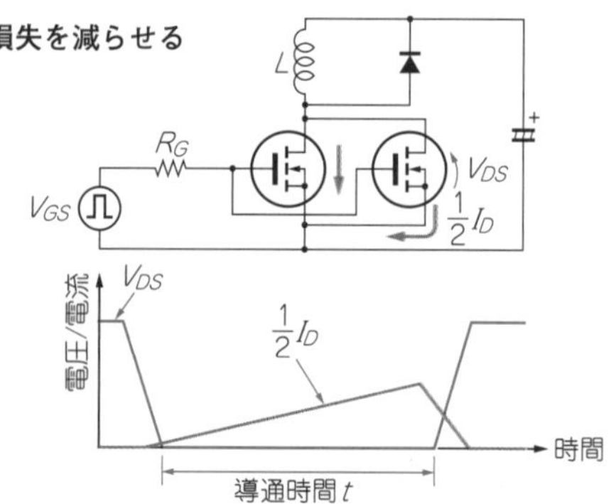

1素子当たりの導通損失

$$P=\int_0^t\left(\frac{1}{2}I_D\right)^2 R_{DS(ON)}=\int_0^t\left(\boxed{\frac{1}{4}I_D^2}\times R_{DS(ON)}\right)dt$$

1素子当たりの導通損失は1/4以下になる．損失低減により素子温度も低下する

(b) MOSFET×2個

図2 並列接続しているパワーMOSFETのV_{th}が低いほうは先にONして2倍の電流が流れてしまう

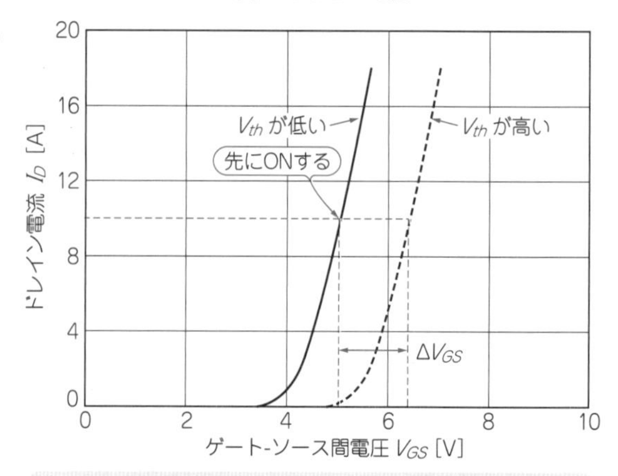

V_{th}の低い素子が先にターン・オンし，V_{th}の高い素子がターン・オンするまでの間，約2倍のドレイン電流が流れる

図3 電流供給源からドレイン端子への配線距離が不均一だと近いほうが先にONしてしまう

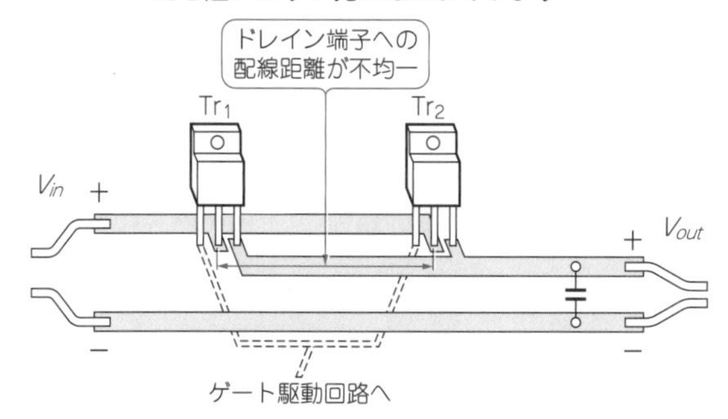

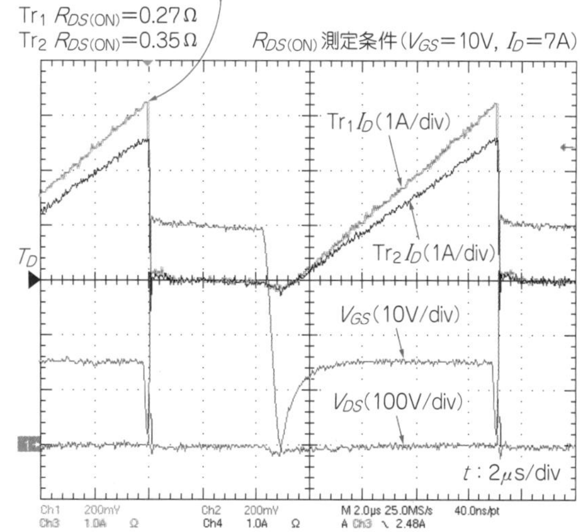

図4 並列素子のオン抵抗がアンバランスだとオン抵抗の低い素子に電流が集中する
2SK3797(600 V/13 A/0.43 Ω max)の例

サージ電圧重畳時のチップの温度上昇を算出する

column

瞬停後の再起動や，入力交流電圧にサージ電圧が重畳される場合など，予期せずMOSFETに大電流が流れていることがあります．

図Cのように，交流入力電圧にサージ電圧を重畳した場合の，チャネル温度を算出します．

▶矩形波に近似

図Cの波形から，V_{DS} = 440 V，I_{peak} = 12 A，オン時間0.7 μsです．よって，ピーク損失P_{peak}は5280 Wです．三角形なので，これを**図D**のように矩形に近似します．このとき，損失はP_{peak}に0.7を，時間はt_1に0.71を掛けた値を使っています．この0.7や0.71は経験則です．

以上より，ピーク損失5280 Wが0.7 μs印加していることは，P_{loss} = 3696 Wが0.497 μs印加されていることと等価です．

図C 交流入力電圧にサージ電圧が加えられた異常波形例

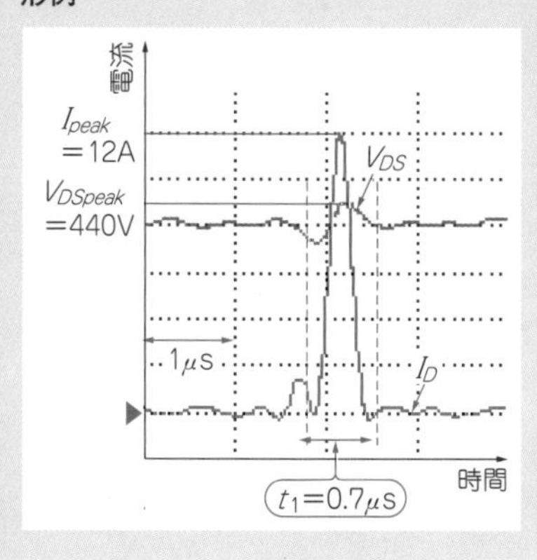

▶過渡熱抵抗を算出

一般的なパワーMOSFETの技術資料に記載されているよりも短時間の熱抵抗を知りたいときは，計算により，過渡熱抵抗を得られます．t_1 = 0.497 μsの過渡熱抵抗を算出します(p.68のコラム参照)．

θ_{t1}は，1 ms時の$\theta_{1\,\mathrm{ms}}$から次式のように定義できます．

$$\theta_{t1} = \theta_{1\,\mathrm{ms}} \times \sqrt{\frac{t_1}{1\,\mathrm{ms}}}$$

2SK3934は$\theta_{1\,\mathrm{ms}}$ = 0.055 ℃/Wなので，t_1 = 0.497 μsの過渡熱抵抗は次式で求まります．

$$\theta_{0.497\,\mathrm{us}} = 0.055 \times \sqrt{\frac{0.497\,\mu\mathrm{s}}{1\,\mathrm{ms}}} = 0.00123\ ℃/\mathrm{W}$$

▶過渡熱抵抗からチャネル温度の上昇を計算

チャネル温度の上昇ΔT_{ch}は，次式で求まります．

$$\Delta T_{ch} = P_{loss}\ \theta_{0.497\,\mu s} = 3696\ \mathrm{W} \times 0.00123\ ℃/\mathrm{W} = 4.6\ ℃$$

〈来島 正一郎〉

図D 三角波状の損失を方形波状に近似する

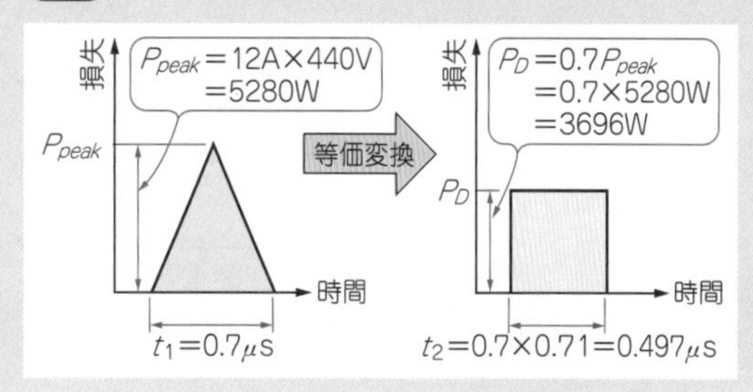

4-7 ターンオンの高速化でMOSFETが壊れることがある

OFF時のドレイン電流の急上昇が問題となる

● ターン・オンの高速化による破壊までの過程

図1のようなモータ・コントローラにも使われるハーフ・ブリッジ型の回路構成の場合，パワーMOSFETのdV_{DS}/dt［単位時間当たりにドレイン-ソース間に加わる電圧変動（時間微分）］が大きいと，ゲート電圧が上昇する場合があります．最悪の場合，次のステップで上下のパワーMOSFETが短絡して破壊に至ります．

①上側のパワーMOSFETがターン・オンします．上側のdV_{DS}/dtが下側のOFFしているパワーMOSFETのドレイン-ソース間に加わります．

②このdV_{DS}/dtが下側の，OFFしているパワーMOSFETのゲート-ドレイン間容量C_{rss}を介して，$I_G = C_{rss}\,dV_{DS}/dt$の電流を発生させます．

③I_Gがゲート抵抗とOFFしている下側のパワーMOSFETの内部容量を流れます．これにより，下側のパワーMOSFETのゲート電圧は$\Delta V_{GS} = C_{rss}\,dV_{DS}/dtR_{G(\mathrm{off})}$ぶんだけ持ち上がります．$dV_{DS}/dt$が急峻な場合や$C_{rss}$が大きい場合は，$V_{th}$を越えることがあります．

④V_{th}以上のΔV_{GS}がMOSFETに加わると，上下のパワーMOSFETがONし，短絡電流が流れます．

その状態が続けば，発熱によりパワーMOSFETが破壊する恐れがあります．

● 対策方法

▶ゲート抵抗を大きくする

スイッチングによるdV_{DS}/dtを小さくします．ただし，小さくしすぎるとスイッチング・ロスが増加し，パワーMOSFETが破壊する恐れがあります．

通常，MOSFETのデータシートには，図2のようなゲート入力電荷を表す特性カーブが掲載されています．

なお，ゲート抵抗で消費される損失P_Gは，ゲート電圧＋10/－0Vの条件でQ_G = 30 nCのMOSFETをf = 200 kHz駆動する場合を例に考えると，次式で求まります．

$$P_{DG} = 10\ \mathrm{V} \times 30\ \mathrm{nC} \times 200\ \mathrm{kHz} = 0.06\ \mathrm{W}$$

▶パワーMOSFET，ドライブIC，ゲート抵抗をつなぐ配線を短くする

目安は3 cm以下です．

▶ドレインとゲートの配線を交差しない

プリント基板上の寄生容量を極力減らして，誤動作の危険を避けます．

〈来島 正一郎〉

図2 ゲート入力電荷を表す特性カーブ
TK20A60T（東芝）の例

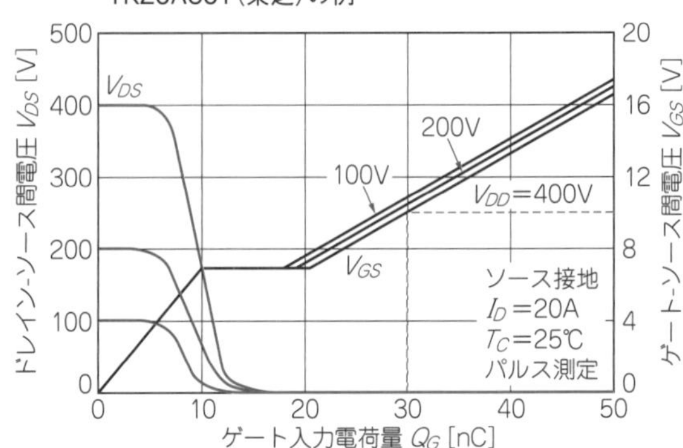

図1 ハーフ・ブリッジ型の回路でターン・オンを高速化するとパワーMOSFET二つが同時にONして短絡する恐れがある

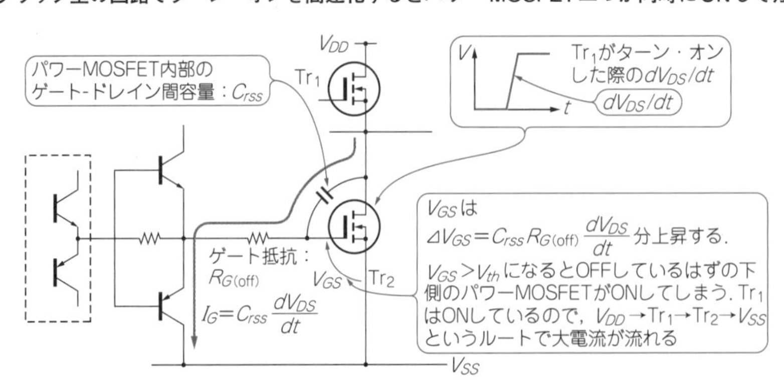

4-8 チャネル温度の規定値を守る必要がある MOSFETの最大V_{DS}を越えるノイズへの対処法

原則として，MOSFETの動作電圧は定格電圧以下になるように設計しなければなりません．しかし，小形化するために動作周波数を高めたりすると，ターン・オフ時に瞬時的に定格電圧を越える電圧(サージ電圧)が加わり，ブレークダウンします．

このような状態をアバランシェ(avalanche；なだれ)と言います．アバランシェ状態ではMOSFETには定格電圧以上の電圧が加わっていますが，チャネル温度によってはこのような状態に陥ってもMOSFETを使用することができます．

● アバランシェ状態とは

図1にアバランシェ試験のための測定回路と，TK20A60T(600 V/20 A/0.19 Ω_{max})にて実験した際の観測波形を示します．

MOSFETがターン・オフすると，インダクタンスLを流れるドレイン電流I_Dは減少し，ドレイン-ソース間電圧V_{DS}は上昇します．

このとき，ゲート-ソース間電圧V_{GS}がゲート閾値電圧V_{th}以上であればI_Dは形成されたチャネルを流れますが，V_{GS}がV_{th}以下になるとチャネルは遮断され，I_Dはドレイン-ベース間のダイオードを流れることになります．

この間にV_{DS}は上昇し，自己ブレークダウン電圧(素子が保持できる最大電圧)に達するとMOSFETはV_{DS}を一定に保ち，ブレークダウンします．このときMOSFETに印加されたエネルギーは，熱となってMOSFET内部で消費されます．その間，電流は直線的に減少していきます．

アバランシェ耐量を保証している素子であれば，この内部消費エネルギーを含んだトータル・チャネル温度T_{ch}が保証値以下の場合，V_{DSS}以上の電圧が加わっていても使うことができます．

● アバランシェ耐量の保証値の読みかた

アバランシェ耐量を保証している製品は，データシート内に次のような保証値が記載されています．アバランシェ状態になる場合は，この保証値を越えないように設計してください．

▶アバランシェ・エネルギーE_{AS}［mJ］

単発パルスで許容可能なエネルギー値です．

▶アバランシェ電流I_{AR}［A］

アバランシェ状態で許容できる最大ピーク電流です．アバランシェ状態においては，いかなる場合でもこの電流値を越えないようにしてください．

▶アバランシェ・エネルギーE_{AR}［mJ］

連続的なアバランシェ状態において，単発パルスあたりのエネルギー許容値です．

● 波形からアバランシェ時のエネルギーを確認

単発パルス印加で一度だけパワーMOSFETがアバランシェ状態になった場合の算出方法を示します．

図1 アバランシェ状態を測定する回路と測定結果

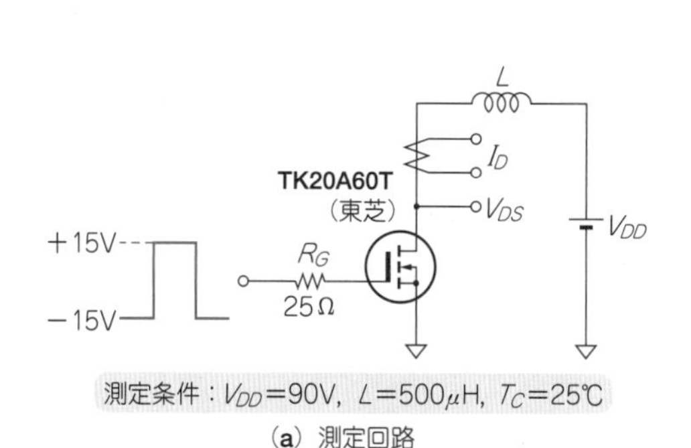

(a) 測定回路

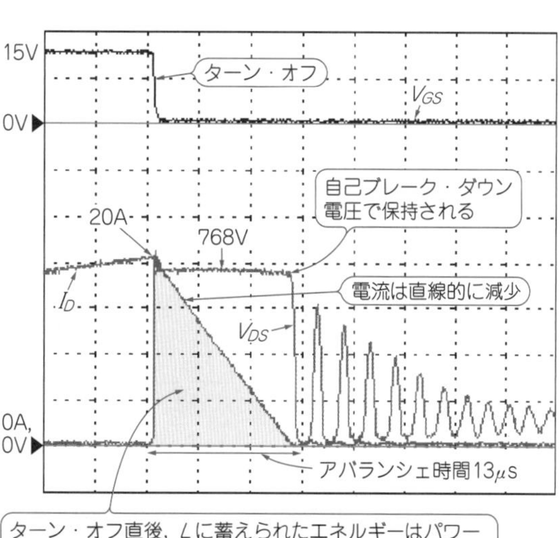

(b) 観測波形

▶チャネル温度の算出と確認

ブレークダウン波形が，単発で発生する場合，素子温度は以下の式より算出します．

$T_{ch\,max} \fallingdotseq 0.473\ V_{(BR)DSS}\, I_{AR}\, \theta_{ch\text{-}C} + T_C$

$V_{(BR)DSS}$ [V]：素子ブレーク・ダウン電圧，
I_{AR} [A]：アバランシェ電流，
$\theta_{ch\text{-}C}$ [℃/W]：アバランシェ状態のチャネル-ケース間熱抵抗，
T_C [℃]：ケース温度

I_{AR}が定格以内であり，かつ算出した$T_{ch\,max}$が保証T_{ch}以内であればこの素子は使用できます．

例えば，図1(b)のTK20A60T(600 V/20 A)の波形からチャネル温度は，次式で求まります．

$T_{ch} = 0.473 \times 768 \times 20 \times 0.0147 + 25 = 132$ ℃

なお，アバランシェ期間(13 μs)の熱抵抗はデータシートに記載されている熱抵抗θ-パルス幅t_wのグラフから算出します．

▶アバランシェ・エネルギーの算出と確認

アバランシェ・エネルギーは以下より算出します．

$$E_{AS} = \frac{1}{2}\, L\, I_{AR}^2\, \frac{V_{(BR)DSS}}{V_{(BR)DSS} - V_{DD}}$$

E_{AS} [mJ]：アバランシェ・エネルギー，
I_{AR} [A]：アバランシェ電流，
$V_{(BR)DSS}$ [V]：ドレイン-ソース間ブレークダウン電圧，
V_{DD} [V]：電源電圧

算出したE_{AS}が保証値以下であることを確認します．

例えば，図1のTK20A60T(600 V/20 A)の波形からアバランシェ・エネルギーは次式で求まります．

$$E_{AS} = \frac{1}{2} \times 500 \times 20^2 \times \frac{768}{768 - 90} = 113\ \text{mJ}$$

〈辻 正敬〉

アバランシェが生じている期間の熱抵抗

column

アバランシェが生じている期間の接合部とケース間の熱抵抗は，データシートに記載のある図Eのような過渡熱抵抗θ_{tr}とパルス幅t_wのグラフから算出します．

図Eのグラフは基準化されているので，実際の熱抵抗は，グラフで読み取った値と熱抵抗$\theta_{ch\text{-}C}$との積になります．

例えば，アバランシェ期間T_{av}を13 μsとすると，熱抵抗$\theta_{ch\text{-}C}$が2.78 ℃/Wなので，アンバランシェ期間の熱抵抗$\theta_{A(ch\text{-}C)}$ [℃/W] は次のように求まります．

$\theta_{A(ch\text{-}C)} = 0.053 \times 2.78 = 0.0147$ ℃/W

〈辻 正敬〉

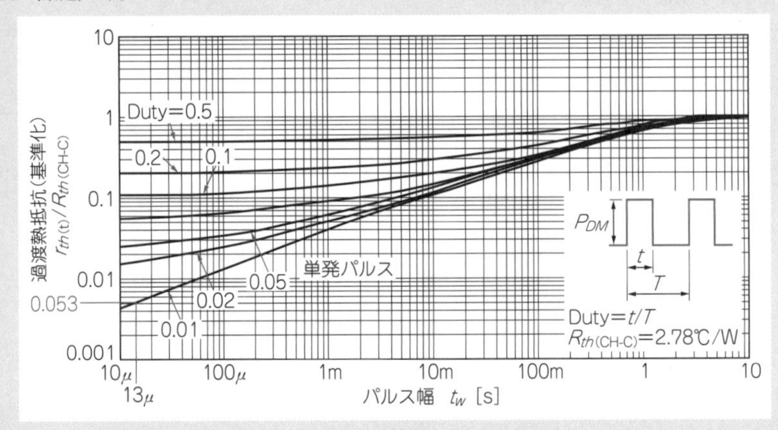

図E データシートに記載されている熱抵抗θ_{tr}-パルス幅t_w特性 TK20A60T(東芝)の例

基礎編

実践編

第5章

アナログ信号の増幅から正弦波の発生まで

計測／測定と信号発生の実用回路

5-1 分解能が1 pAで最大値が19.999 nA 入手しやすい部品で実現する微少電流測定回路

ディジタル・マルチメータで測定できる電流は1 μAくらいまでで，それ以下の電流を測定するにはピコアンメータとかエレクトロメータと呼ばれる特別な測定器が必要です．図1は，入手しやすい部品を使って製作できる最大分解能1 pAの電流計の入力回路です．

● キー・デバイスは低入力バイアス電流OPアンプ

一番重要な部品は，入力部のOPアンプAD549JH(アナログ・デバイセズ)です．このOPアンプは入力バイアス電流が最大0.25 pAで，分解能1 pAの電流計の入力に使うには最適といえます．

1 pAということは，1 Vに対して1000 GΩの抵抗です．入力部は，この抵抗値より一桁くらい上の抵抗値を保つ必要があります．このために入力部にテフロン端子を使い，帰還回路の抵抗器の胴体を素手で触ってはいけません．抵抗を持つときはリード線を持つようにしてください．もし汚したときや汚れていそうなときは洗浄します．ノイズを減らすためには入力のリード線を短くすることが有効なので，入力部だけを金属ケースに入れて測定箇所の近くに置くようにします．

図1　1 pA分解能で19.999 nAまで測定できる電流測定回路

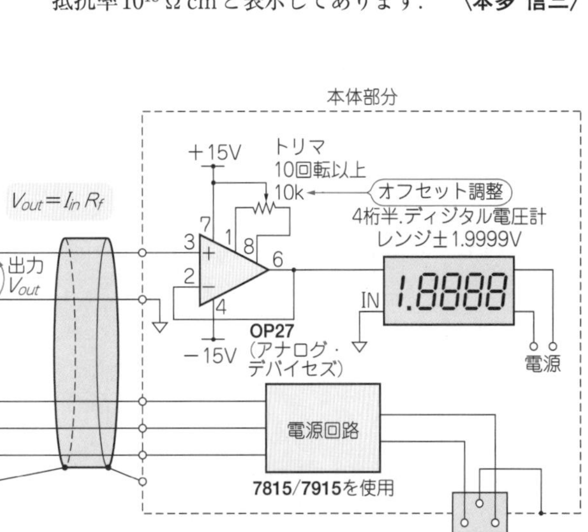

● 電流測定回路の製作

使用するパーツで重要なのは，テフロン端子です．入力部にはPF-6-1(マックエイト)，OPアンプAD549JHの2番ピンにはSFS-1-1(サンハヤト)を勧めます．PF-6-1は，カタログでは絶縁抵抗値として500 MΩ以上と記載されています．SFS-1-1は体積抵抗率10^{18} Ω cmと表示してあります．　〈**本多 信三**〉

5-2 電圧降下がわずか10 mVで低電圧/小電流にも使える 双方向の電流測定回路

図1は，Hブリッジ回路で駆動されるモータの電流を±1.25 Aフルスケールで計測し，マイコン内蔵のA-Dコンバータなどでディジタル・データに変換する回路です．

INA210(テキサス・インスツルメンツ)は，高ゲイン(200倍)，低オフセット(35 μV以下)，低オフセット・ドリフト(0.5 μV/℃以下)の電流測定用アンプです．フルスケールでのシャント抵抗による電圧降下を10 mV程度に抑えられるので，低電圧，かつ小電流の負荷にも利用可能です．

● フルスケールからゲインとシャント抵抗を決定

フルスケール±1.25 Aの電流を0～5 Vの電圧に変換するには，5 V/2.5 A = 2 Ωの抵抗による電流-電圧変換が必要になります．INA210のゲインは200倍なので，シャント抵抗は2 Ω/200 = 10 mΩとなります．

INA210のREFピンは，入力が0 V(電流が0 A)のときの出力電圧を設定します．INA210の出力はフルスイングするので，REFピンが2.5 V，シャント抵抗が10 mΩならば－1.25 A(出力0 V)～＋1.25 A(出力5 V)の範囲で動作します．

REFピンは，A-Dコンバータのリファレンス電圧を分圧して接続してもよいでしょう．

ロー・パス・フィルタを入れる場合は，INA210とA-Dコンバータの間に入れます．

● 測定精度はシャント抵抗で決まる

INA210は低オフセットのため，電流測定精度はシャント抵抗の精度で決まります．抵抗値が数mΩ～0.1 Ω程度の電流測定用シャント抵抗が利用可能です．一般に，高精度で低抵抗なものは高価になるため，抵抗による電圧降下が許されるのであれば，抵抗値は大きく高精度のものを選択します．

配線パターンの抵抗は測定精度の低下につながるため，シャント抵抗とINA210との配線は極力短くし，シャント抵抗直近で分岐します．

大電流の計測や高精度な測定が必要な場合は，電流端子と電圧端子の分かれた四端子シャント抵抗を利用します．

モータの電源電圧は，INA210のコモン・モード電圧の制限により26 V以下で使用します．

表1のように，INA210とはゲインが違うINA211～INA214もラインナップされており，測定電流と精度に合わせて利用可能です．

〈石島 誠一郎〉

表1 ゲイン設定の異なる電流測定用アンプのラインナップ

品番	ゲイン［倍］	R_3, R_4［Ω］	R_1, R_2［Ω］
INA210	200	5 k	1 M
INA211	500	2 k	1 M
INA212	1000	1 k	1 M
INA213	50	20 k	1 M
INA214	100	10 k	1 M

図1 約10 mVと低いドロップ電圧で±1 Aのモータ電流を測定する回路

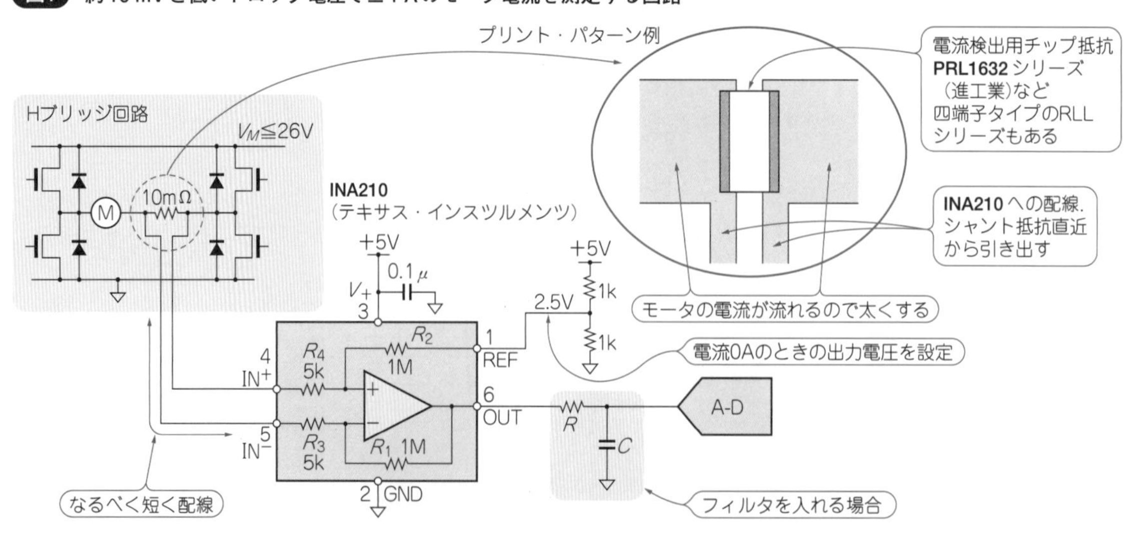

5-3 環境変化による誤検出を防げる 容量測定による近接センサ回路

検出対象が近づいたことを検知する近接センサ向けの容量-ディジタル・コンバータIC AD7150(アナログ・デバイセズ)は，二つのセンサを接続でき，発振回路と12ビットの$\Delta\Sigma$型容量-ディジタル・コンバータ(以降，CDC)により0～4 pFの容量を測定します．

図1に示すように，負の容量を生成するCAPDACと呼ばれる回路がCDCの前に接続されており，最大で－10 pFのオフセットをもたせることができ，これにより0 p～14 pFの容量を測定できます．

AD7150は，環境変化による大きく緩やかな容量変化を抽出し，閾値(しきいち)とCAPDACの設定をダイナミックに変化させることで，環境変化による容量変化と，検出物の接近による容量変化とを判別する機能をもっています．

● AD7150の動作

検出物がセンサ部に接近すると，センサ周辺の誘電率が変化し，結果的に容量変化となって現れます．AD7150は，この急激な容量変化を検出すると，図2のようにコンパレータから"H"レベルを出力します．

センサ感度や閾値設定のパラメータの書き込み，測定された容量値の読み出しなどは，I²Cバスにより内部レジスタにアクセスすることで行いますが，デフォルトのパラメータで動作可能な場合には，I²Cバスを接続する必要はありません．

● 正常に動作させるためのレイアウト

接続した二つ以下のセンサは，EXC端子を通して個別に充放電することで容量測定を行います．そのため，EXC端子はほかのセンサ部とは分離して接続します．

確実に検出するには，接続されたセンサの容量変化を大きくする必要があります．そのため，配線容量を小さく，配線容量が外部環境の影響を受けにくいレイアウトにする必要があります．

そこで，センサ部とAD7150の配線は，極力短くして容量を抑え，多層板の場合は内層で配線することで環境変化による容量変化を小さくします．両面基板の場合は，表面をべたグラウンドとして裏面に配線します．

〈石島 誠一郎〉

図2 AD7150は検出した容量変化が環境か近接物によるものかを判別できる

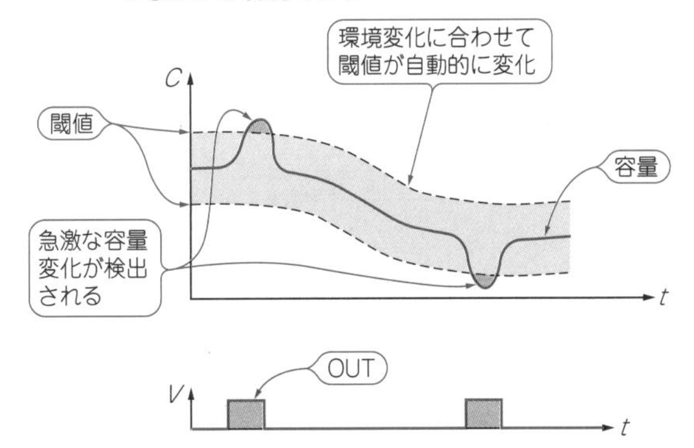

図1 容量-ディジタル・コンバータIC AD7150を使った近接センサ回路

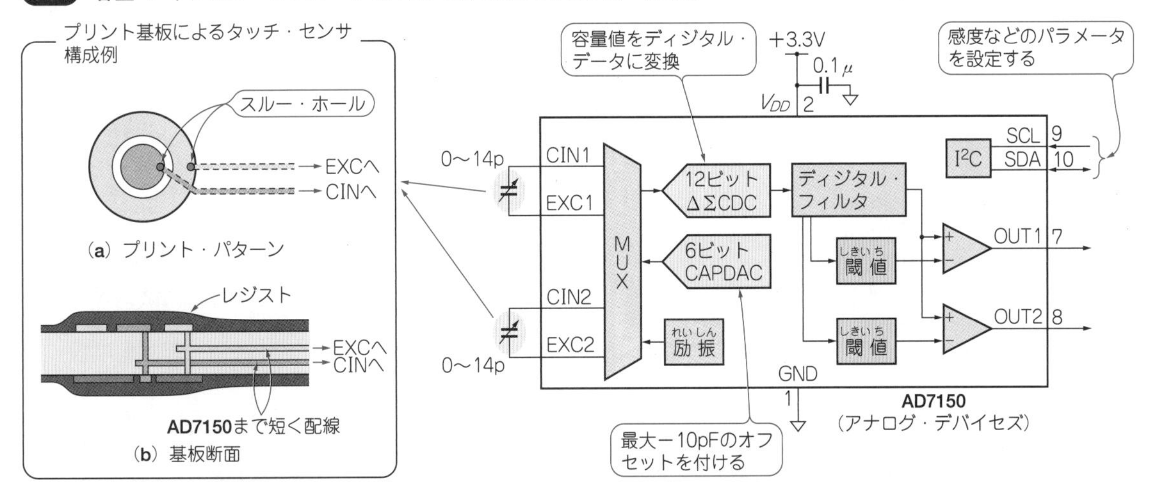

5-4 800 M～2 GHzの帯域で使用できる リターン・ロス/*VSWR*の測定回路

図1は，RFパワー・ディテクタIC MAX2016(マキシム)を使った800 M～2 GHzで使えるリターン・ロス/*VSWR*(voltage standing wave ratio；電圧定在波比)測定回路のブロック図です．

双方向性結合器で取り出した入射信号P_{in}と反射信号P_rは，MAX2016内の2個のログ・ディテクタ(対数検波器)で別々に検波され，それぞれの検波出力電圧V_AとV_Bの差に比例する電圧V_Dが生成されて出力されます．リターン・ロスP_{RL}と*VSWR*は次式を使って簡単に算出できます．

$$P_{RL} = P_{RFINA} - P_{RFINB} = \frac{V_D - V_{CENTER}}{SLOPE}$$

ただし，V_{CENTER} [V]：$P_{RFINA} = P_{RFINB}$のときの出力電圧(通常1 V)，$SLOPE$ [mV/dB]：入力電力比対出力電圧の特性をプロットしたグラフの傾き，ここでは25 mV/dB

$$VSWR = \frac{1 + 10^{-\left(\frac{P_{RL}}{20}\right)}}{1 - 10^{-\left(\frac{P_{RL}}{20}\right)}}$$

A-Dコンバータで取り込み，マイコンなどで処理すれば簡単に算出できます．双方向性結合器を変えれば，低周波～2.5 GHzでの測定が可能です．

● キー・デバイスの特徴と仕様

MAX2016は単電源で動作し，二つのRF入力信号のパワー・レベルの検出を行えます．低周波～2.5 GHzの帯域で使用でき，ダイナミック・レンジは900 MHz で 80 dB(－70～＋10 dBm)，1.9 GHz で 67 dB(－55～＋12 dBm)，2.5 GHzで52 dB(－45～＋7 dBm)もあります．パッケージは，表面実装の5 mm × 5 mm 28ピンQFNです．

図2にパターン・レイアウト例を示します．

〈市川 裕一〉

図1 RFパワー・ディテクタIC MAX2016を使った800 M～2 GHzで使えるリターン・ロス/*VSWR*測定回路

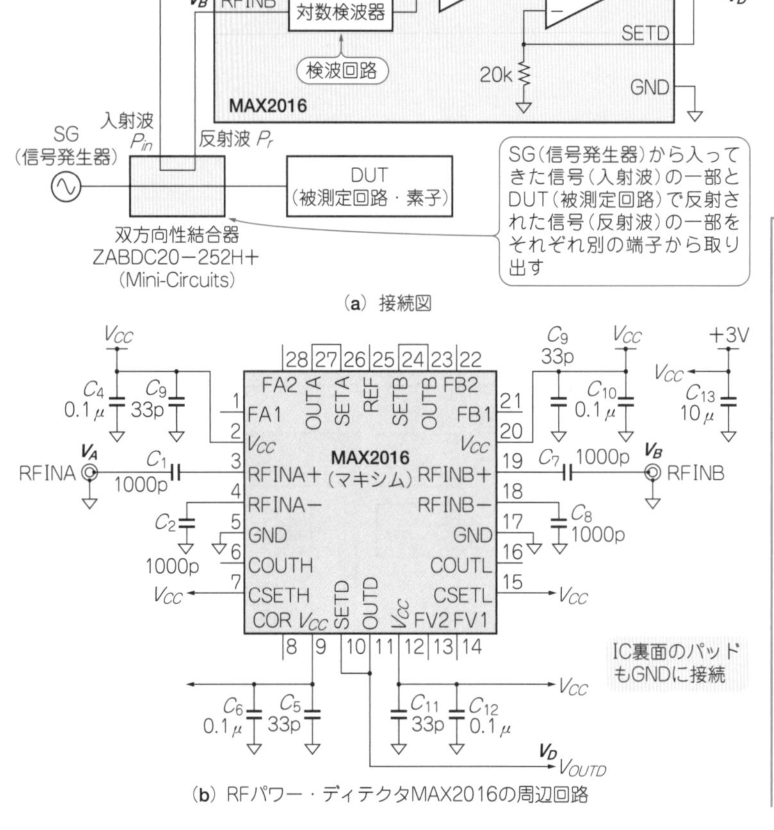

(a) 接続図

(b) RFパワー・ディテクタMAX2016の周辺回路

図2 図1のパターン例

電源のバイパス・コンデンサは四つのV_{CC}ピンのできるだけ近くに配置する．特性を引き出すためには，パッケージ裏面のパッドを基板のベタGNDにしっかりと接続する必要がある．そのためパッドが接続される部分には，スルー・ホールやビアを複数個設ける

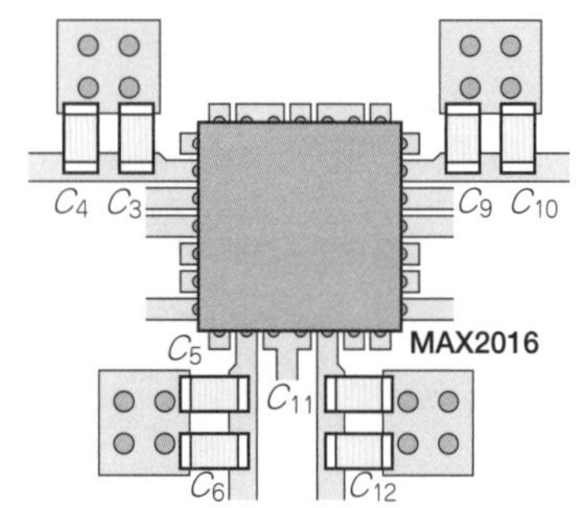

5-5 10 M〜2 GHzの帯域で使用できる ゲイン/損失測定回路

図1は，MAX2016を使った10 M〜2 GHzで使用できるゲイン/損失測定回路のブロック図です．

方向性結合器1で取り出した入力信号P_{in}と，方向性結合器2で取り出した出力信号P_{out}は，MAX2016内の2個のログ・ディテクタ(対数検波器)で別々に検波され，それぞれの検波出力電圧V_AとV_Bの差に比例する電圧V_Dが生成されて出力されます．ゲイン(損失)G_{loss}は，次式を使って簡単に算出できます．

$$G_{loss} = P_{RFINA} - P_{RFINB} = \frac{V_D - V_{CENTER}}{SLOPE}$$

ただし，V_{CENTER} [V]：$P_{RFINA} = P_{RFINB}$のときの出力電圧(通常1 V)，$SLOPE$ [mV/dB]：入力電力比対出力電圧の特性をプロットしたグラフの傾き．ここでは25 mV/dB

A-Dコンバータで取り込み，マイコンなどで処理すれば簡単に算出できます．〈市川 裕一〉

図1 RFパワー・ディテクタIC MAX2016を使った帯域10 M〜2 GHzのゲイン/損失測定回路

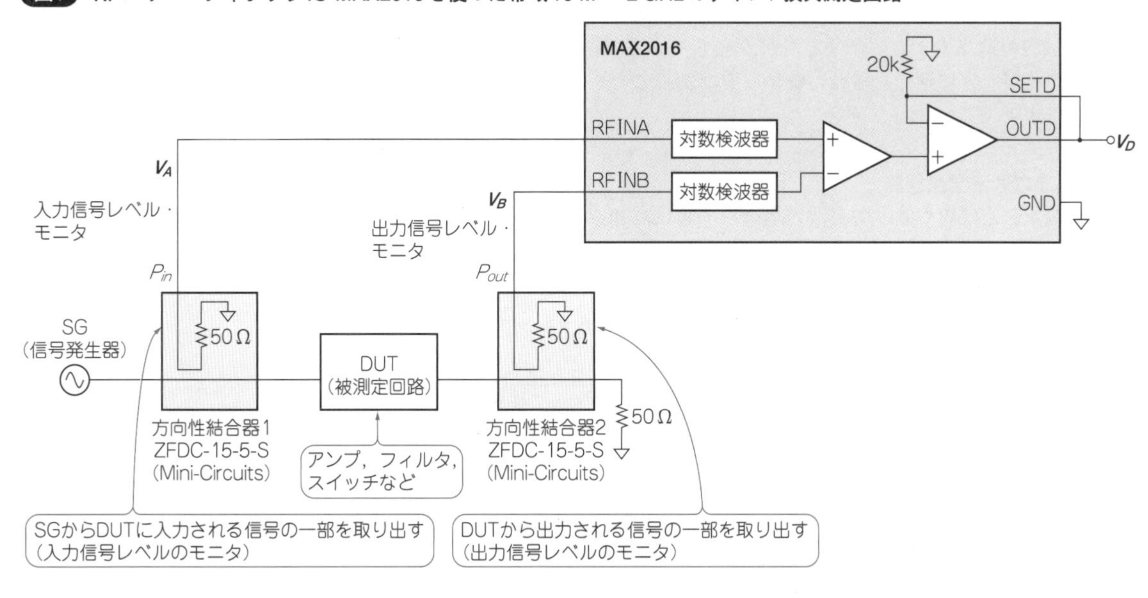

5-6 コンパレータ1個で電圧範囲内/外を判定できる ウィンドウ・コンパレータ回路

一般的にウィンドウ・コンパレータ回路は，2個のコンパレータを使って上下限電圧を比較し，比較結果を出力します．ここでは，1個のコンパレータで構成するウィンドウ・コンパレータ回路を紹介します．

図1に入力電圧が2 V〜3.6 Vの範囲にあるかどうかを判断する回路を示します．入力が2 V以下あるいは3.6 V以上であるとき，出力は“L”になります．入力電圧が2〜3.6 Vの範囲にあるとき出力は“H”です．

電圧範囲の設定は，抵抗による分圧とダイオードおよびツェナー・ダイオードの電圧を使っているため正確ではありません．しかし，おおよその電圧範囲にあるかどうかを判断するには，小型で安価にできます．〈高橋 久〉

図1 コンパレータ1個で構成するウィンドウ・コンパレータ回路

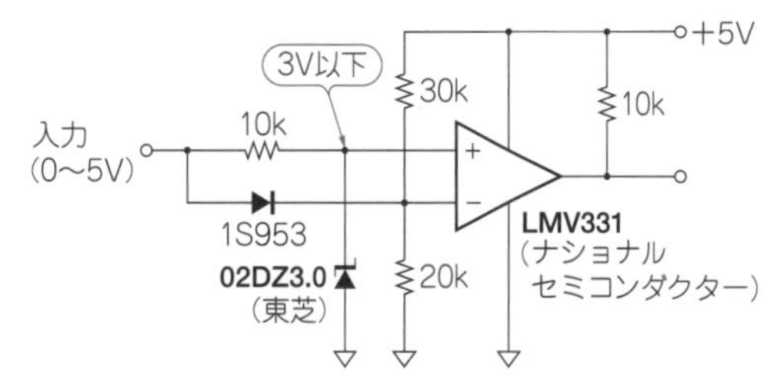

5-7 回路が簡単で広帯域なアンプの実動作の確認に使える 両エッジの遷移が約3 nsの方形波発生回路

オシロスコープには，プローブ校正用の発振器が内蔵されています．これと同様に，高速のセンサ用やビデオ用アンプ基板の片隅に方形波信号源を組み込んでおけば，フィールドでの伝送線を含めた動作の確認や校正に重宝します．

● 方形波信号源の仕様

信号源のインピーダンスは，高速アンプに合わせて50 Ωまたは75 Ω，振幅は整合時に1 $V_{P\text{-}P}$とします．出力される方形波のエッジを見れば，アンプの帯域や位相特性のあらましがわかりますので，方形波の周波数は帯域内の適当な1波で十分ですが，立ち上がり/立ち下がりが十分に速く，きれいなエッジであることが必要です．

● 簡単な方形波発生回路

正弦波などとは異なり，方形波の場合は非常に高速で安価なディジタルICをアナログ的に使用し，思い切った簡略化が可能です．

図1に，出力インピーダンス$Z = 50\ \Omega$，振幅0 V/2 Vの方形波信号源回路を示します．この構成で両エッジの遷移が約3 nsでリンギングも小さな方形波が得られます．

CLK_IN端子には，他のディジタル回路から適当な基準信号を入力しますが，ない場合は2 M～4 MHzの水晶発振器出力をフリップフロップで1/2分周し，デューティ50 %の信号を作って入力します．

● 動作原理

図2は，この回路をシンプルに書き直したものです．スイッチSW_1とSW_2はディジタルICの出力部を表し，"H"のときはSW_1，"L"のときはSW_2だけがONになります．これにR_1とR_2を図のようにつなぐと，"H"のときの出力電圧は，

$$3.0 \times \frac{150}{75 + 150} = 2.0\ \text{V}$$

図1 両エッジの遷移が約3 nsの$Z＝50\ \Omega$，振幅0 V/1 Vの方形波発生回路

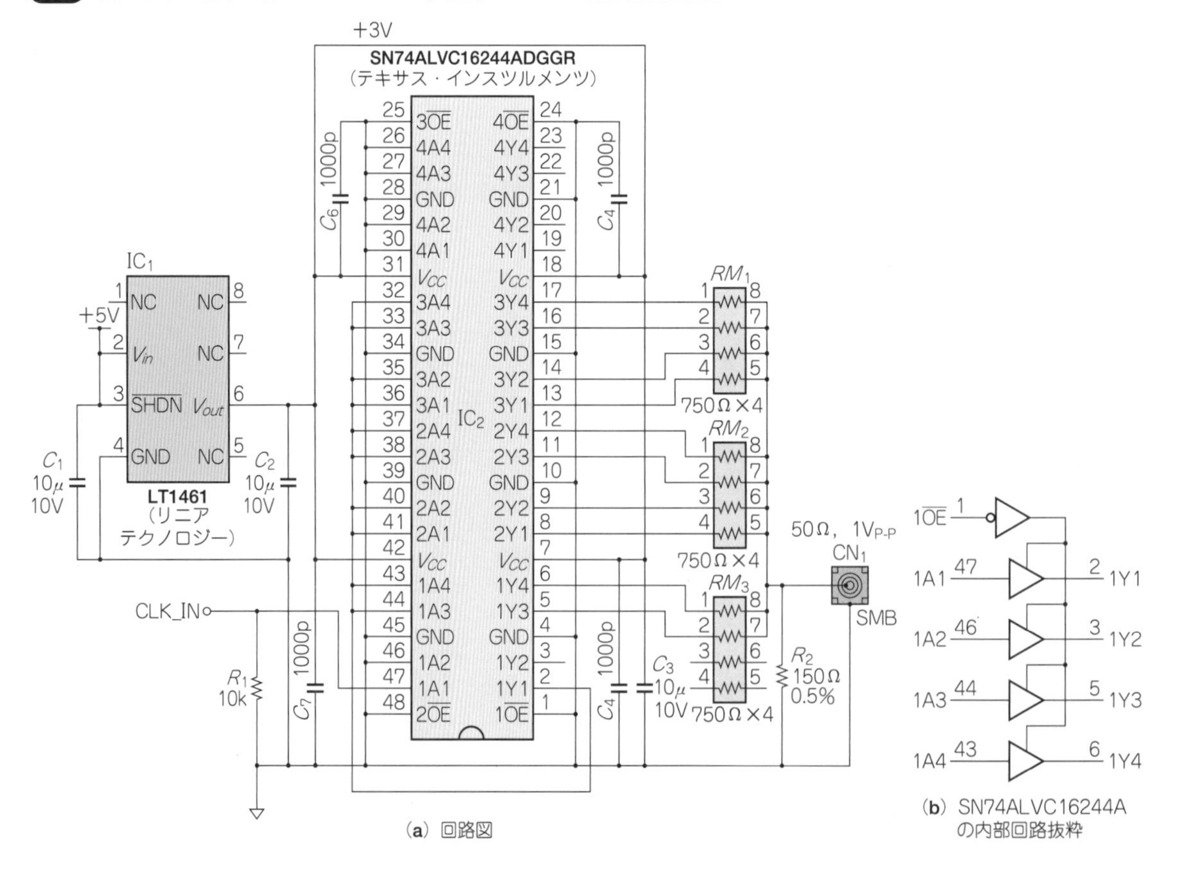

(a) 回路図

(b) SN74ALVC16244A の内部回路抜粋

出力インピーダンスは，出力が"H"/"L"にかかわらず，

$$75 \times \frac{150}{75+150} = 50\ \Omega$$

です．この原理はさまざまな振幅とインピーダンスの回路に応用できます．

さて，図2の出力を50 Ω入力のアンプにつなぐと振幅がちょうど1 Vになりますが，"H"のときSW_1には約26.7 mAの電流が流れます．これは普通のロジックICの1素子には重く，またスイッチの寄生抵抗分が邪魔をして特性が出ません．

そこで，図1ではスイッチと750 Ωの抵抗を10セット並列接続して負担を1/10にし，ほぼ図2の原理に近い特性を得ています．

● 部品の選択と実装上の注意

図1の回路では3 V電源用に74ALVC16244を使用しましたが，これに限らず表1のようなCMOS出力のICが使えます．ただし，V_{CC}とGND端子が対角に1個しかない旧パッケージは，リード・フレームのインダクタンス成分により，リンギングが大きくなるので使えません．

同様の理由で，なるべく小さなパッケージのICを使い，また比較的大電流を扱うので，ICから見たパスコンの位置を最短にします．

なお，校正用に振幅安定性を増すには，図1のIC_1のような高精度のポイント・レギュレータを使うと効果的です(図3)．

〈三宅 和司〉

表1 IC_2に使用可能なICの例
16244に限らず16541なども使いやすい．Bi-CMOSなど"H"と"L"とで駆動能力が非対称のものは適さない．エッジ特性は明示されない場合が多いため参考までに伝達遅延を示したが，スルー・レート制限回路付きのものもあり単純な比例関係にはない．高速で大電流になるほどパターンやバイパス・コンデンサの影響が大きい

品　種	電源電圧 [V]	出力電流 [mA]	伝達遅延 [ns_{max}]	素子間スキュー [ns_{max}]	5V入力トレラント	コメント
74AC16244	3.0 ～ 5.5	24	7.9	1	－	最もパワフルだがリンギングに注意
74VHC/AHC16244	2.0 ～ 5.5	8	5.4	1	－	出力電流に注意
74LVC16244	2.0 ～ 3.6	24	5.2	1	○	図1で使用
74LCX/LPT16244	2.3 ～ 3.8	24	4.5	0.5	○	若干速い
74ALVC16244	1.65 ～ 3.6	24	3.6	0.5	×	高速低ノイズ
74VCX16244	1.2 ～ 3.6	24	2.5	0.5	×	

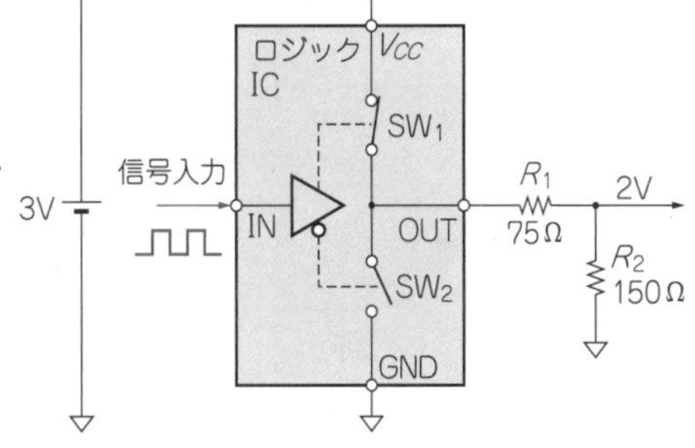

図2 簡略化した信号発生の原理
CMOSロジックの出力段はMOSFETで構成された二つのスイッチとみなせる．出力"H"のときはSW_1のみが，出力"L"ではSW_2のみがONとなり，その切り替わりは非常に速い．これをR_1とR_2で分割すると開放出力2 V，インピーダンス50 Ωの方形波信号源となる．実際のFETスイッチSW_1，SW_2には直列抵抗分があるので，10個のスイッチと，抵抗値10倍(750 Ω)の抵抗とのセットを並列接続して，この影響を目立たなくする

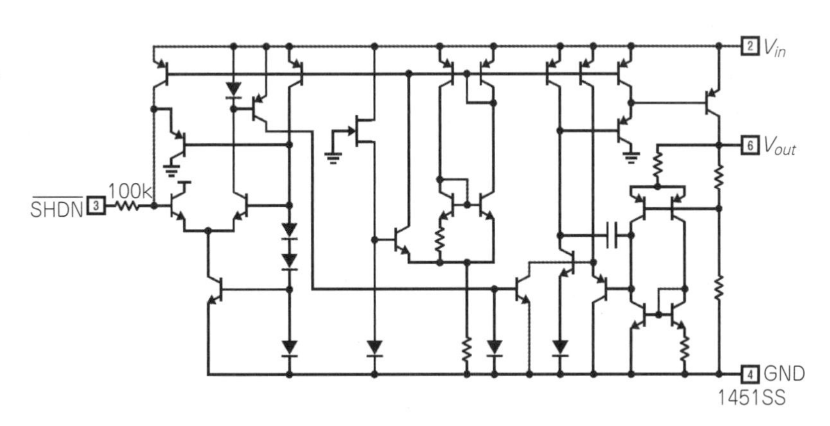

図3 LT1461の簡略内部回路
シャットダウン機能をもつ高精度のレギュレータ

5-8 変位センサや金属探知，近接スイッチなどに使える 周波数300 kHz定振幅のLC発振回路

電圧ゲイン制御アンプAD8330を使った定振幅LC発振回路を紹介します．ゲイン制御電圧を増幅し，近接スイッチなどに応用できます．この回路ではリニア制御電圧を使っていますが，AD8330にはdB値で制御できる端子もあります．

図1は回路図です．約300 kHzの発振回路を構成しています．センサ兼用のコイルには，市販の100 μHの円筒型のものを使い，同軸ケーブルを接続しました．

コイルを鉄などに近付けるとインダクタンスと損失が変化します．インダクタンスは周波数を変化させ，損失は定振幅で発振するための回路ゲインを変化させます．後者の変化はコイルの損失を示すもので，信号を増幅すればセンサやスイッチに使えます．

実験に使ったコイルでは，基板を保持しているバイスの鋳鉄部に接触したり，離したりしたところ，出力に約25 mVの変化が得られました．この変化を増幅すれば表題の目的に使えます．ただし，増幅する際はオフセットを除去する必要があります．

感度は被検体によって異なり，校正しなければなりません．コイル自体の損失には温度係数があるので，高精度なセンサとするには変位センサや近接スイッチ専用のものを使います．

〈木島 久男〉

図1 電圧ゲイン制御アンプAD8330ARQを使った定振幅発振回路

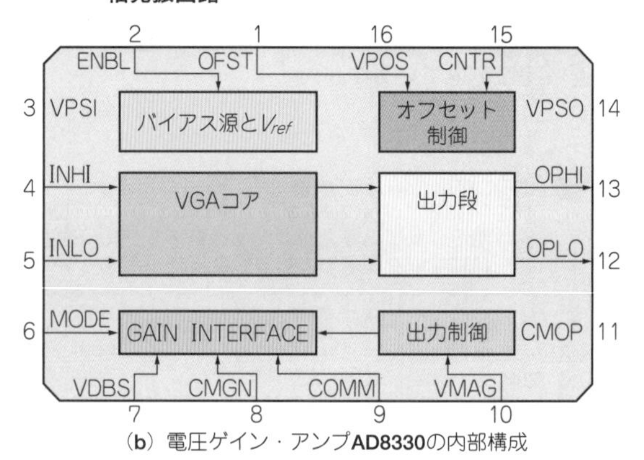

(b) 電圧ゲイン・アンプAD8330の内部構成

(a) 回路図

回路が簡単でオーディオ機器の試験に使える

5-9 単電源動作の100 Hz ～ 10 kHzブリッジドT型発振回路

● 回路の特徴と仕様

図1および写真1は，トランジスタによる中点電圧発生回路を採用した単電源動作のオーディオ周波数帯の正弦波発振回路です．

発振振幅の制御にLEDを使用したクリップ回路を使うことによって回路を簡略化しました．そのため，THD (Total Harmonic Distortion)特性は，図2に示すとおり1 kHz以下の周波数(Low - Band)で0.3 %以下，15 kHz以下では0.7 %以下とそれほど低ひずみではありません．しかし，回路が簡単であることから，簡易的なオーディオ試験信号発生回路として使用できるでしょう．

発振周波数f_{OSC}は，$C_1 = C_2 = C_3 = C_4$，$C_5 = C_6 = C_7 = C_8$，$R_6 = R_7 = R$としたとき，

$$f_{OSC}\ [\mathrm{Hz}] = \frac{1}{2\pi (VR_3 + R)C}$$

という式で決まります．発振周波数の調整が必要な場合はRとCの値を変更します．

写真1 製作したオーディオ用ブリッジドT型発振回路基板

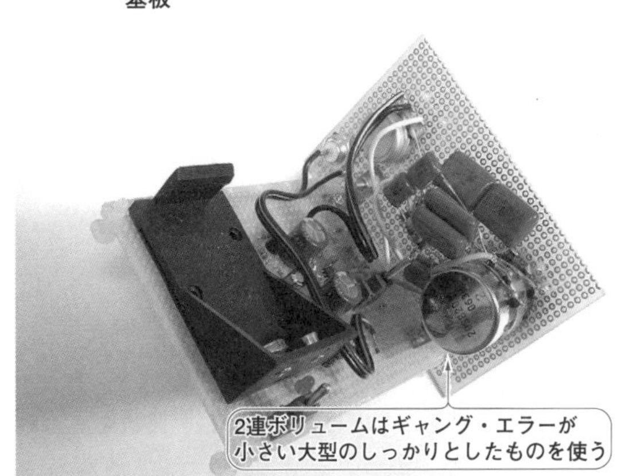

● キー・デバイスの特徴と仕様

発振回路と出力バッファ回路に，テキサス・インスツルメンツのOPA2134を使用しています．手持ちの関係でこのOPアンプを使用していますが，AD8620などのJFET入力OPアンプや，他の汎用OPアンプ(NJM4580など)も使用可能です．

図1 オーディオ用ブリッジドT型発振回路

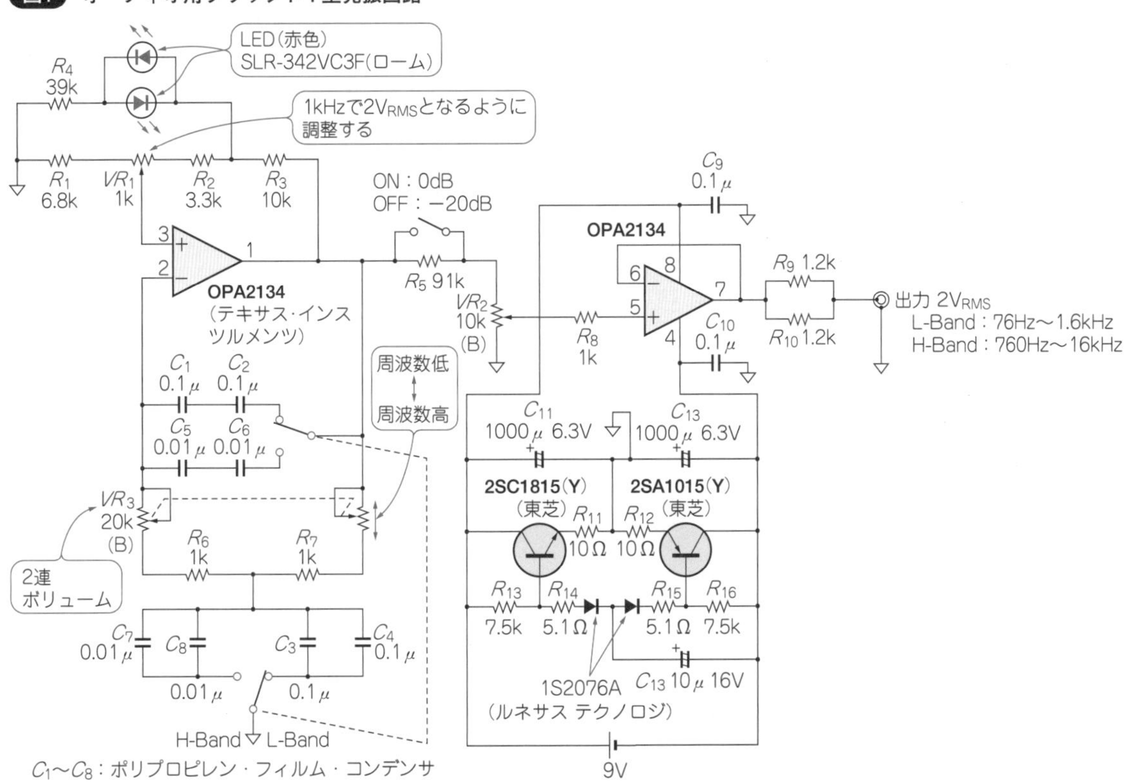

LEDには，ロームのSLR-342VC3F(赤色)を使用しました．このLEDも，赤色LEDであれば他社の製品も使用可能です．トランジスタやダイオードなど，ほかのデバイスは汎用品で問題ありません．

2連ボリュームは，写真1のような大型のしっかりしたものを使用することをお勧めします．安価な2連ボリュームでは，2連の可変抵抗器間の回転角-抵抗値変化の誤差が大きいものがあり，発振停止などに陥りやすくなります．

今回は，東京コスモス電機のRV24YG-20SB203X2というボリュームを使いましたが，このほかにもアルプス電気のデテント・ボリュームなど，ギャング誤差の小さな2連ボリュームがあります．　〈川田 章弘〉

図2　図1の回路における*THD*特性(実測)

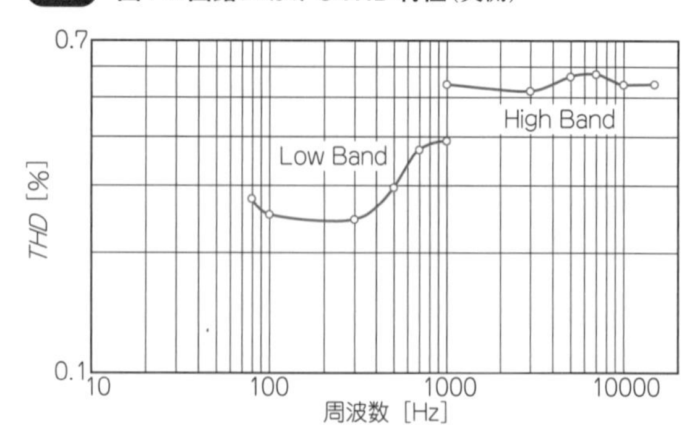

5-10 汎用OPアンプで手軽にできる オーディオ周波数帯ウィーン・ブリッジ型発振回路

● 回路の特徴と仕様

図1は，汎用部品のみで構成したウィーン・ブリッジ型発振回路です．電源には±15Vの安定化されたものを使用します．回路のVR_1によって発振振幅が変わります．この半固定抵抗は，安定に発振し，かつ$THD+N$が最も小さくなるように調整します．

VR_2は，発振周波数の微調整用です．これによって発振周波数が2kHzとなるようにします．VR_3は，出力振幅の調整用です．

この回路の発振周波数f_{OSC}は，$R_6 = R_5 + VR_2 = R$, $C_1 = C_2 = C$とすると，

$$f_{OSC}\ [\mathrm{Hz}] = \frac{1}{2\pi RC}$$

によって決まります．オーディオ周波数帯であればRとCの値を変更することによって発振周波数を変えることができます．

● キー・デバイスの特徴と仕様

新日本無線のNJM4558を使用していますが，*GB*積が数MHz程度の汎用OPアンプであれば何でも使用できます．また，振幅制限に使用しているLEDも赤色であれば，他社のものも使用可能です．

〈川田 章弘〉

図1　発振周波数2kHzのウィーン・ブリッジ型発振回路

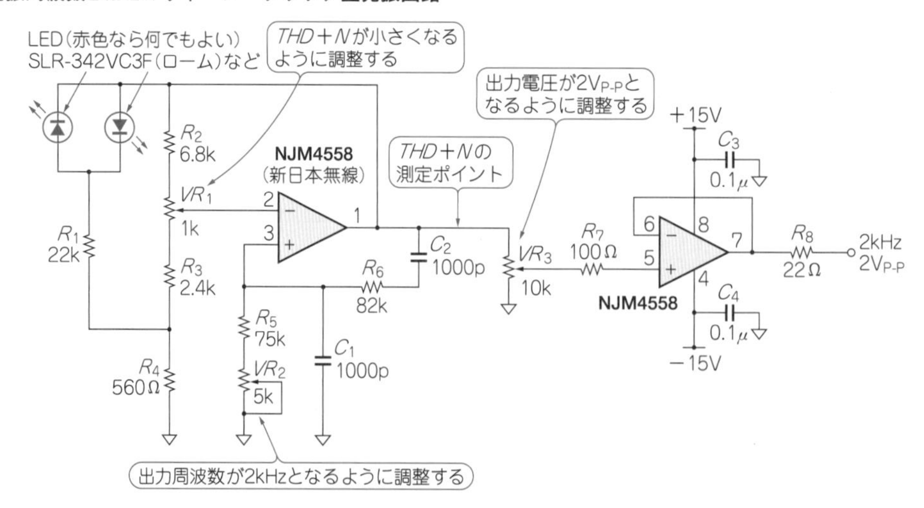

5-11 振幅を入力信号でコントロールできる 三角波と矩形波を発生する回路

図1のように平衡型変復調IC AD630と積分回路で，振幅を入力信号に比例して変えられる三角波と矩形波を発生する回路を作ることができます．

周波数は，積分回路により$1/(4R_SC_S)$で得られます．R_SをマルチプライングD-Aコンバータにしてディジタルで変化させたり，掛け算回路を応用して可変とすることができます．

AD630は，内部に精密な抵抗を内蔵しており，±1倍，±2倍などの回路が外付け部品なしで構成できます．電源は±15 Vです．①では三角波，②では矩形波が得られます．

〈木島 久男〉

図1 振幅を入力信号に比例して変えられる三角波と矩形波発生回路

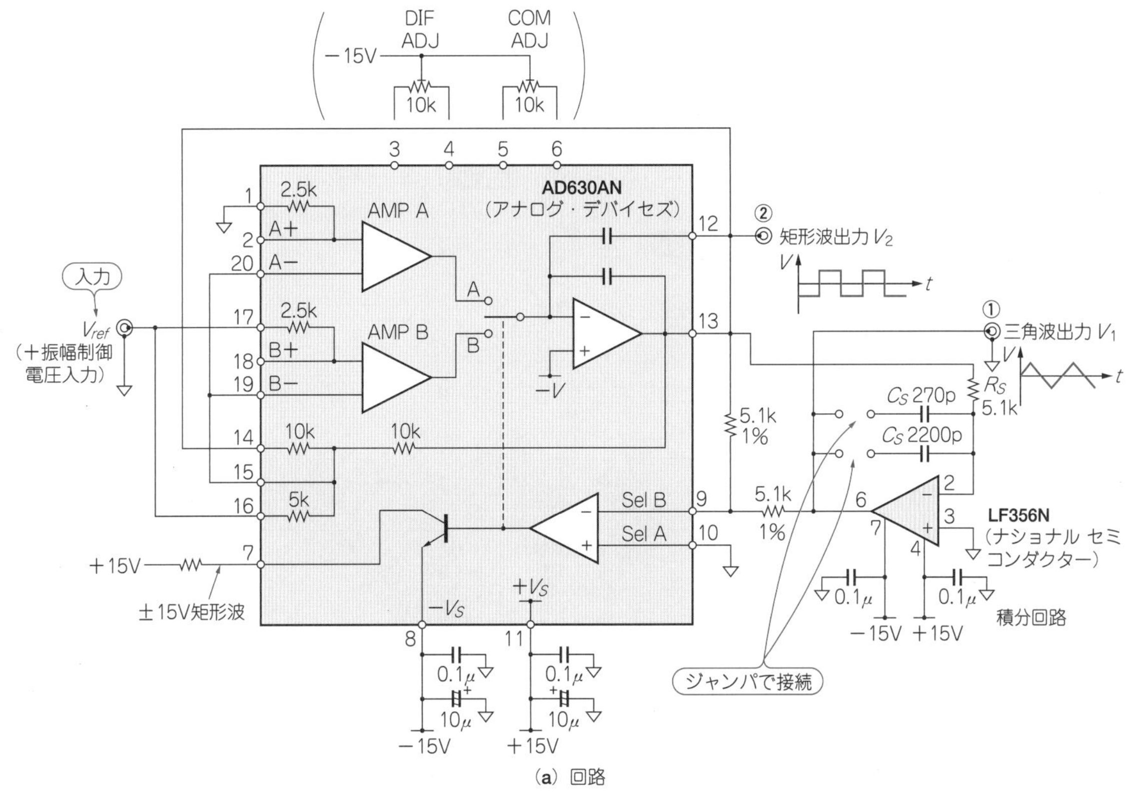

(a) 回路

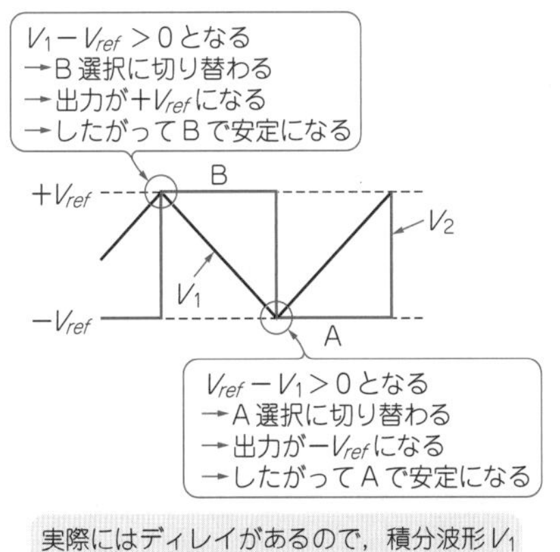

(b) AD630内部の動作

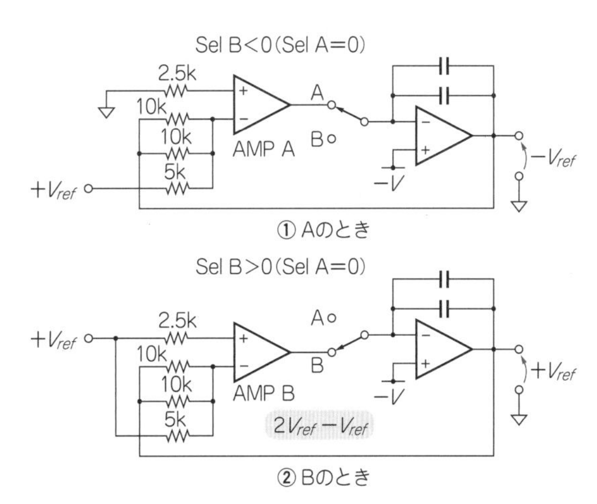

第6章

マイコンやディジタル回路で扱いやすい信号にする

信号の変換とフィルタリングの実用回路

6-1 論理信号から高精度な±3Vの信号を作り出す回路

PWM出力を精度良くアナログ信号に変換できる

PWM信号のアナログ変復調などでは，論理信号としてはパルス幅に意味がありますが，アナログ信号として扱う場合には，その"H"レベル電圧，"L"レベル電圧が精度に影響を与えます．

論理信号の1V，3Vをスレッショルドとして，出力電圧を正確に±3Vに変換する回路を図1(a)に示します．この回路では，入力電圧が$V_H = 3$Vを越えると出力をその電圧にクランプし，$V_L = 1$Vを下回ると－3Vに出力を制御します．

図1(b)に電圧帰還型クランプ・アンプAD8036の$+V_{in}$のV_H，V_Lとの比較条件による内部回路の構成を示します．

〈木島 久男〉

図1 論理信号から振幅精度が高い±3Vの信号を作り出す回路

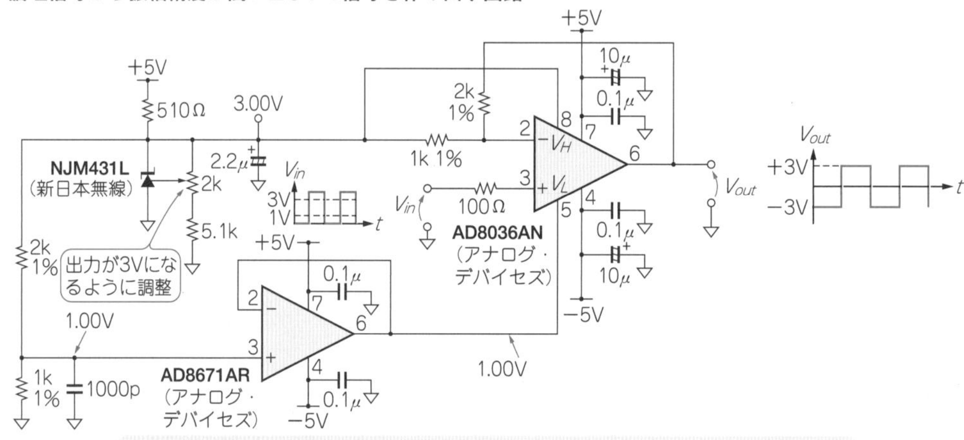

V_{in}>3Vのとき，V_{out}=3.00V
∵OPアンプの＋入力はV_H=3.00Vが接続されるので，V_{out}は3×V_H－2×3.00V=3.00V
V_{in}<1Vのとき，V_{out}=－3.00V
∵OPアンプの＋入力はV_L=1.00Vが接続されるので，V_{out}は3×V_L－2×3.00V=－3.00V

(a) 回路

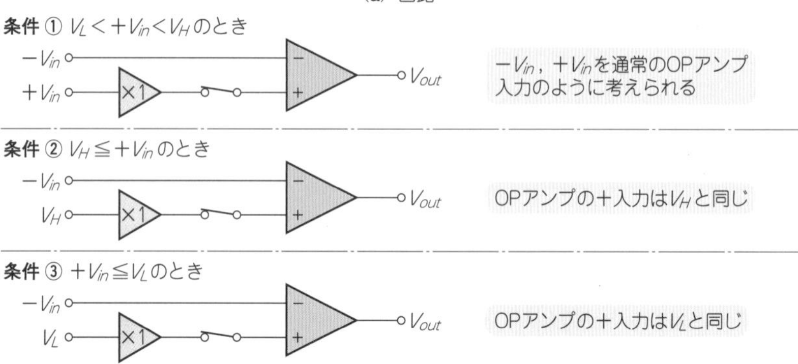

(b) AD8036の条件別内部構成

6-2 振幅は一定，ある周波数帯域で90°位相を変える 位相差分波器に使えるオール・パス回路

フィルタ回路は，ロー・パス・フィルタやバンド・パス・フィルタに代表されるように，通常はゲインに対して操作する機能を持ちますが，図1に示すオール・パス回路は，ゲインは一定で，位相だけを変える働きをもちます．これは位相差分波器(ある周波数帯域にわたって90°の位相差の信号を発生させる回路)のキー・パーツとなります．この回路の伝達特性は，

$$T(j\omega)=\frac{1-j\omega CR}{1+j\omega CR} \quad \cdots\cdots\cdots (2\text{-}1)$$

となります．これは，周波数に無関係にゲインが1倍となることを意味しています．

位相特性は，$\theta=-2\tan^{-1}(\omega CR)$となります．このことから，この回路は，位相だけを変化させる回路であることがわかります．

具体的に位相を計算してみると，直流($\omega=0$)で$\theta=0°$，$\omega=1/CR$のとき，$\theta=-90°$，十分に高い周波数では$\theta=-180°$となります．位相差が90°となる周波数fは，$f=1/2\pi CR$となります．

● 周波数特性

図2に周波数特性を，図3にリサージュ図形を示します．入力信号は2 V_{P-P}の正弦波です．抵抗器には誤差の小さい金属皮膜抵抗(1％)を使い，コンデンサには損失の少ないスチロール・コンデンサを使っています．

素子は，LCRメータの測定値が所望値の±1％の範囲に入るものを選別して使いました．理論値と実測値がピッタリと一致していることがわかります．

$C=0.01\ \mu$F，$R=10\ \text{k}\Omega$としているので，－90°の位相差となる周波数は，1.59 kHzとなります．この周波数における位相は，実測で－90.1°でした．

OPアンプは，LF356を用いています．ほかにAD844(アナログ・デバイセズ)などの，より高いGB積をもつ電流帰還型OPアンプも使うことができるので，この場合には比較的高い周波数領域でも使用できます．

〈庄野 和宏〉

図1 オール・パス回路

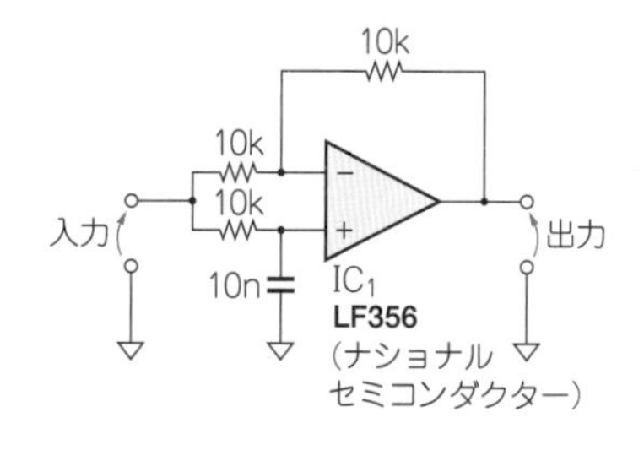

図2 周波数特性

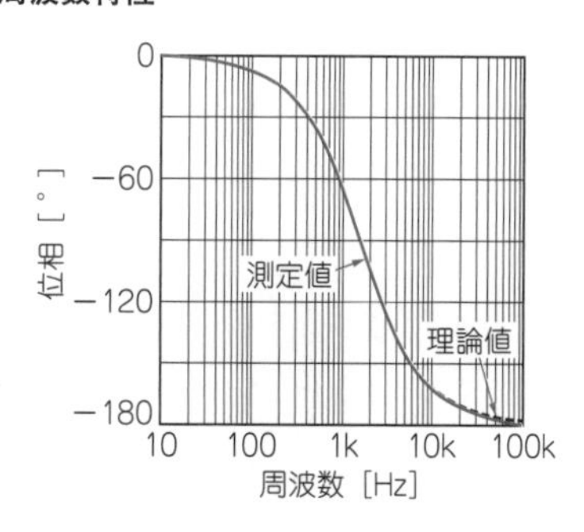

図3 リサージュ図形
x軸：入力電圧0.5 V/div，y軸：出力電圧0.5 V/div

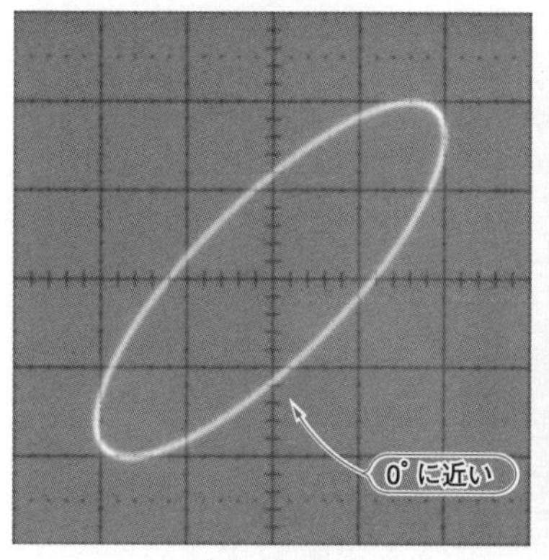

(a) 500 Hz

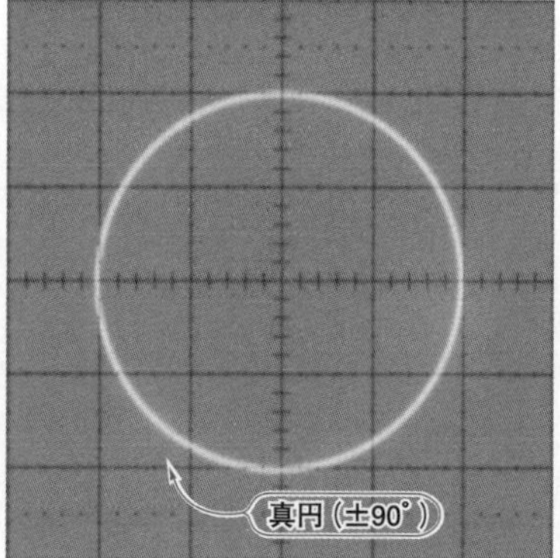

(b) 1.59 kHz

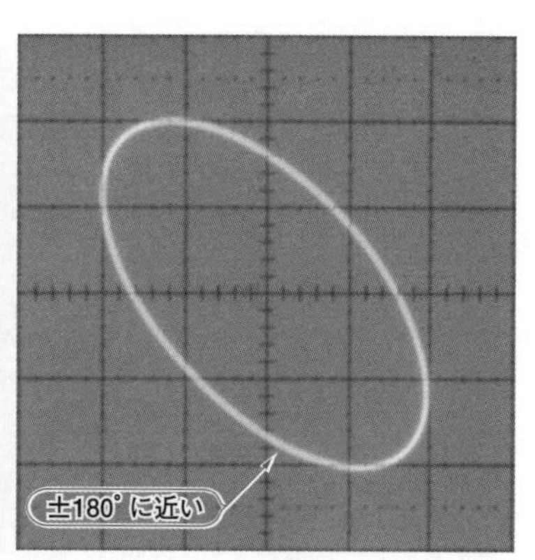

(c) 3 kHz

6-3 A-Dコンバータにオシロスコープ用プローブで信号を取り込む
計測用アッテネータ&バッファ回路

A-Dコンバータで信号を取り込むとき，直接オシロスコープ(以下，オシロ)用プローブから取り込みたいことがあります．その場合の回路例を**図1**に示します．帯域20 MHz以下程度であれば，このような簡単な回路で製作できます．

オシロの入力は1 MΩ//10～30 pFの入力インピーダンスで，プローブはこれに合わせて設計されています．この回路もそれに合わせています．

● 入力ダイナミック・レンジを増やすためにアッテネータを入れる

大きな電圧を見られるように，1 MΩ系のアッテネータ(ATT)：1/10，1/100を構成してカスケード接続してあります．ATTの抵抗値が適切なものがない場合には，抵抗を2個以上直列接続します．

各位相補正用のコンデンサは，基板ができたあとで方形波を入力して，出力をオシロでモニタして波形調整を行って値を決定します．ATT周辺は1 MΩの高インピーダンスなので，周囲から静電的にノイズが飛び込むことがあります．必ずシールド・ケースで覆ってください．

▶入力耐圧に注意

入力耐圧は使用するATTの抵抗とR_8，ATTのコンデンサ/可変容量コンデンサ，C_{11}の耐圧でほぼ決

図1 ADCにオシロスコープ用プローブで直接信号を取り込むために入力インピーダンスを保つアッテネータ/バッファ回路

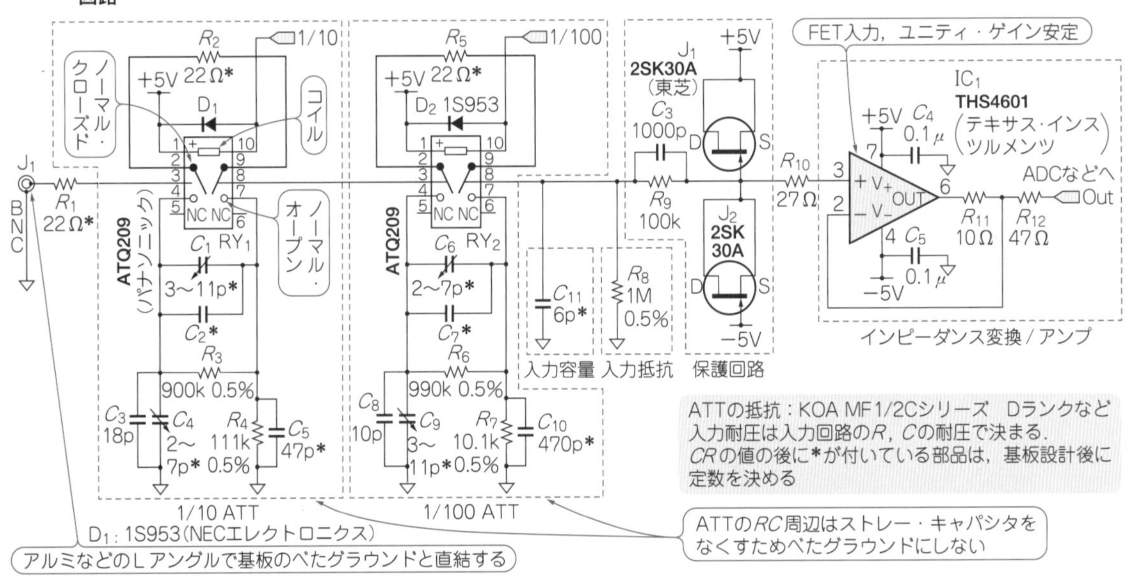

表1 THS4601の代替部品例

型名	電源電圧 (−V～+V)	GB積 [Hz]	スルー・レート [V/μs]	安定ゲイン[倍]	入力バイアス電流 [A]	入力換算ノイズ [nV/√Hz]	パッケージ	メーカ
THS4601	33.0 V	180 M	100	1	100 p	5.4	SO8，MSOP	テキサス・インスツルメンツ
THS4631	33.0 V	210 M	900	1	100 p	7	SO8，MSOP	
OPA656	13.0 V	500 M	290	1	2 p	7	SO8，SOT-23	
OPA657	13.0 V	1600 M	700	7	2 p	4.8	SO8，SOT-23	
OPA354	7.5 V	250 M	290	1	3 p	6.5	SO8，SOT-23	
OPA355	7.5 V	450 M	360	1	3 p	5.8	SO8，SOT-23	
CLC425	14.0 V	1900 M	350	10	1.6 p	1.05	DIP，SO8，SOT-23	ナショナル セミコンダクター
AD8065	24.0 V	145 M	180	1	1 p	7	SO8，SOT-23	アナログ・デバイセズ

まってしまいます.

最近は，高耐圧可変コンデンサの国内製品はなくなってしまったので，入力耐圧を上げるにはJohanson社などのエア・バリアブル・コンデンサを使うのも一考です．2SK30Aをダイオード接続して漏れ電流の少ない保護ダイオードとして用います.

● 入力のOPアンプは広帯域でバイアス電流の少ないものを使用する

入力のOPアンプは帯域を満たす，1倍で安定な広帯域でFET入力タイプのものを使用します．最初のアンプは1倍で使用して後段でゲインを可変させたほうが系全体としてのダイナミック・レンジを稼ぐことができます．入力インピーダンスは1 MΩなので，これで問題にならない入力バイアス電流をもったOPアンプを用います.

● オシロスコープのように細かな入力レベルを設定するには

オシロスコープのような1-2-5ステップのレベル設定が必要な場合には，このアンプの後にAD603などの可変ゲイン・アンプやAD811などの電流帰還アンプを使って，－入力～GND間の抵抗を可変することでゲインを調整すると，ゲインによって周波数特性が変化することが少なくなるでしょう.

● プローブ以外もつながる

プローブをつながなくとも，図1の回路は通常の1 MΩの入力をもったアンプとして使用できます.

必要に応じて，入力にカップリング・コンデンサを追加したり，オフセット機能などを加えてください．カップリング・コンデンサの選択には耐圧やリーク電流に注意してください.

〈毛利 忠晴〉

アッテネータの調整方法　column

まず，図A(a)のように使用するオシロスコープ用10：1プローブを入力のBNCコネクタに取り付けます.

1/10，1/100のATTをOFFにして，プローブの先端に±1～3 V/1 kHzの方形波を入力します．図A(b)のようにアンプの出力波形をオシロスコープでモニタしながら，取り付けたプローブの位相調整(トリマ・コンデンサ)を回し，方形波調整を行います．調整しきれない場合にはC_{11}を増減します.

入力の振幅を±10～30 Vにして次の調整を行います.

▶1/10ATTをOFF，1/100ATTをONにする

①入力周波数1 kHzでC_8，C_9で同様に方形波調整を行います．②入力周波数10 kHzで，C_6，C_7で方形波調整を行います．③①②を数回繰り返して方形波調整を行います.

▶1/10ATTをON，1/100ATTをOFFにする

①入力周波数1 kHzでC_3，C_4で同様に方形波調整を行います．②入力周波数10 kHzで，C_1，C_2で方形波調整を行います．③①②を数回繰り返します.

オシロスコープのタイミング・レンジは適宜変更します.

1/10ATT，1/100ATT両方ONの場合には減衰比は1/1000になりますが，現実問題として一般の測定器では波形調整は難しいと思われます．また，1/1000が必要な場合，逆算して数百V以上の入力電圧となり，入力各部の耐圧が小さいのでここでは1/1000の調整は省略します.

〈毛利 忠晴〉

図A　アッテネータの調整方法

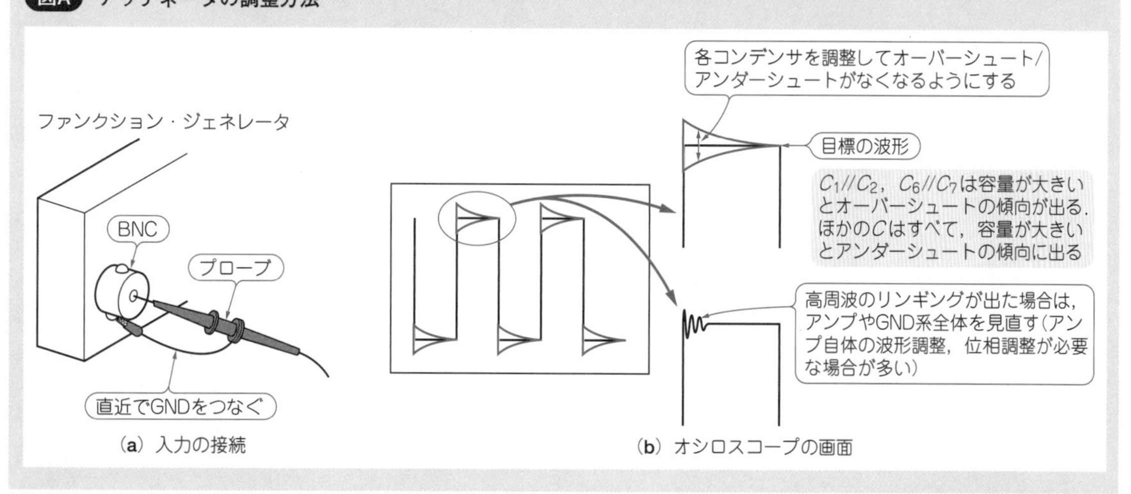

(a) 入力の接続　(b) オシロスコープの画面

6-4 微小信号を検出しやすくする 350 mV/10 nsのパルスを5 V/70 μsのパルスに変換する回路

図1は電圧350 mV，パルス幅10 nsの入力信号を5 V，70 μsの信号に変換する回路です．350 mVと低い電圧では直接ロジックICをドライブすることはできないので，コンパレータやOPアンプを使って電圧を高くして，ロジックICにつなぐようにします．

● キー・デバイスは入力に使用するコンパレータLMV7219

入力に何を使うかが，このような回路のポイントです．パルス幅が10 nsとかなり狭いので，最初はECL(Emitter-Coupled Logic)を使うことを考えましたが，電源が複雑になりレベル変換も必要になるので，LMV7219M7/NOPB(ナショナル セミコンダクター)を選びました．

このコンパレータは，電源電圧5 Vでの立ち上がり時間が1.3 nsとなっており，ECLではないタイプとしてはもっとも高速なものの一つだと思います．

● 表面実装素子を2.54 mmピッチのユニバーサル基板で使う

この素子のパッケージは，SC-70-5という表面実装タイプです．表面実装からDIPへの変換アダプタが用意されているものもありますが，かなり高価ですし，スペースも必要なので，LMV7219をまず両面テープを使ってユニバーサル基板上に貼り付け，0.16 mmの電線(UL1007AWG22の素線)を使って配線しました．素子によってはひっくり返して貼り付けたほうが配線しやすいこともあります．他の部品はスルーホール・タイプを使って組み立てました．

● ワンショット・パルスの発生

コンパレータの出力を受けて70 μsのパルスを作るために74HC221を使いました．データシートでは74HC221の最小トリガ・パルス幅がV_{DD} = 4.5 Vのとき10 ns_{typ}，30 ns_{max}でしたが，ちゃんと働いてくれました．電源をONにしたとき，確実にリセットをするためにリセット・ピンの立ち上がりを遅らせるようにしてあります．

● 閾値(しきいち)の設定

閾値を0～500 mVで設定できます．閾値の電圧を作る回路に可変抵抗器が2個入っています．VR_2は15回転パネル取り付け用トリマで外部から調整できるようになっています．最大値をICL8069の電圧(1.23 V)より高くしたいときは，どちらかのOPアンプにゲインをもたせます．この電圧をモニタできるようにテスタのリード棒に合わせて2 φのチップ・ジャックをパネルに出してあります．

〈本田 信三〉

図1 電圧350 mV，パルス幅10 nsの入力信号を5 V，70 μsに変換する回路

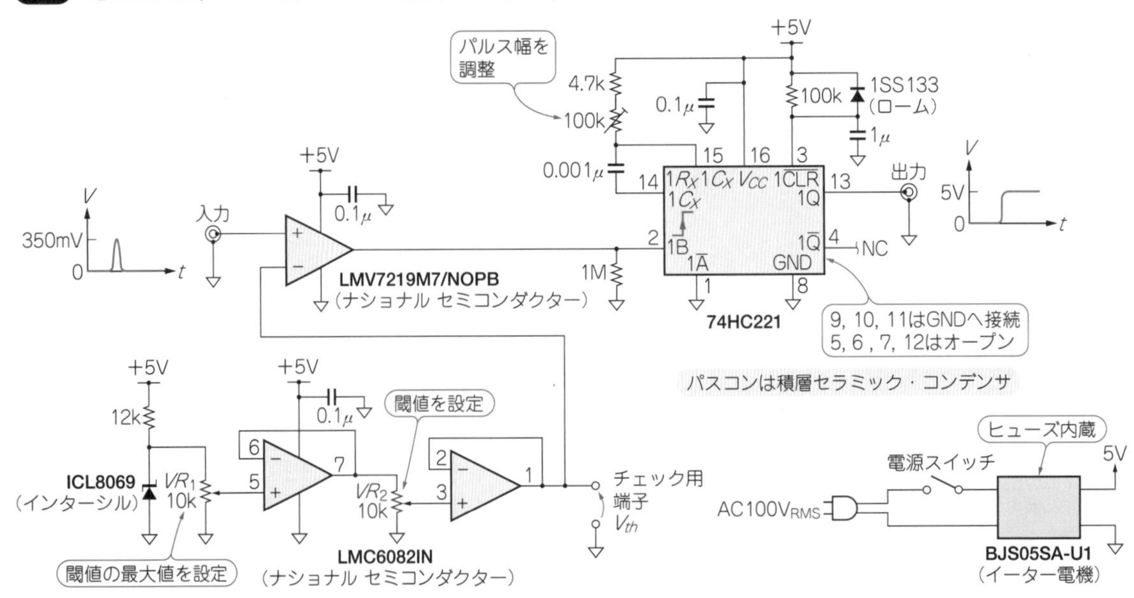

6-5 任意波形信号の電圧の実効値を出力する 帯域2 MHzのRMS-DC変換回路

最大値Vの交流電圧の実効値(RMS；Root Mean Square)は，周期をTとすれば，次式で表されます．

$$V_{RMS}=\sqrt{\frac{1}{T}\int_0^T V^2dt}$$

この式より，正弦波の実効値は，最大値Vの$1/\sqrt{2}$となります．しかし，正弦波以外の，任意の波形の実効値を上の式を使って計算することは容易ではありません．

図1に示す回路は，RMS-DC変換回路です．任意の波形について，瞬時に実効値を出力することができます．誤差が1％以下であり，電力計やノイズ・メータなどに応用できます．電源は＋5V単一電源です．

正弦波と音声波形の入出力波形を図2に示します．出力の実効値電圧は，オシロスコープの自動測定結果とほぼ一致しています．

● キー・デバイスの特徴と仕様

AD536Aは，AC成分にDC成分が重畳していたり，あるいはひずみを含んでいたりする複雑な入力波形であっても，実効値を電圧出力します．パルス波形のような，クレスト・ファクタ(crest factor：波高率)が大きい波形でも，誤差1％の測定が可能です．帯域幅は300 kHzで誤差3 dBです．dB出力も可能なので，高価なログ・アンプを使うことなく，60 dBの測定レンジが得られます．パッケージは14ピンのセラミックDIPです．

● パターン・レイアウトのポイント

電源端子(14ピン)のバイパス・コンデンサはIC端子の直近に配置します．COM端子(10ピン)は入力端子ですから，このピンにつながる抵抗とコンデンサは引き回さないようにします．

● 代替部品

同じような機能のICはいくつかあります．AD636～AD637は，帯域が広いのが特徴です．AD736～AD737は，帯域は33 kHz＠100 mVと狭いですが，より低い電源電圧で使えます．LTC1966～LTC1968は，AD536Aで使っているログ・アンチログ型ではなく，ΔΣ変調方式を採用しています．これにより，直線性が改善され，帯域幅の振幅依存性も優秀です．

〈漆谷 正義〉

図1 任意の波形について実効値を出力するRMS-DC変換回路

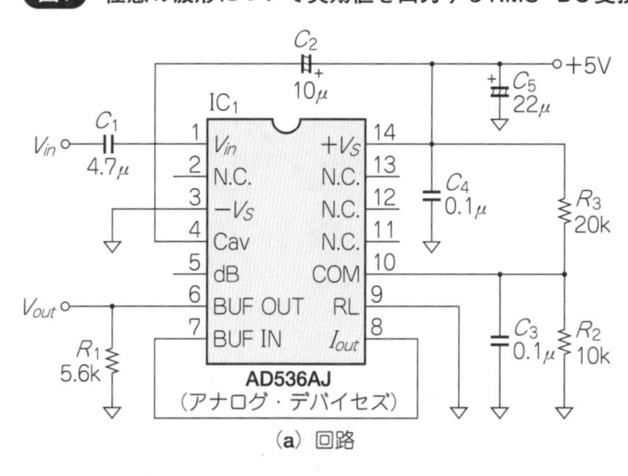

(a) 回路

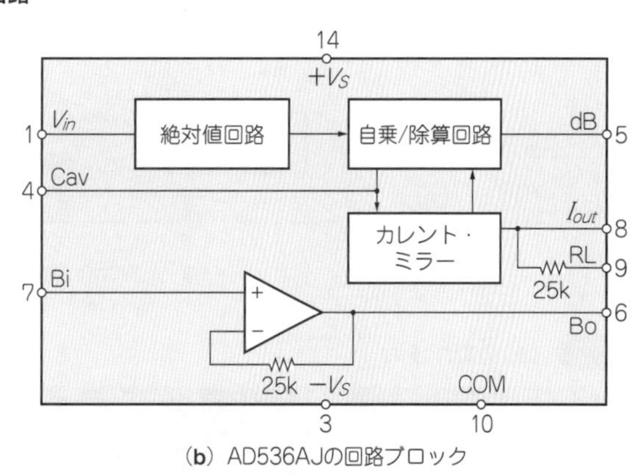

(b) AD536AJの回路ブロック

図2 図1の回路の入出力特性(500 mV/div)

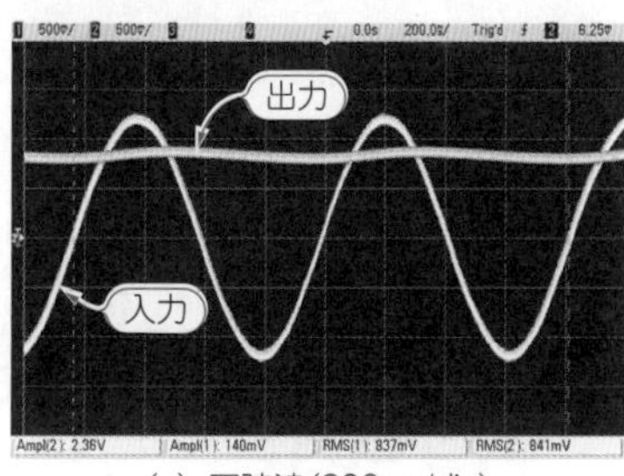

(a) 正弦波(200ns/div)

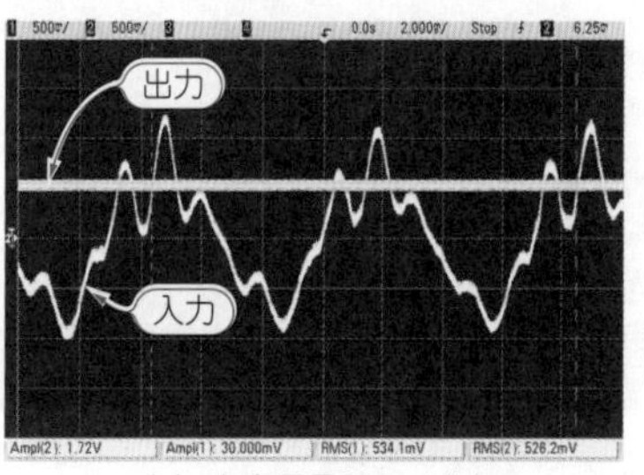

(b) 音声信号(2ms/div)

6-6 最高1 MHz出力，クロック同期で高精度 電圧–周波数変換回路

図1に示す電圧-周波数変換回路(以降，VFC)は，出力周波数が内部の水晶発振器または外部クロックに同期しています．したがって，周波数安定度(つまり変換精度)が高く，後段のロジック回路における信号処理が容易になります．

入力電圧範囲は0 Vから電源電圧まで，出力周波数は，32 k～1 MHzです．

絶縁アンプ，簡易A-D変換，バッテリ監視，センサ回路などに応用できます．

VFCの変換特性(伝達関数)の実測結果を図2に示

図1 同期型電圧–周波数変換回路

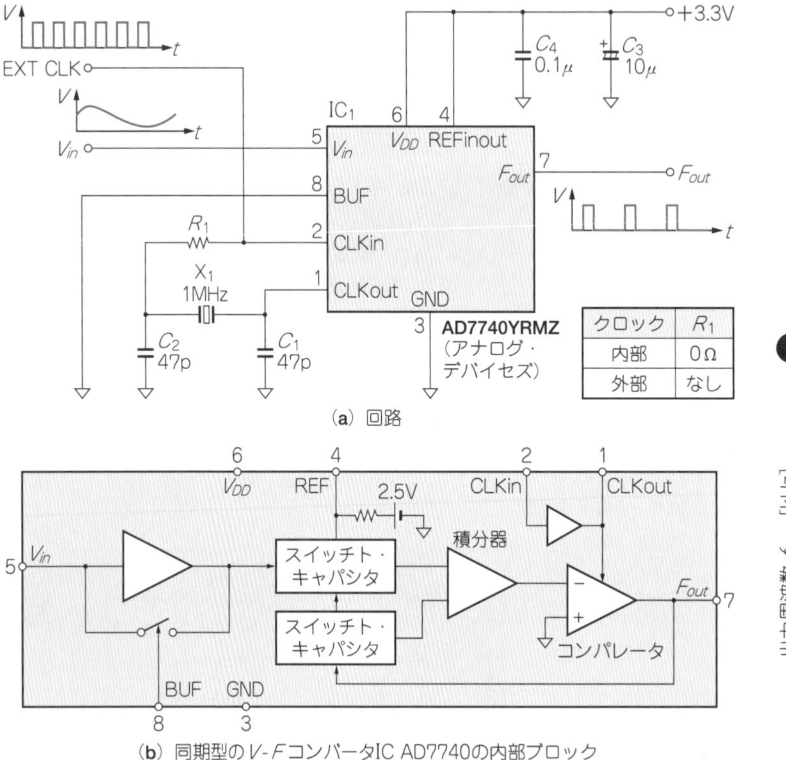

クロック	R_1
内部	0Ω
外部	なし

(a) 回路

(b) 同期型のV-FコンバータIC AD7740の内部ブロック

図2 電圧–周波数変換特性の実測結果(クロック1 MHz)

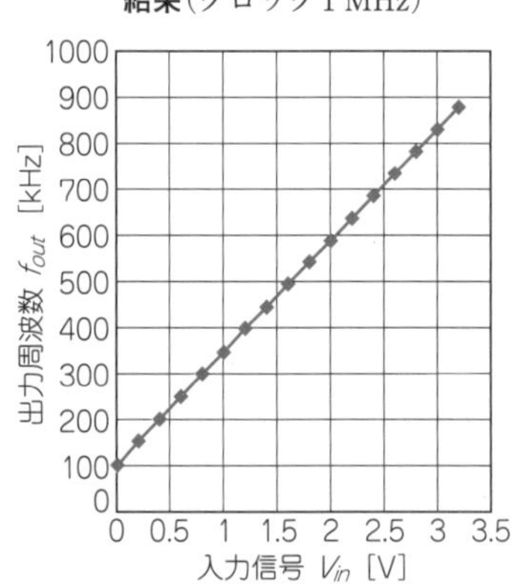

図3 図1の動作波形

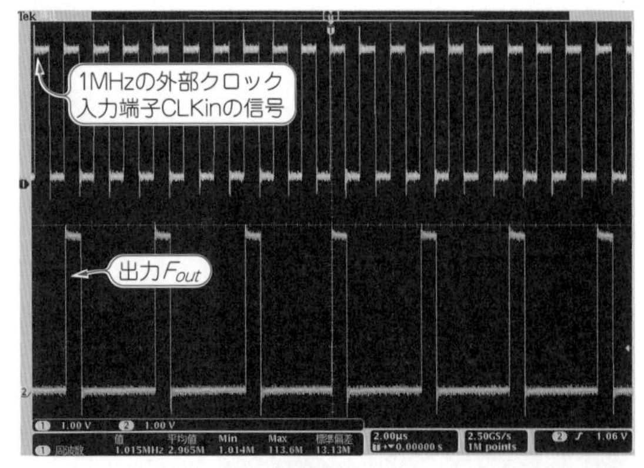

(a) 出力が外部クロックに同期していることがわかる．入力信号V_{in}= 1V(1V/div，2 μs/div)

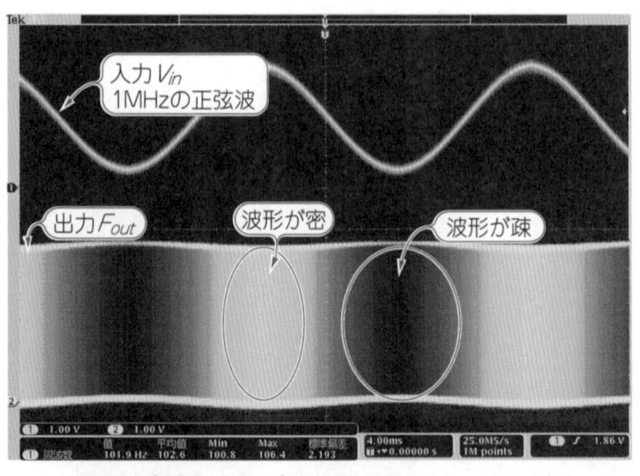

(b) FM変調をすることもできる(1V/div，4ms/div)

します．クロックは1 MHzです．

動作波形を図3に示します．

● キー・デバイスの特徴と仕様

AD7740は，最低3 Vで動作可能な同期型のVFCです．入力電圧の比較基準は，内部の2.5 Vのリファレンス電圧です．このピンに外部から電圧を加えることで電源電圧まで入力電圧範囲を拡大することができます．

BUF端子(8ピン)が“H”のとき，入力バッファあり(Z_{in} = 100 MΩ)，“L”のとき，なし(Z_{in} = 650 kΩ)です．パッケージは8ピンTSSOPまたはSOT-23です．ピン配置はパッケージによって異なるので注意が必要です．

● パターンとレイアウトのポイント

アナログ回路とディジタル回路を分離し，電源ラインとグラウンド・パターンのリターン電流の経路に共通部分がないように，十分な面積を取ります．アナログ・グラウンドとディジタル・グラウンドの接続点はAD7740の直近において1点で接続します．

ディジタル信号のパターンがAD7740チップ下部を通るとチップにノイズが入ることがあります．クロック・パターンはグラウンド・パターンで挟んでシールドして輻射を抑えます．また，V_{in}端子から離します．基板の表裏信号パターンは直交させます．

● 代表的な代替部品

やや割高になりますが，VFC320BP(テキサス・インスツルメンツ)は，最大1 MHzで0.1 %の精度が得られます．内部発振は*RC*オシレータで外部同期もできませんが，計測用途としては十分な性能をもっています．

TC9402(マイクロチップ・テクノロジー)も同様な製品です．ともに*F*-*V*コンバータとしても使えます．

〈漆谷 正義〉

6-7 0.5 k ～ 12 kHzを0.25 %の直線性で変換 周波数-電圧変換回路

図1(a)に示すのは，周波数に比例した電圧を発生する，周波数-電圧変換回路(FVC)です．使用するICであるTC9402の仕様により，DC ～ 100 kHzにおいて，定数の選びかたで帯域を変更することが可能です．

この回路の入力振幅は±0.4 V以上で，電源電圧は±5 Vです．PLL，回転計，FM復調などに使用できます．

● キー・デバイスの特徴と仕様

TC9402は，VFCとしてもFVCとしても使えることが特徴です．FVCの周波数範囲は，DC ～ 100 kHzで，直線性は0.25 %(DC ～ 10 kHz)です．図1(b)に，ブロック図とピン配置を示します．

パッケージは14ピンSOIC，PDIPです．電源電圧は±4 V ～ ±7.5 Vですが，バイアス回路の追加で単電源動作も可能です．

● パターンとレイアウトのポイント

特に難しいところはありませんが，V_{DD}とV_{SS}ピンとGNDピンの直近に，0.1 μFのセラミック・コンデンサ(C_6, C_7)を取り付けます．入出力ピン(11, 12ピン)が隣接しているので，パターンは互いに逆方向に向かわせます．

● 回路の動作

図1の回路において，R_3は入力周波数が0 Hzの場合の，出力DC電圧を0 Vに設定するオフセット調整用です．

入力は，図のようなTTLレベルのパルスを想定しています．

±400 mV以上の正負に振れる波形であれば，入力ピン(11ピン)のレベル・シフト回路(R_6, R_7, D_1, C_3)は不要です．$V_{out} = 5 \times C_2 \times R_5 \times f_{in}$の関係があります．

周波数-電圧変換特性の測定結果を図2に示します．400 Hz ～ 12 kHzの範囲でリニアな特性が得られます．このリニアな範囲は，C_2とR_5の値を変更することによりシフトさせることができます．

図3は，入出力波形です．出力波形は，DCレベルに鋸歯状波が重畳しています．積分コンデンサC_1の値を大きくすれば平坦になりますが，レスポンスが遅くなります．

● 代表的な代替部品例

より高精度なTC9400，TC9401は完全互換です．VFC320(テキサス・インスツルメンツ)は高価ですが，1 MHzで0.1 %の精度が得られます．

LM2907/LM2917(ナショナル セミコンダクター)は，周辺部品が少なく安価です．電源電圧が6 V以上必要ですが，単電源で，直線性0.3 $\%_{typ}$，入力電圧に負電圧を許容しているので，回転計を直結できます．

〈漆谷 正義〉

図1 周波数に比例した電圧を発生する周波数-電圧変換回路

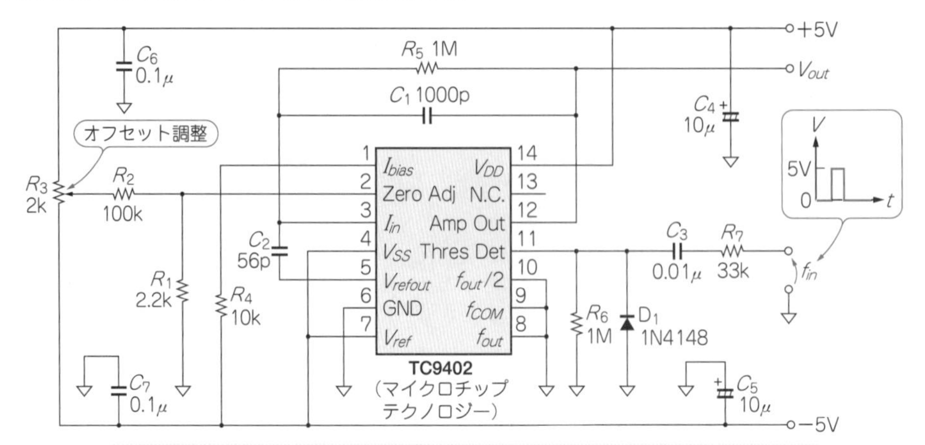

IC_1の代替品は**TC9400**，**TC9401**（マイクロチップ・テクノロジー）や**VFC320**（テキサス・インスツルメンツ），**LM2907**，**LM2917**（ナショナル セミコンダクター）など

(**a**) 回路

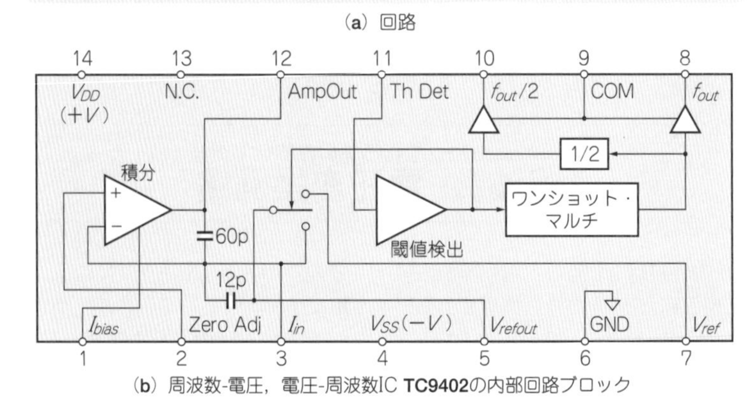

(**b**) 周波数-電圧，電圧-周波数IC **TC9402**の内部回路ブロック

図2 周波数-電圧変換特性の実測結果

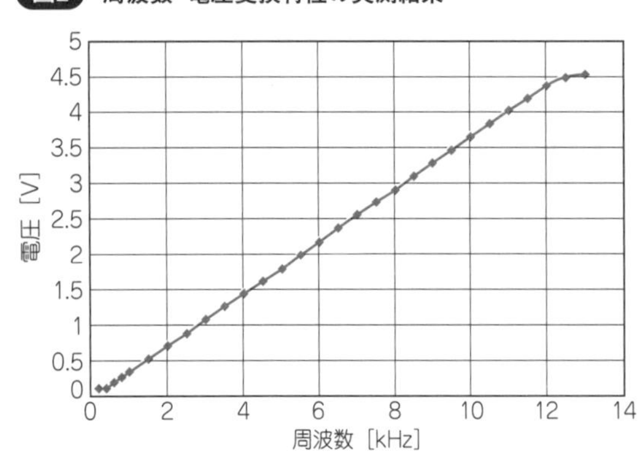

図3 図1の入出力電圧の波形(80 μs/div)

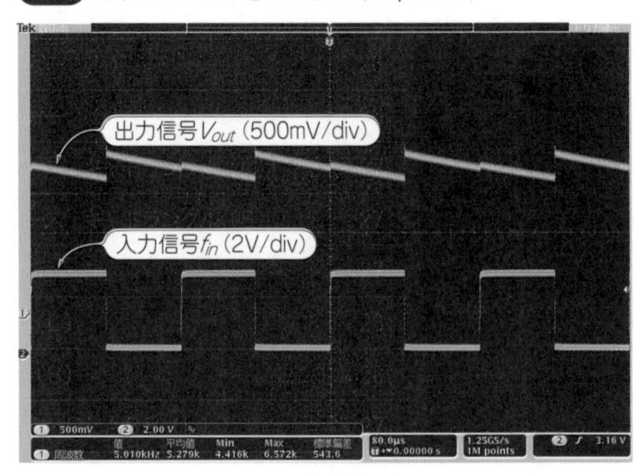

6-8 2線シリアルD-Aコンバータを使った マイコン内部で処理中の信号をモニタするテクニック

MAX518は，マイクロコントローラに手軽に接続できるD-AコンバータICです．インターフェースにはI^2Cが使われ，内蔵ペリフェラルやソフトウェアで制御できます．信号出力やオフセット出力としてはもちろんのこと，内部で信号処理したあとの波形のモニタなど，応用範囲が広いICです．インターフェースは400 kbpsのデータ・レートをもち，10 kサイクル以上の出力が可能です．表1に2線シリアル8ビットD-Aコンバータのラインナップを示します．

● 内部信号を電圧として取り出す．

図1は，PIC18F2320を使ったDCモータ定速駆動回路です．キャプチャ機能を使って回転パルスの周期を測定していますが，入力の状態を視覚的に見るためにMAX518を搭載しました．

図2は，ステップ応答をオシロスコープで観測しているところで，回転数はきちんと取り込まれているようです．2チャネルあるので偏差(設定値と現在値の差)信号も出力しています．

図1 マイコンへの接続が簡単なD-AコンバータIC MAX518を使ったモニタリング回路例
回転パルスの周期を電圧でモニタしている

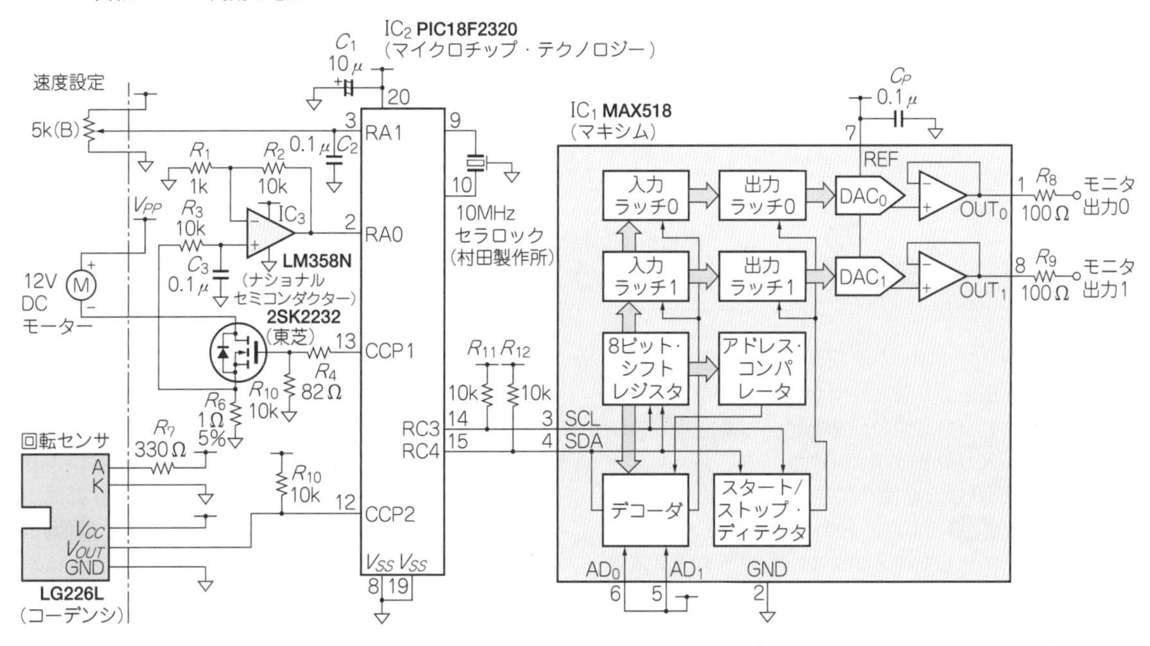

図2 図1のモニタ出力端子の電圧によりステップ応答時の回転数と偏差をモニタできる(2 V/div, 25 ms/div)

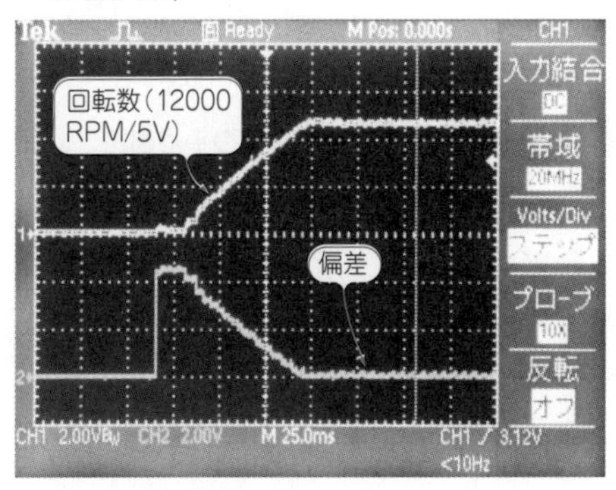

表1 2線シリアル8ビットD-AコンバータICのラインナップ

型名	チャネル数	リファレンス	パッケージ
MAX517	1	0 V ～電源電圧の外部入力	8ピンDIP，SO
MAX518	2	内部で電源電圧に固定	8ピンDIP，SO
MAX519	2	0 V ～電源電圧の外部入力	16ピンDIP，SO

リスト1 モニタのために追記するソース・コード

```
// プログラムの冒頭部分に追加する記述
#use i2c(MASTER,SDA=PIN_C3,SCL=PIN_C4,FAST)
                          // I2C の宣言と初期設定

// 両チャンネルに電圧を出力させる部分
i2c_start();              // I2C のスタート・コンディション
i2c_write(0x5e);
                          // MAX518 コマンド(MAX518 アドレスは"11"と
                             しています)
i2c_write(0x00);          // Channel0 指定
i2c_write(uch1);          // 回転数(8bit 変数)の書き込み
i2c_write(0x01);          // 続けて Channel1 指定
i2c_write(uch2);          // 偏差値(8bit 変数)の書き込み
i2c_stop();               // ストップ・コンディション
```

● ソフトウェアの追加は数行

記述言語は，PICではポピュラなCCS-Cです．CCS-Cに限らず，マイクロコントローラのコンパイラは標準的なモジュールをライブラリ化してあり，数行の記述で回路モジュールが使える場合が多く，今回のI^2C制御も8行の追加で2チャネルの電圧出力ができます．

追加したソフトウェアの該当部分を**リスト1**に示します．

● 電子ボリュームに応用できる

MAX517/519のリファレンス入力範囲は0V～電源電圧なので乗算器が構成でき，ここに信号を入力すると電子ボリュームが構成できます．〈慶間 仁〉

◆参考文献◆

(1) 2線シリアル8ビットDAC MAX517/MAX518/MAX519データシート，マキシム・ジャパン(株).

6-9 高精度/高速化を実現する ダイオードを使わない3種類の絶対値回路

絶対値回路にダイオードを使うと，その順方向電圧や温度特性，正逆切り替え時間が課題となります．ダイオードを使わない三つの回路を紹介します(**表1**)．

実験では，入力信号はファンクション・ジェネレータの正弦波を50Ωで終端して接続し，周波数特性は回路の出力を**図1**のように100kΩと0.1μFで平均しLF356でバッファしてディジタル・マルチメータで電圧を測定して確認しています．

タイプ1：精度が高い絶対値回路

平衡型変復調IC AD630には，ゲインを設定する抵抗や回路構成を切り替えるスイッチ，切り替えを制御するコンパレータなどが内蔵されており，±15Vで動作します．

このICを使うことによって入力信号の極性によりゲインを1倍と－1倍に切り替えると，外付け部品の少ない高精度の絶対値回路を構成できます．**図2**は回路図です．IC内部ブロックは，回路中のIC内に示されています．

コンパレータ部にはヒステリシスをもたせています．**図3**は周波数特性，**図4**は10 V_{P-P}入力時の入出力波形です．極性切り替え時に短時間のひずみが見られます．

表1 ダイオードを使わない三つの回路例

タイプ	1	2	3
使用IC	AD630	AD823	AD8036
電源[V]	±15	+3～+36	±5
回路部品数[個]	6	4	12
周波数特性(およそのコーナ周波数)[Hz]	200k	200k	20M以上
特徴	精度が良い	部品数が少ない，広い電源範囲	高周波応答

図1 周波数特性を測定するための平均回路

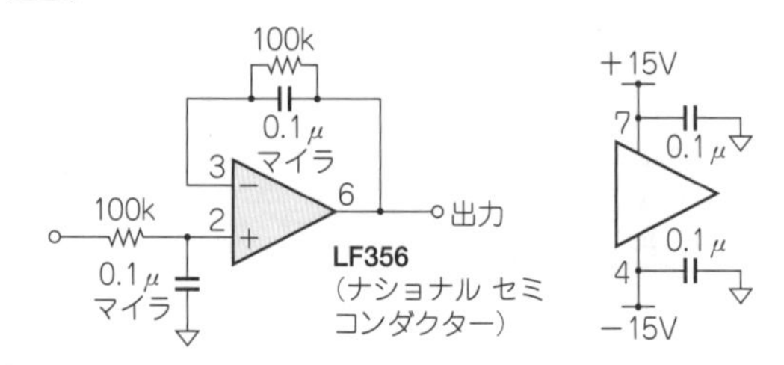

図2 タイプ1：精度が高い絶対値回路

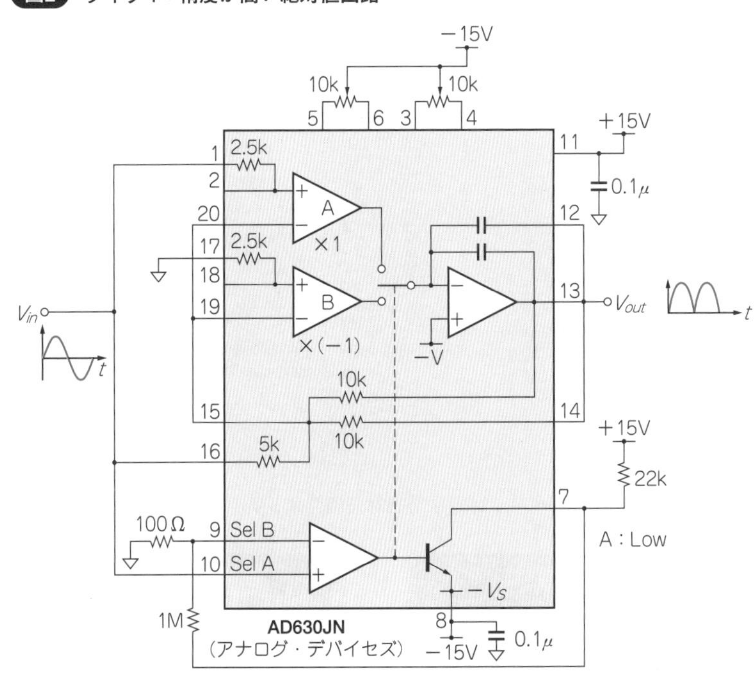

図3 タイプ1：精度が高い絶対値回路の周波数特性
入力周波数ごとに図1を使って平均化した電圧値を測定

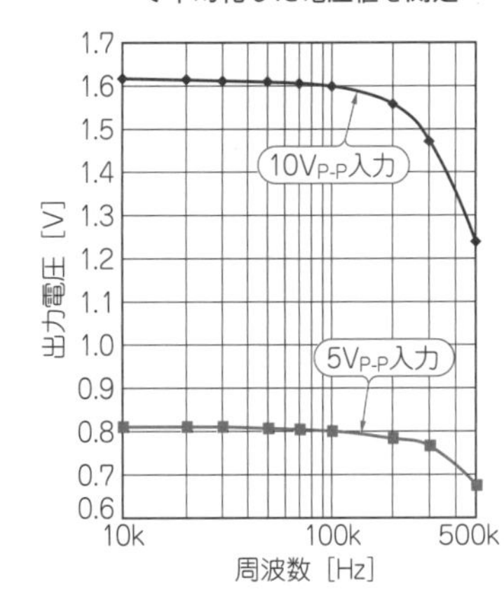

図4 タイプ1：精度が高い絶対値回路に10 Vp-pの信号を入力したときの出力波形(2 V/div)

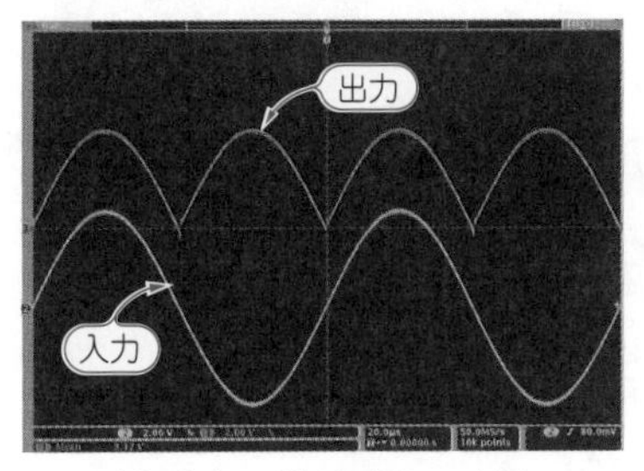

(a) 入力 10kHz(20 μs/div)

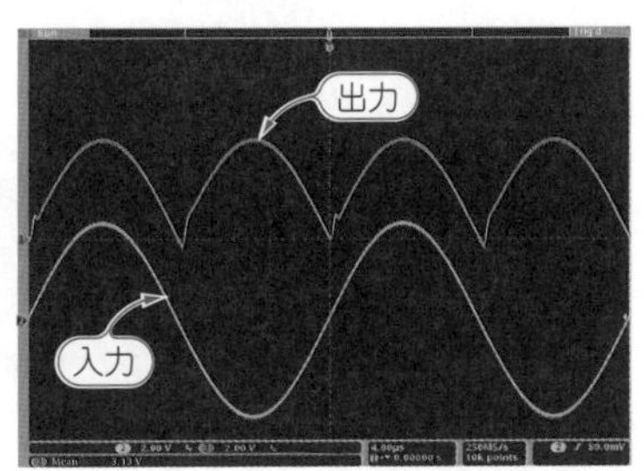

(b) 入力 50kHz(4 μs/div)

図6 タイプ2：部品点数が少ない絶対値回路の周波数特性
入力周波数ごとに図1を使って平均化した電圧値を測定

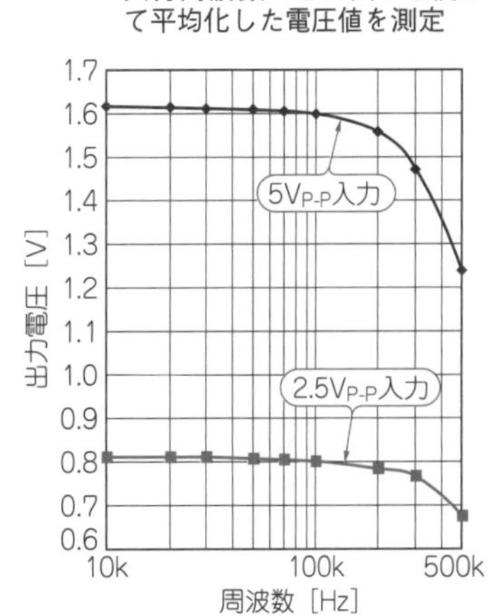

図5 タイプ2：部品点数が少ない絶対値回路

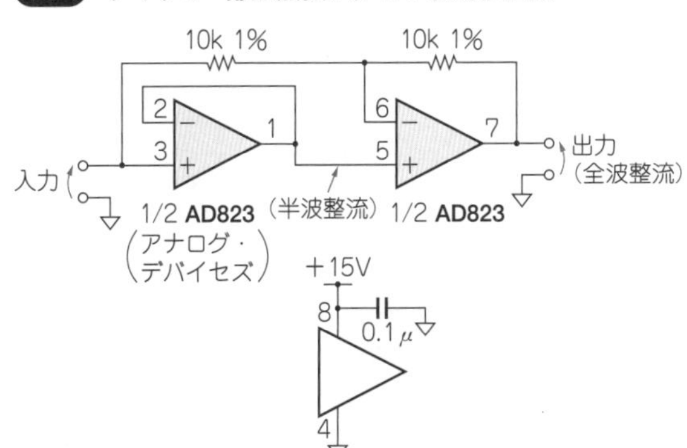

図7 タイプ2：部品点数が少ない絶対値回路の入出力特性(2 V/div, 4 μs/div)
電源は＋15 V, 入力信号は50 kHz, 10 Vp-p

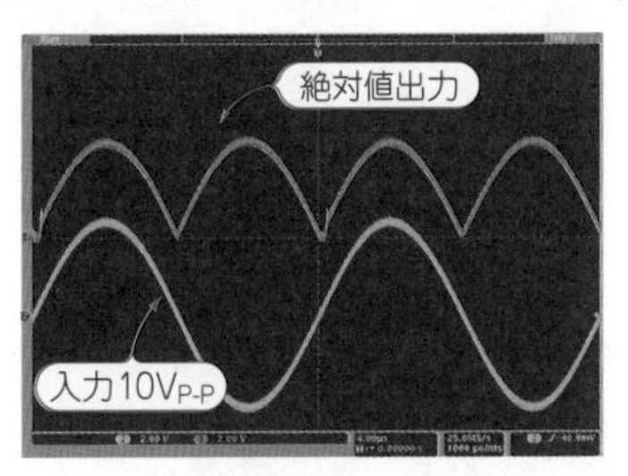

図8 タイプ3：高周波に対応した絶対値回路

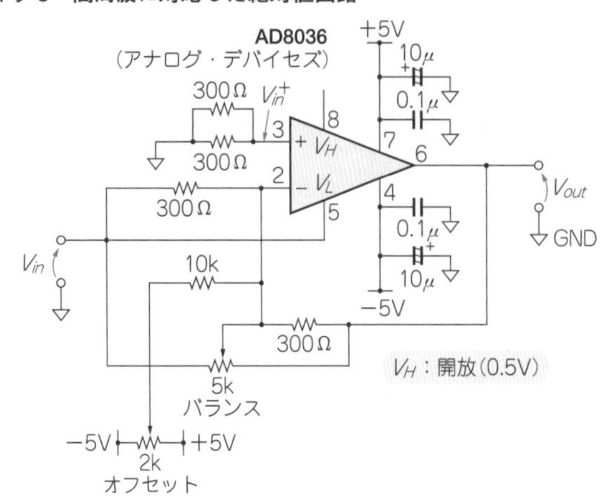

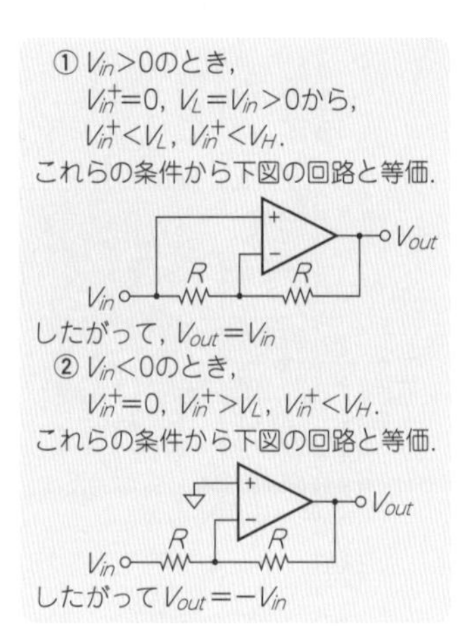

図9 高周波に対応した絶対値回路の周波数特性
入力周波数ごとに図1を使って平均化した電圧値を測定

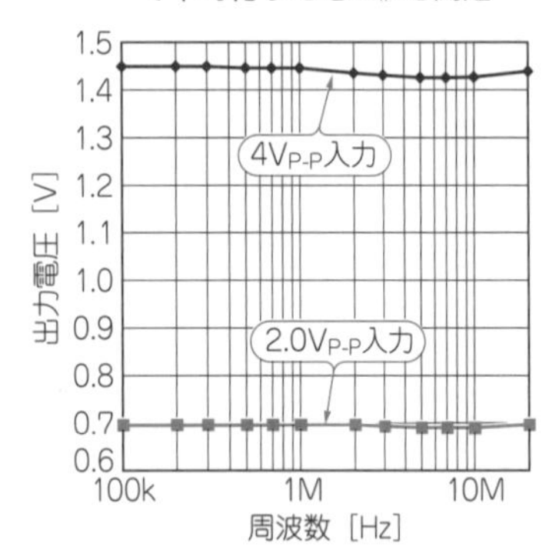

図10 タイプ3：高周波に対応した絶対値回路に5 V_{P-P}の信号を入力したときの出力波形(1 V/div)

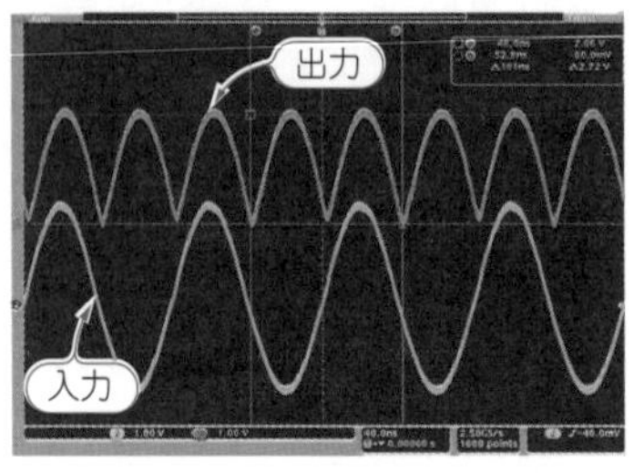

(a) 入力　10MHz(40ns/div)

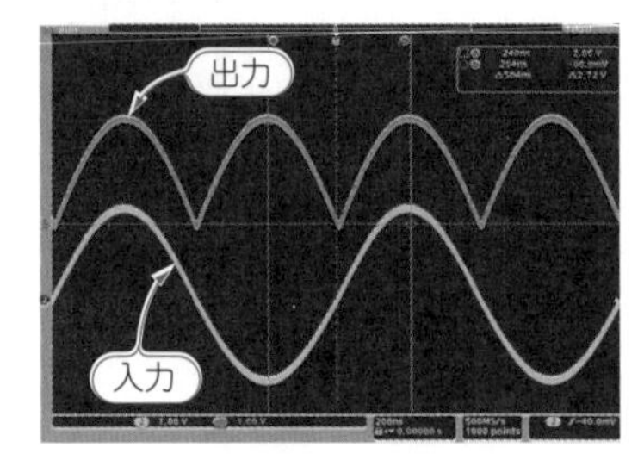

(b) 入力　1MHz(200ns/div)

タイプ2：部品点数が少ない絶対値回路

単電源OPアンプAD823は単電源で動作し，出力は電源電圧に近い値まで動作します．また，＋単電源動作時の負の入力電圧許容値は通常のOPアンプでは得られない大きな値です．この特徴により，容易に絶対値回路を構成できます．

図5は回路図です．電源は＋15 Vですが36 Vまで使用できます．最初のOPアンプは電圧フォロワですが，入力が負のとき，出力は＋単電源なのでほとんど0 Vです．後段のOPアンプは加減算回路で初段の出力に対しては2倍，回路の入力に対しては－1倍で動作します．したがって入力電圧が負のときは反転され，正のときは入力と同じ電圧が出力され絶対値となります．

入力が負のときの初段の出力残留電圧は誤差の要因となるので注意します．

図6は周波数特性です．**図7**は50 kHz，10 V_{P-P}入力時の入出力波形です．

タイプ3：高周波に対応した絶対値回路

クランプ機能付きOPアンプAD8036は，外部入力による，ハイ／ロー・クランプ機能を備えた高速OPアンプICです．

クランプ機能は，ICの＋入力電圧$V_{in}{}^{+}$とハイ／ロー・クランプ電圧V_H，V_Lを比較し，OPアンプの＋入力を切り替えます．

このICを使って絶対値回路を構成すると，20 MHzにも及ぶ周波数特性を得られます．

図8の回路ではV_Hは解放され0.5 Vになっており，$V_{in}{}^{+}$は0 Vです．V_LはV_{in}に接続されています．この結果，入力電圧V_{in}が正のときはOPアンプ回路としては，$V_{in}\times 2-V_{in}$として働き，負のときは$V_{in}\times(-1)$として働きます．

回路にはオフセットを調整するトリマと入力極性に対して振幅のバランスをとるトリマが設けられています．これらの調整の結果，波形は整えられますが，ゲインは正確に1倍になるとは言えません．正確に1倍を望む場合は別途調整を必要とします．**図9**に周波数特性を示します．**図10**は5 V_{P-P}の信号を入力した際の入出力波形です．

〈木島 久男〉

6-10 ダイレクト・コンバージョン送受信機などに使える 5次，上限4 kHzの位相差分波器

　音声信号などの，ある帯域幅をもった信号に対して，90°の位相差をもつ信号を作る回路があります．この回路はヒルベルト変換器や位相差分波器などと呼ばれており，周波数変換の際に生じるイメージ除去に必要な場合があります．

　図1に位相差分波器を示します．オール・パス回路を縦続接続した回路を二つ用意し，信号を分岐させていますので，ゲインは周波数によらず1倍となり，位相だけが変化します．5次の伝達関数をもっていて，定められた帯域で90°の位相差をもつ信号を発生します．

　設計方法と数値例が文献(1)に詳しく掲載されていますが，残念ながら現在は絶版になっています．図1に示した回路の素子値は，次数$n = 5$，帯域幅$1/k = 30$とし，90°の位相差が得られる帯域の上限を4 kHzとしたものです．133 Hz～4 kHzの周波数範囲で，90°±1.32°の位相差をもつ信号が得られます．帯域幅を増やそうとすると，位相のリプルが大きくなるので，こういった場合は回路の次数を高くします．

● 周波数特性

　図2に周波数特性を示します．2 V_{P-P}の正弦波を加えてスイープし，出力端子1の信号を基準とし，出力端子2に現れる信号の位相を測定しています．抵抗器は1％の金属皮膜抵抗器を用い，コンデンサには損失が小さいスチロール・コンデンサを使っています．素子値は所望値に対して1％の誤差となるように合成しています．測定結果から，理論値とかなり一致していることがわかります．図3にリサージュ図形を示します．定められた周波数範囲では，オシロスコープで見る限り，円に見えます．OPアンプは，LF356などの汎用のほかに，AD844などの電流帰還型OPアンプも使えます．

〈庄野 和宏〉

◆参考文献◆

(1) 渡辺和；伝送回路網の理論と設計，第1版，p.351，pp.466-467，オーム社，1968年.

図1 位相差分波器の回路

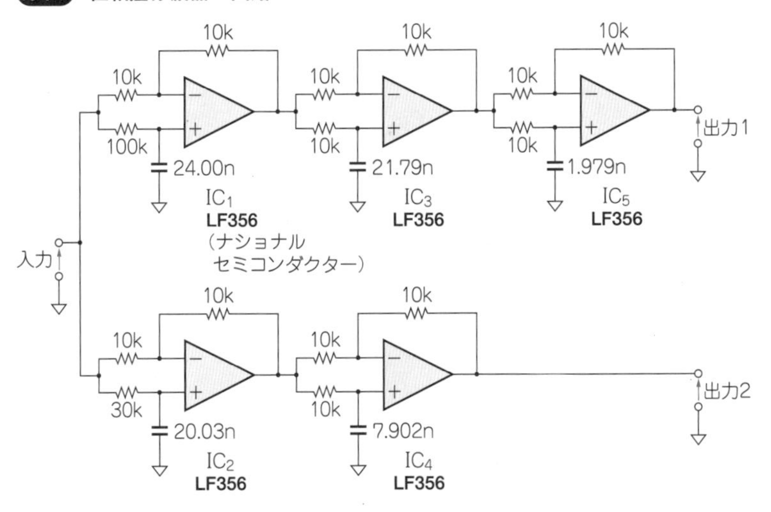

図2 図1の周波数特性

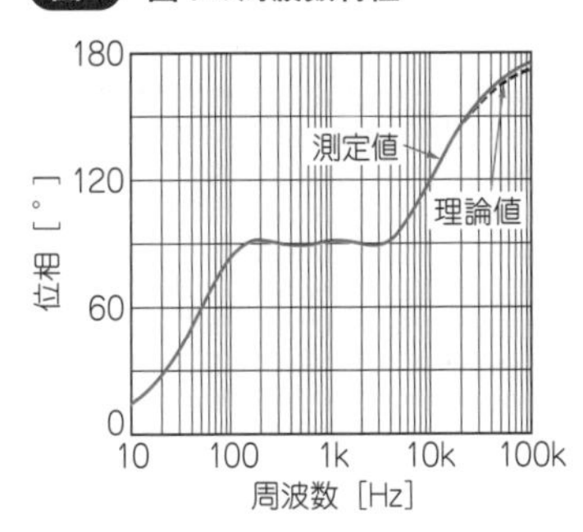

図3 リサージュ図形(x軸：出力1，0.5 V/div，y軸：出力2，0.5 V/div)

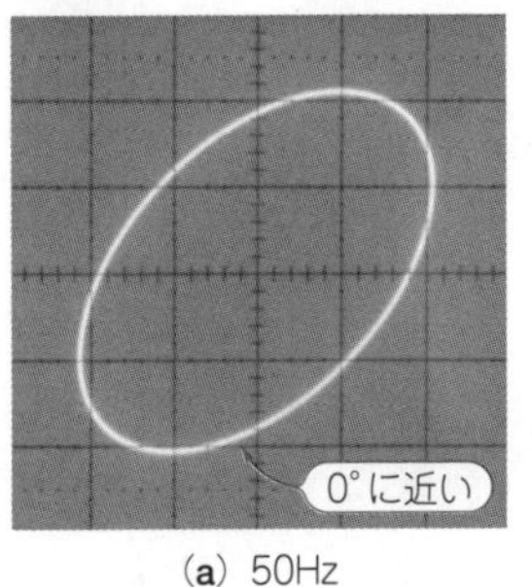

(a) 50Hz

真円(±90°)

(b) 200Hz

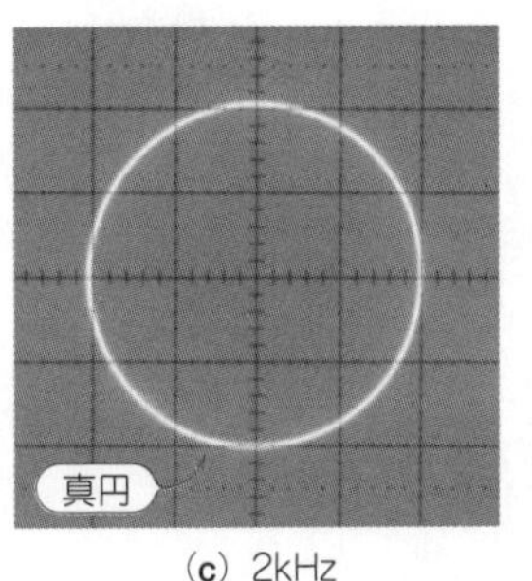

(c) 2kHz

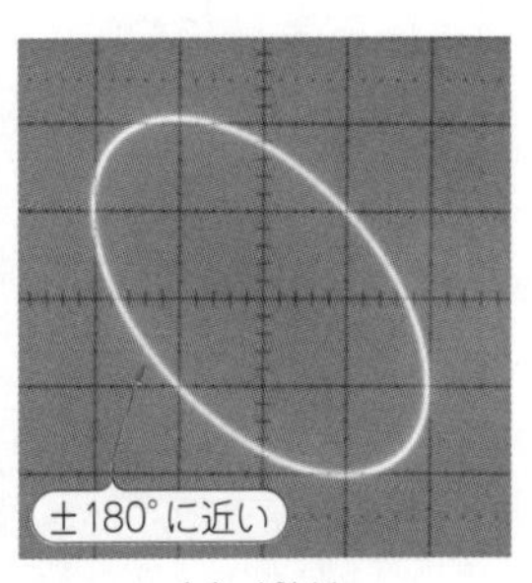

(d) 10kHz

6-11 シングル/差動の両入力に対応し2次アンチエイリアシングLPFも兼ねる オーディオA-Dコンバータ用差動入力バッファ回路

図1は，入力を比較的シンプルな差動回路にして，V_{ref}のオフセットをもたせる，2次のバターワースLPF機能を備えたバッファ・アンプです．

● 入力信号をハイ・インピーダンスで受けられる差動アンプ

低ひずみ差動アンプとしてOPA1632(テキサス・インスツルメンツ)，SSM2143(アナログ・デバイセズ)などがありますが，これらは入力が反転系であり，これらは入力インピーダンスを高くできないので，入力にさらにインピーダンス変換のバッファが必要になります．

図1(a)に示す回路は，ハイ・インピーダンスで入力信号を受けられるので，このまま入力にアッテネータやカップリング・コンデンサを付けて信号を入れることができます．OPA604を使っていますが，代替品となる低ひずみOPアンプを表1に示します．

さらに，＋，－どちらか一方へのシングル入力(逆側はGNDが望ましい)に対しても，出力はバランスの取れた差動出力が得られ，なんの切り替えもなく，シングル入力-差動出力アンプとしても動作します．

▶差動動作の原理

トランスコンダクタンス・アンプ(IC3とV-I変換回路)を通して，$V_{O1} + V_{O2} = V_{ref}$になるようなフィードバックがかかっており，$R_{10}$と$R_{11}$が$V_{O1}$と$V_{O2}$の逆相同振幅の精度を決定します．$V_{ref}$に直流電圧を加えれば，±の出力電圧とも$V_{ref}$のDC電圧を中心に出力振幅が振れます．

図1　低ひずみOPアンプ三つで組むオーディオA-Dコンバータ用差動入力バッファ回路

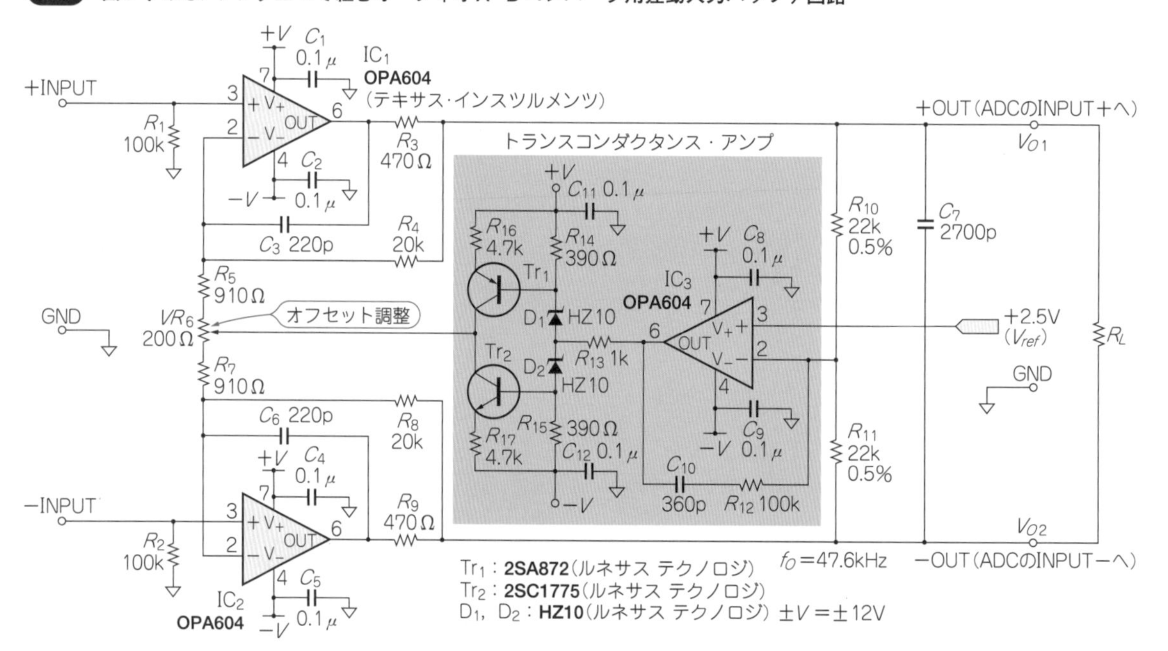

$R_3=R_9$, $R_4=R_8$, $C_3=C_6$, C_7でフィルタ定数(f_0)が決まる．
$R_4=R_8$, R_5, R_7, VR_6でゲインが決まる．
±出力の対称性はR_{10}, R_{11}の精度で決まる．

$$V_{o(\mathrm{DIFF})}=V_{in(\mathrm{DIFF})}\times\frac{R_8\{(R_4+R_5+VR_6+R_7)(R_5+VR_6/2)+R_4(R_7+VR_6/2)\}}{(R_5+VR_6+R_7)\{R_4(R_7+VR_6/2)+R_8(R_5+VR_6/2)\}}$$

$$Q=\frac{1}{R_3+R_4+R_3R_4/(RL/2)}\times\frac{\sqrt{R_3R_42C_7}}{C_3}$$

$$f_0=\frac{1}{2\pi\sqrt{R_3R_4C_32C_7}}$$

(a) 回路

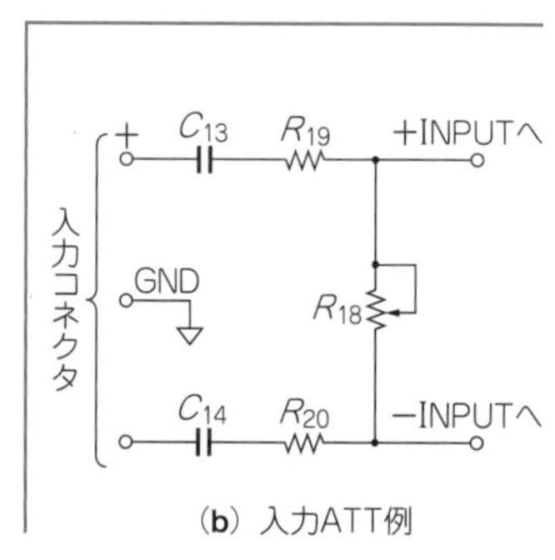

(b) 入力ATT例

表1 代表的な低ひずみOPアンプの例

型名	ひずみ[%]	ノイズ[nV/√Hz]	帯域[Hz]	スルー・レート[V/μs]	電源[V]	入力	パッケージ	アンプ個数[個]	メーカ
NJM5532	0.00100	5.0	10 M	8	± 22	BP	DIP，SO-8，SIP	2	新日本無線
OPA604	0.00030	10.0	20 M	25	± 24	FET	DIP，SO-8	1または2	テキサス・インスツルメンツ
OPA627	0.00003	4.5	16 M	55	± 18	FET	DIP，SO-8，TO-99	1	
OPA134	0.00008	8.0	8 M	20	± 18	FET	DIP，SO-8	1または2または4	
LM4562	0.00003	2.7	55 M	20	± 17	BP	DIP，SO-8，TO-99	2	ナショナル セミコンダクター
LME49710	0.00003	2.5	55 M	20	± 17	BP	DIP，SO-8，TO-99	1または2	

このフィードバックのおかげで，入力が±どちらか一方だけでも，あるいは差動で両方の入力でも，$V_{O1}=-V_{O2}$の信号を出力する優れものです．

図1の回路のゲインは約21倍です．R_3，R_4，R_8，R_9とC_3，C_6，C_7でアンチエイリアシング用2次LPFを構成します．フィルタ定数とゲインの算出式は図1中に示します．

▶実際に使用するには

この回路に，図1(b)で示すようなカップリング・コンデンサと半固定抵抗VR，ほかに保護回路，ミュート回路などを入れるだけで入力回路は完結します．

〈毛利 忠晴〉

6-12 帯域が15 MHzで耐圧1000 V以上の 広帯域アイソレーション・アンプ回路

ビデオ帯域のフォト・カプラHCPL-4562(アバゴ・テクノロジー)を使うと，帯域がおよそ15 MHzのアイソレーション・アンプを作ることができます．

感度や帯域が若干異なりますが，さらに高耐圧のHCNW4562(同)もあります．

● 絶縁に使うフォト・カプラで問題となる直線性と温度ドリフト特性を差動にして補正

フォト・カプラは，LEDの駆動電流が入力電流になり，フォト・ダイオードの出力が出力電流になるという，電流入力-電流出力の素子です．入出力間の直線性があまり良くないので，図1のように2個ペアにしてLEDを差動ドライブし，出力を合成することにより，直線性やドリフトの改善，入出力間の電圧飛び込みの相殺などの効果があります．

ただし，フォト・カプラはばらつきが大きいので，選別が必要な場合もあります．

▶差動ドライブ回路，帰還ループでV_Fの温度ドリフトを低減

フォト・カプラへの入力を差動にするために，差動動作のペアのOPアンプ回路を組み，帰還ループにフォト・カプラのLEDを入れると，LEDのV_Fの温度変化を吸収できるので，温度ドリフト特性を向上できます．

▶LEDバイアス電流の安定化

LEDを動作させるバイアス電流を流すために，LEDのカソードをOPアンプ(TL071)の帰還回路を使って固定します．

▶ダイナミック・レンジの設定

入力側のLEDのダイナミック・レンジは9 mA ± 9 mAとします．LEDに信号を入力する前に，この範囲の電流に合うまでできるだけ増幅しておくと，S/Nが良い信号で伝達できます．

▶直線性などの改善

出力側は，I-V変換回路により二つのフォト・ダイオードの出力電流を合成して出力します．

全体のゲインはフォト・カプラの感度によって変化するので，微調整が必要です．

▶基板と電源のシールド

図2のように，基板のパターンは入力側と出力側をそれぞれシールドで囲う必要があります．

電源もアイソレーションする必要があります．シリーズ電源の場合，使用するトランスを2重シールドにします．そうしないとコモン・モード・ノイズがノーマル・モードに変換されて電源ラインに重なってしまいます．2重シールド・トランスは，特注を受け付けているトランス・メーカに依頼すればたいてい作ってもらえます．

〈毛利 忠晴〉

図1 ビデオ帯域のフォト・カプラを使った帯域およそ15 MHzのアイソレーション・アンプ

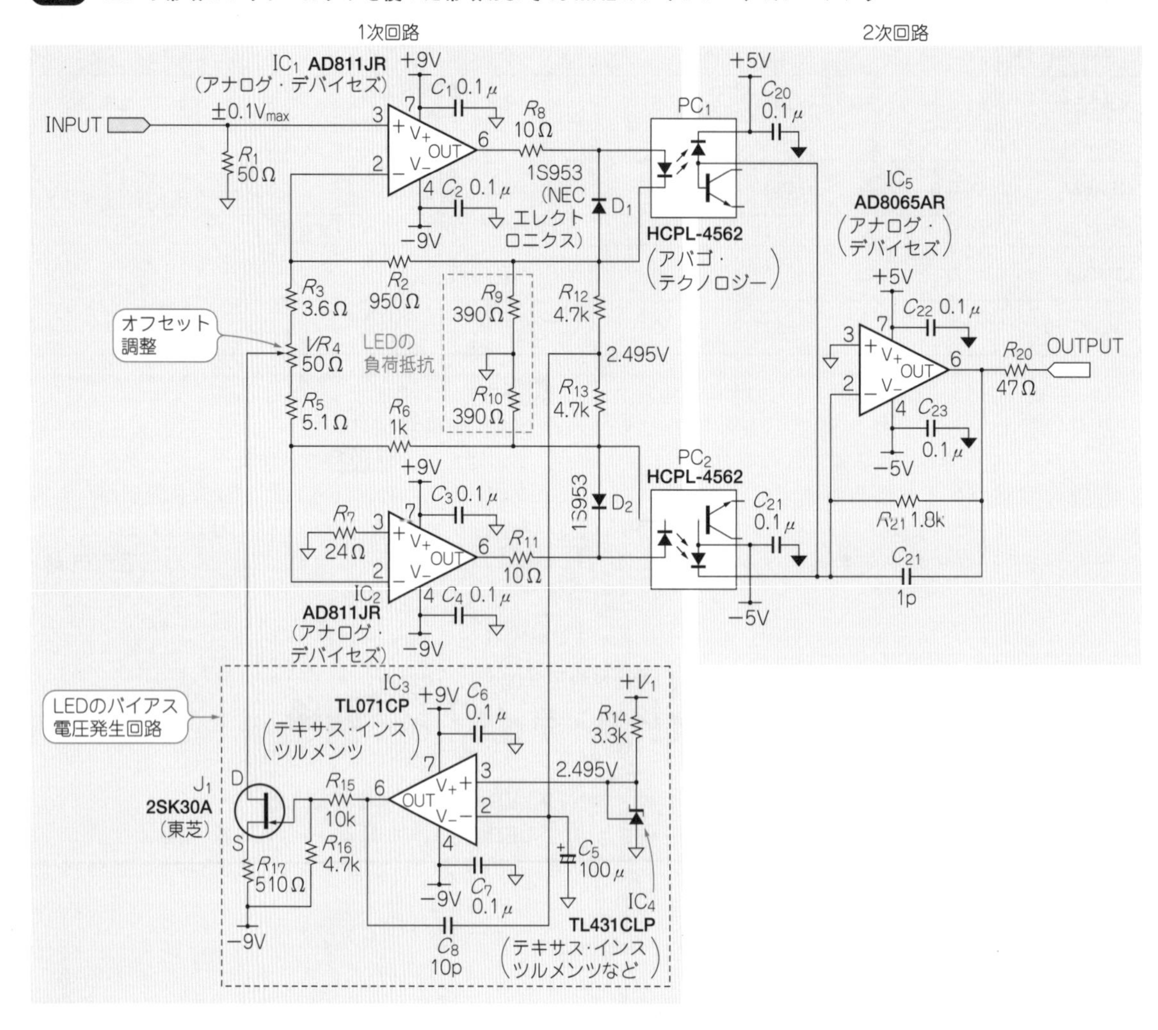

図2 基板もトランスも2重シールドが必要

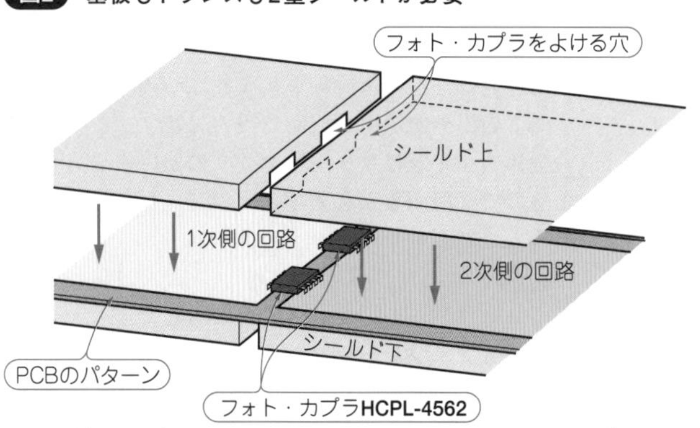

(a) 基板は1次と2次の両基板パターンにシールドを上下からかぶせる

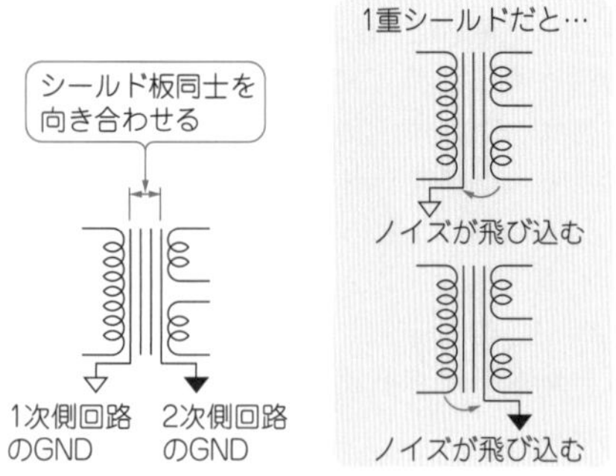

(b) 電源トランスも2重シールドにする

6-13 アクイジション時間が850 nsで保持電圧の降下率が30 μV/μsの アナログ・スイッチによるサンプル＆ホールド回路

図1は，CMOSアナログ・スイッチを使った高精度，高速サンプル＆ホールド回路です．サンプルからホールド移行時のオフセット誤差，すなわちペデスタル誤差は5 mV/±10 V，アクイジション時間は850 nsです．また，ドループ・レート(droop rate：保持電圧降下率)は30 μV/μsと優秀です．

図2に動作波形を示します．トラック(追跡)モードのときは，S_3がONとなり，出力V_{out}は入力信号V_{in}そのものとなります．ホールド(保持)モードのときは，S_3がOFFとなり，信号はホールド・コンデンサC_5により保持されます．ホールド・コンデンサに低リークのポリスチレン，またはポリカーボネートを使用したときの保持特性は約30 μV/μsです．

S_4は，S_3と連動しており，ペデスタル誤差を低減します．IC_3に対してはS_3とS_4の寄生電荷が同様に流入するため，両者はキャンセルされます．

R_1とC_6の直列回路は，ペデスタル誤差の軽減と，グリッチを防止します．図2に入出力波形を示します．

キー・デバイスの特徴と仕様

この回路のキー・デバイスは，SPST(単極単投)アナログ・スイッチIC ADG411です．アナログ信号の入力範囲は±15 Vと広く，オン抵抗は35 Ω以下です．スイッチ時間はt_{ON} < 175 ns，t_{OFF} < 145 nsです．スイッチからの電荷注入が微小であり，サンプル＆ホールド回路に好適です．プロセスはCMOSで，電源電圧までの入力信号を両方向に通過させることができます．

マルチプレクサとして使う場合は，ブレーク・ビフォア・メイク(接続前はOFF)となるので，チャネル間のショートを防止できます．パッケージは16ピンTSSOP，SOIC，PDIPなどです．

パターン・レイアウトのポイント

基板の電源供給点に近いところに，数μFの電解コンデンサを接続します．ホールド・コンデンサのホット側は最短配線とし，コールド側はリターン経路をべたグラウンド面とします．ホールド・パルスのパターンはアナログ信号経路から離し，グラウンド・パターンで挟みます．

〈漆谷 正義〉

図2 サンプル＆ホールド回路の入出力波形(500 mV/div，200 μs/div)

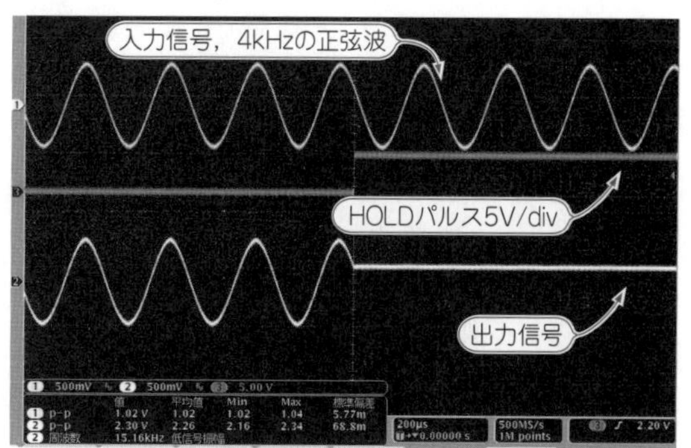

図1 高速高精度サンプル＆ホールド回路

OPA132，OPA627(テキサス・インスツルメンツ)でもよい
入力バッファ IC1 AD845 (アナログ・デバイセズ)
IC2 ADG411 (アナログ・デバイセズ)
IC3 AD711 (アナログ・デバイセズ)
出力バッファ
仕様が異なるADG412，ADG413(アナログ・デバイセズ)もある
HOLD パルス入力
OPA604(テキサス・インスツルメンツ)，AD8510(アナログ・デバイセズ)でもよい

6-14 切り替え時間が100 nsと速い ゲイン切り替え機能付きアンプ回路

図1は，OPアンプのゲインを決めるフィードバック抵抗の値をアナログ・スイッチで切り替える回路です．図(a)は±3.5 V両電源，図(b)は+5 V単電源の場合です．

アナログ・スイッチのオン時間が100 nsと短いので，パルス制御であってもゲインの切り替えが高速で応答します．また，不要なスパイク電圧も小さいので，簡単にゲイン切り替え可能な増幅器を構成できます．電源電圧は±3.5 V(3.3 Vでも可)，または+5 V単一電源です．

● キー・デバイスの特徴と仕様

DG419(ビシェイ・シリコニクス)は，オン抵抗が20 Ωで，オン時間が100 nsという，低消費電力の高速CMOSアナログ・スイッチです．電源電圧は，±2.5～±20 Vまたは+5～+40 Vと広範囲です．

SW端子の容量は，8 pF(OFF)～35 pF(ON)程度です．しかし，300 kHz以上の高周波になるとこの容量が増幅率を制限する要因となり，スイッチを切り替えたときのゲインの差が小さくなるという現象が起こります．

パッケージは，8ピン・ミニDIPおよびSOICです．

NJM2107は，低電圧電源(±1～±3.5 V)で動作する汎用OPアンプです．1回路入りで5ピンSC88Aパッケージと超小型です．

● パターン・レイアウトのポイント

アナログ・スイッチの制御信号を信号系から離すこと，電源のデカップリングはICの根本で行うこと，OPアンプの入出力を近づけないこと，V_{CC}とGNDを面で確保することなどがポイントです．

● 回路の動作

一般にCMOSタイプのアナログ・スイッチのオン抵抗$r_{DS(ON)}$は，通過する信号の振幅によって変化します．しかし，図1の回路では，ゲインをOPアンプの仮想接地点で切り替えているので，この影響を小さくできます．

図2は動作波形です．スイッチ動作は，ブレーク・ビフォア・メイクであるため，ゲイン切り替え時に一瞬ゲインが無限大になります．しかし，T_{ON}が短いため入力周波数300 kHzまでは目立つほどのスパイクにはなりません．

〈漆谷 正義〉

図2 図1のゲインを切り替える制御波形と出力波形(2 ms/div)

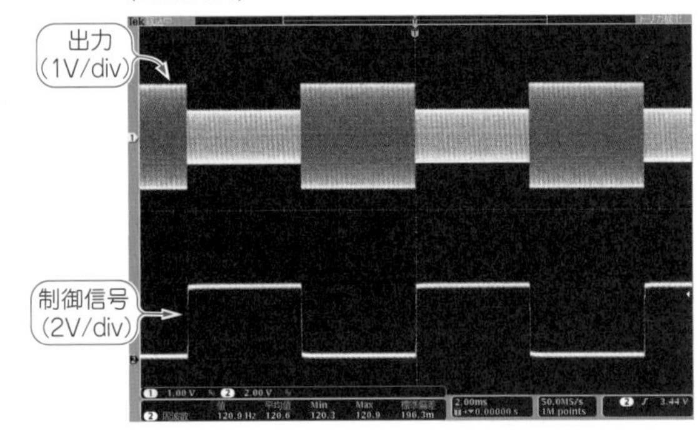

図1 ゲイン切り替え機能付きOPアンプ回路

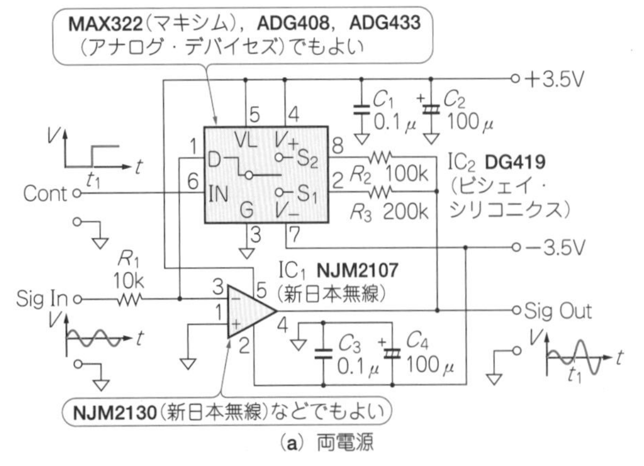

(a) 両電源

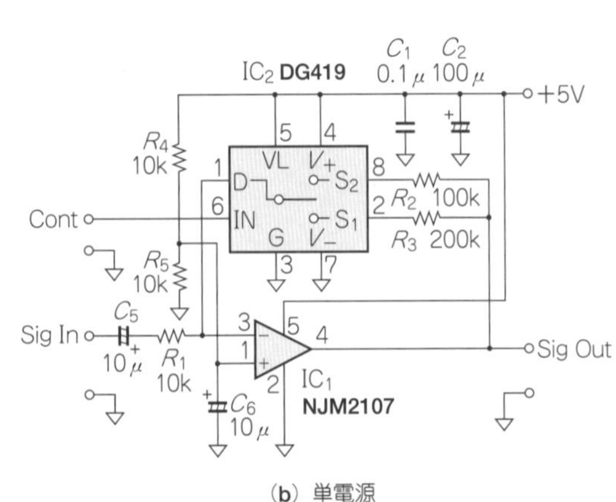

(b) 単電源

6-15 パルス幅変調回路に使える 高速にゲインを＋1倍/－1倍に切り替える回路

高速でゲインを1倍/－1倍に切り替える回路は，パルス幅変調回路などでよく使われます．

キー・デバイスとなるAD8013は，出力ディセーブル端子を備えた3回路のOPアンプICです．ディセーブル状態では，出力は論理ICのハイ・インピーダンスなどと同じように遮断されます．この機能を使って，アナログ信号を切り替えることにより，表題の回路を容易に構成できます．

ディセーブルにするには，マイナス電源電圧よりも1.6 V高い電圧を端子に加えます．端子を開放するとイネーブルとなります．

図1が回路図です．入力が接続されている二つのOPアンプは＋1倍と－1倍の接続となっており，論理信号によってイネーブル選択された一方が後段に接続されます．

ディセーブル端子には，トランジスタによってレベル変換した信号を接続します．

図2に，入出力波形を示します．

出力波形の正負で電圧差があります．これは使用する抵抗の比率とOPアンプのマイナス端子に接続する抵抗の違いによるものと考えられ，改善する余地はあります．

〈木島 久男〉

図1 ゲイン＋1倍/－1倍を高速で切り替える回路

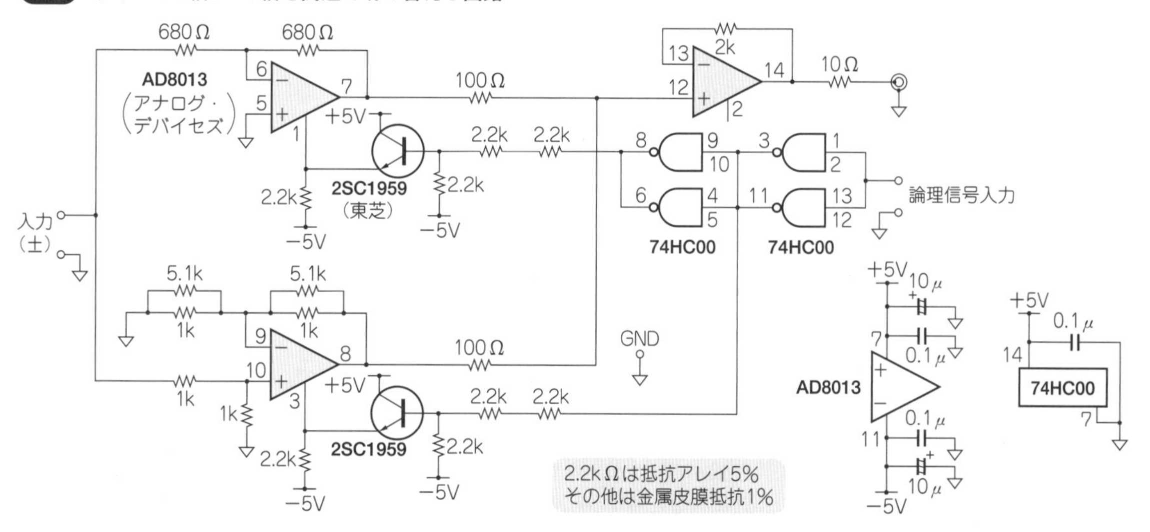

図2 図1の回路の入出力信号

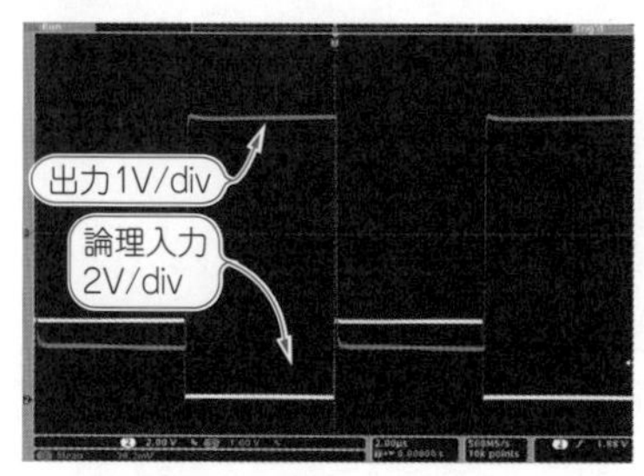

(a) 入力+3V，切り替え周波数100kHz，時間軸2 μs/div

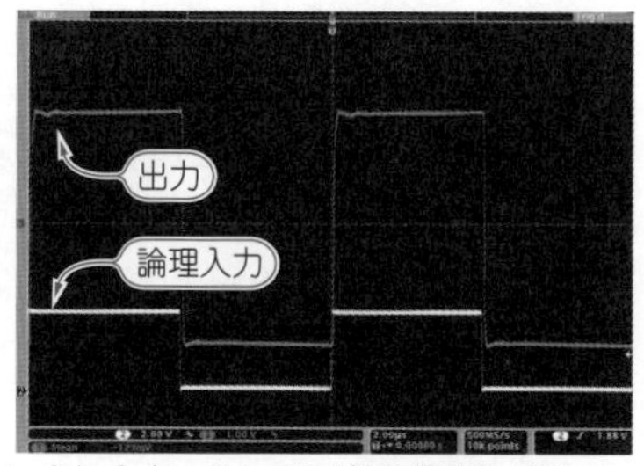

(b) 入力−3V，切り替え周波数100kHz，時間軸2 μs/div

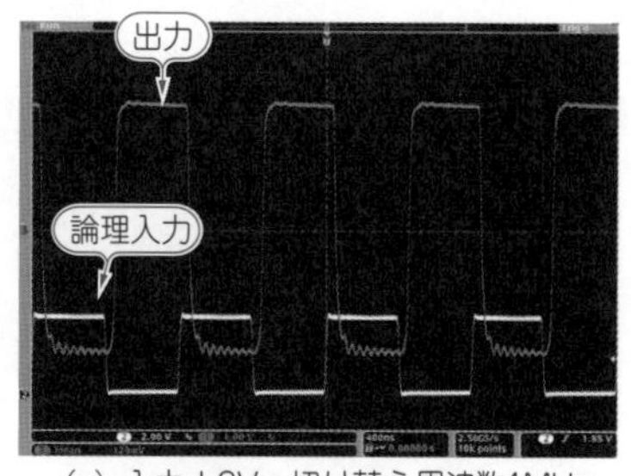

(c) 入力+3V，切り替え周波数1MHz，時間軸400ns/div

6-16 直流入力抵抗が2 MΩ，入力インピーダンスが1 GΩでセンサのバッファとして使える ブートストラップ回路

直流成分に対する内部抵抗は無限大で，高インピーダンスの入力信号を増幅したいという要求がまれにあります．たとえば，バッファ回路を内蔵していないセンサで，出力が数pFといった微小なコンデンサでACカップリングされている場合などがそれに当たります．

このような場合，アンプの入力信号の直流電位を安定させるために高抵抗で接地したくなりますが，そうすると信号分が減衰してしまうなどの厄介な問題に悩まされることがあります．

こういった場合に役立つのが，図1に示すブートストラップ回路です．

● 入力インピーダンスの算出

直流で見たときは，入力抵抗は$R_1 + R_2$となることがわかります．もう少し詳しく動作を解析する際には，図2に示すようにスター・デルタ変換を使うと便利です．このとき，インピーダンスZ_{12}は，

$$Z_{12} = \frac{Z_1 Z_2}{Z_3} + Z_1 + Z_2$$

$$= j\omega CR_1R_2 + R_1 + R_2 \quad \cdots\cdots (16\text{-}1)$$

となります．

LF356で構成した電圧フォロワが理想的だった場合，Z_{13}は電圧フォロワの入力端子-出力端子間に接続されているので，両端の電位が等しくなり，Z_{13}は回路の動作にまったく影響を与えません．

また同様に，Z_{23}は，電圧フォロワの出力端子，すなわち電圧源-アース間に接続されているので，入力インピーダンスを考えるうえでは，回路の動作に影響を与えることはありません．

以上から，式(16-1)で与えられるZ_{12}が，ブートストラップ回路の入力インピーダンスとなります．

この式は，CR_1R_2の素子値をもつインダクタと，$R_1 + R_2$の素子値をもつ抵抗器の直列接続を意味しています．

実際に，入力インピーダンスを計算してみましょう．$R_1 = R_2 = 1\,\mathrm{M\Omega}$，$C = 0.1\,\mu\mathrm{F}$として，センサから出力される信号の周波数$f$を1.59 kHzとすると，直流($f = 0$)のときは，2 MΩの入力抵抗をもち，信号分($f = 1.59\,\mathrm{kHz}$)に対しては，

$$2\pi fCR_1R_2 \fallingdotseq 1\,\mathrm{G\Omega}$$

にも及ぶ超高インピーダンスをもつことがわかります．

● キー・デバイス

この回路のキー・デバイスはOPアンプです．入力インピーダンスが高いFET入力タイプがおすすめで，使用する周波数帯域において電圧フォロワとして十分に機能するGB積をもつものを選びます．

例えば，LF356は入力抵抗が$10^{12}\,\Omega$と高いのでこの用途に適しており，GB積も5 MHzとなっています．したがって，2～3 kHzまでは十分に使えます．

〈庄野 和宏〉

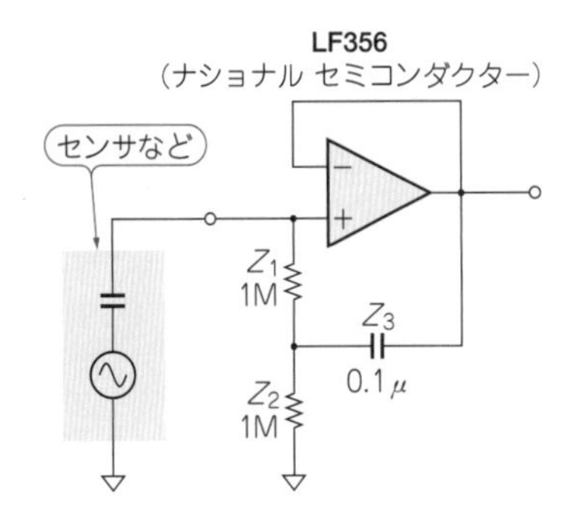

図1 直流入力抵抗が2 MΩで，入力インピーダンスが1 GΩと高い入力ブートストラップ回路

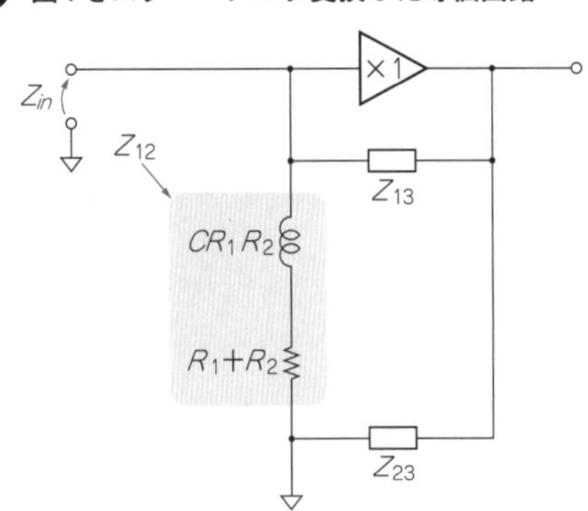

図2 図1をスター・デルタ変換した等価回路

6-17 減衰特性が12 dB/octで簡易アンチエイリアシング・フィルタに使える 2次ロー・パス・フィルタ回路

2次ロー・パス・フィルタとして，図1に示すサレン・キー回路があります．この回路は非常に古く，真空管の時代に考えられたものですが，現在でも多用されています．

OPアンプが1個で，2次のロー・パス特性を得られることがその利点です．

伝達関数$T(s)$は，

$$T(s)=\frac{1+\dfrac{R_b}{R_a}}{s^2C_1C_2R_1R_2+s\left\{C_2(R_1+R_2)-C_1R_1\dfrac{R_b}{R_a}\right\}+1} \quad \cdots\cdots (17\text{-}1)$$

となります．

素子値を決定する方法としては，いろいろな方法がありますが，アンチエイリアシング・フィルタへの応用を考えた場合は，通過域ゲインが1倍，すなわち直流ゲイン$T(0)$が1倍となるようにすると使いやすいと思います．

そのために，$R_a=\infty$，$R_b=0$，つまりOPアンプを電圧フォロワとして使うことになります．このとき，式(17-1)は次のように簡単になります．

$$T(s)=\frac{1}{s^2C_1C_2R_1R_2+sC_2(R_1+R_2)+1} \quad \cdots\cdots (17\text{-}2)$$

● 素子値の決定

ここではバターワース特性にすることにして，素子の値を決めることにします．$R_1=R_2=R$とすれば，

$$C_1=2QC,\ C_2=\frac{C}{2Q},\ \omega_0=\frac{1}{CR}$$

となります．ここで，2次のバターワース特性をもたせる場合には，Qを$\dfrac{\sqrt{2}}{2}\fallingdotseq 0.707$とすればよく，その結果，

$$C_1=\sqrt{2}\,C\fallingdotseq 1.41C,\ C_2=\frac{C}{\sqrt{2}}\fallingdotseq 0.707C$$

が得られます．

簡単にするために，$C=R=1$とすれば，$C_1=1.41$，$C_2=0.707$が得られます．希望する遮断周波数をf_c [Hz] とすれば，実際の回路の素子値は，

$$R_{new}=RK,\ C_{new}=\frac{C}{2\pi f_C K}$$

で与えられます．

図1の素子値は，$K=10\,\mathrm{k}\Omega$，$f_C=1\,\mathrm{kHz}$とした場合のものです．

● 周波数特性の測定結果

図2に，周波数特性を示します．抵抗とコンデンサは，LCRメータを使い，希望する値に対して±1％の範囲に入るように合成しています．コンデンサは，損失の少ないスチロール・コンデンサを使っています．実測値を実線，理論値を破線で示していますが，完全に重なっていることがわかります．

アナログ・フィルタでは，このように素子値を精度よく合わせると理論値に近い特性が得られますが，現実的には，5％精度の部品を使うことが多いと思います．

2次のバターワース・フィルタ程度であれば，この回路の素子感度(素子値の変動に対する特性の変動の度合い)はそれほど高くならないので，5％程度の素子値の誤差があっても，理論値にかなり近い特性が得られるはずです．

〈庄野 和宏〉

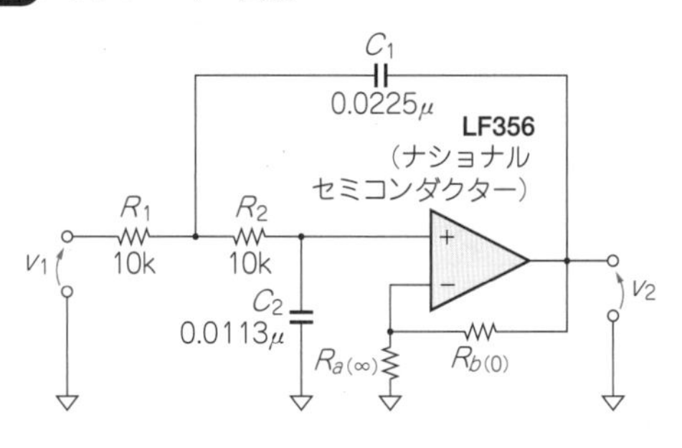

図1 サレン・キー回路

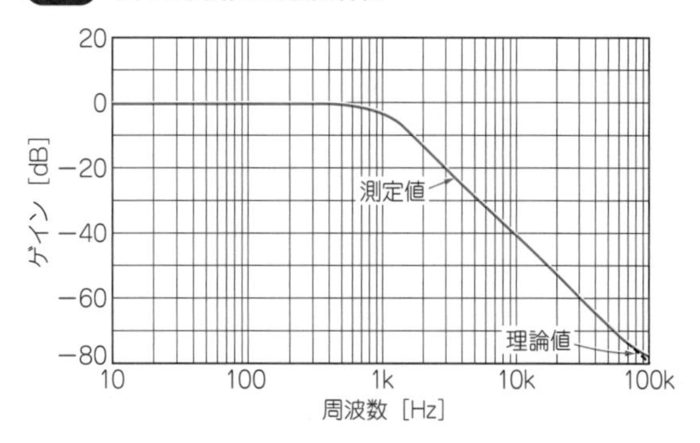

図2 図1の回路の周波数特性

6-18 FMステレオ・トランスミッタの高域雑音除去に使える 7次ロー・パス・フィルタ回路

FMステレオ・トランスミッタの入力信号の帯域制限に使えるロー・パス・フィルタを製作しました．BA1404(ローム)のようなステレオ・マルチプレクスICは，FMステレオ・トランスミッタを製作するときによく使われます．

FMステレオ伝送では，パイロット信号が19 kHzにあるため，伝送できる音声信号の周波数の上限は，それよりも低くならざるを得ず，実際には16 kHz程度になっているようです．

CDプレーヤなどの音声信号は，約22 kHzまでの信号成分が含まれるため，これをそのままBA1404に入力すると，高域の信号が19 kHzで折り返され，ラジオで受信した際に高音域で雑音が聞こえてしまいます．

そこで，図1のような回路を使うと，16 kHz以上の信号を減衰できるので，高音域での雑音を低減できます．

● 仕様の決定

図1は，GIC(一般化インピーダンス・コンバータ)を使って構成したロー・パス・フィルタです．

なるべく高域までの信号を伝送するため，7次の有極チェビシェフ・ロー・パス・フィルタで，通過帯域0.28 dB，遮断周波数を16 kHzとしました．18.8 kHzで約53 dBの減衰が得られます．

OPアンプの電源は，±15 Vとかなり高くしています．GIC型のフィルタは，入力電圧に比較して各OPアンプの出力電圧が，かなり大きくなることがあります．

シミュレーションにより確認してみると，最大になるもので，約10 dBのゲインがありました．これは，1 Vの振幅をもつ正弦波の入力に対して，約3.2 Vの振幅の正弦波を出力するOPアンプがある，ということを意味しています．

● 周波数特性の測定結果

図2に，周波数特性を示します．理論値と実測値が，ほぼ一致していることがわかります．

抵抗器には1 %の金属皮膜抵抗器を使い，コンデンサにはスチロール・コンデンサを使いました．*LCR*メータを使って，希望する値に対して0.1 %程度の素子値となるように合成しています．

OPアンプの電源電圧は，±15 Vとしています．入出力端子付近に使用する抵抗器5.1 MΩの精度はあま

図2 周波数特性

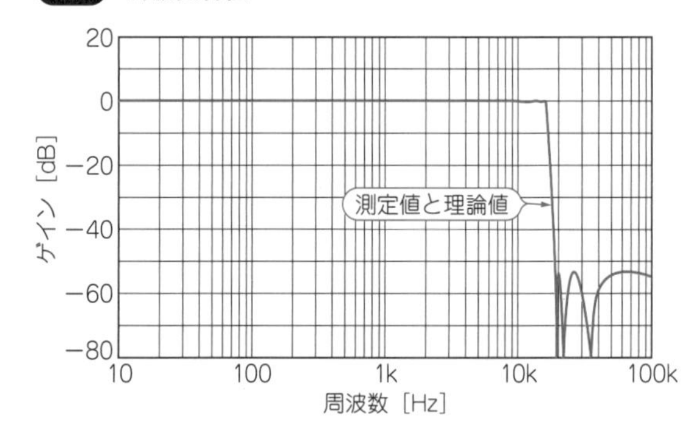

図1 カットオフ周波数16 kHzの7次ロー・パス・フィルタ回路
ステレオにするためには同一の回路を二つ用意する

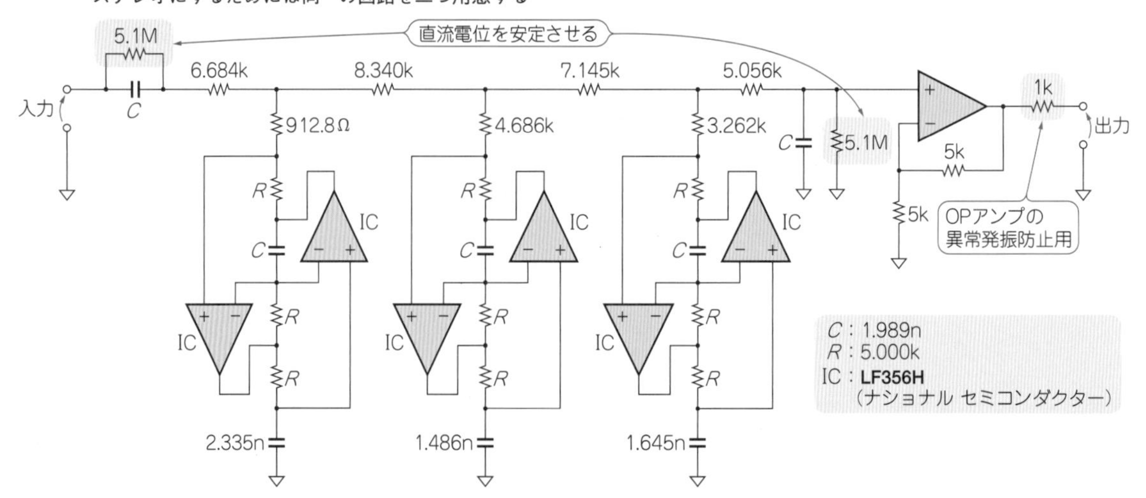

り必要ありませんが，回路の直流電位を安定化させるために必要ですので，必ず挿入してください．

最終段の2倍の正相増幅器は，負荷による周波数特性の乱れを防ぐという目的のほかに，回路の直流ゲインを1倍とするために挿入してあります．

出力端子についている1 kΩは，負荷による異常発振を防ぐために必要です．万一，高域が落ちる場合には，もう少し抵抗値を下げてもOKです．

ステレオにするために，この回路を二つ用意します．本回路に使用するOPアンプとしては，LF356のように，入力インピーダンスの高いものを選びます．

〈庄野 和宏〉

6-19 カットオフ周波数が10 MHz 5次ロー・パス・フィルタ回路

図1に示すのは，広帯域な電流帰還型OPアンプを利用した，カットオフ周波数が10 MHzの5次バターワースLPF(サレン・キー型)です．浮遊容量に敏感な反転入力がシリコン内にあるので，高周波回路ながら実装しやすいというメリットがあります．

● キー・デバイスの特徴と仕様

HFA1412(ハリス社をへてインターシル社)は4回路入りの電流帰還OPアンプです．標準的なピン配置のSOP14パッケージで，正負電源は4ピンと11ピンに接続されます．

最適な帰還抵抗を内蔵しており，外付け抵抗なしで，＋1/－1/＋2倍のゲインが得られます．平衡/不平衡ケーブル・ドライバやレシーバなどに適したICです．

おもな仕様は，次のとおりです．

- クローズド・ループ・ゲイン：＋1/－1/＋2倍からプログラマブル
- 周波数帯域幅：350 MHz
- 動作電流：6 mA/ユニット
- 動作電流：±5 V(最大電圧差11 V)
- 出力電流：55 mA(max)

ここでは，各OPアンプの二つの入力をショートして，ゲイン1倍で使います．帰還抵抗が内部にあるので，フィルタの各*CR*素子のレイアウトもやりやすくなります．

今回はブレッドボードで組みましたが，プリント基板にする場合は入出力が接近するのをさけ，また浮遊容量が少なくなるようにICのピンやフィルタの*CR*素

図1 カットオフ周波数が10 MHzの5次バターワース型ロー・パス・フィルタ回路

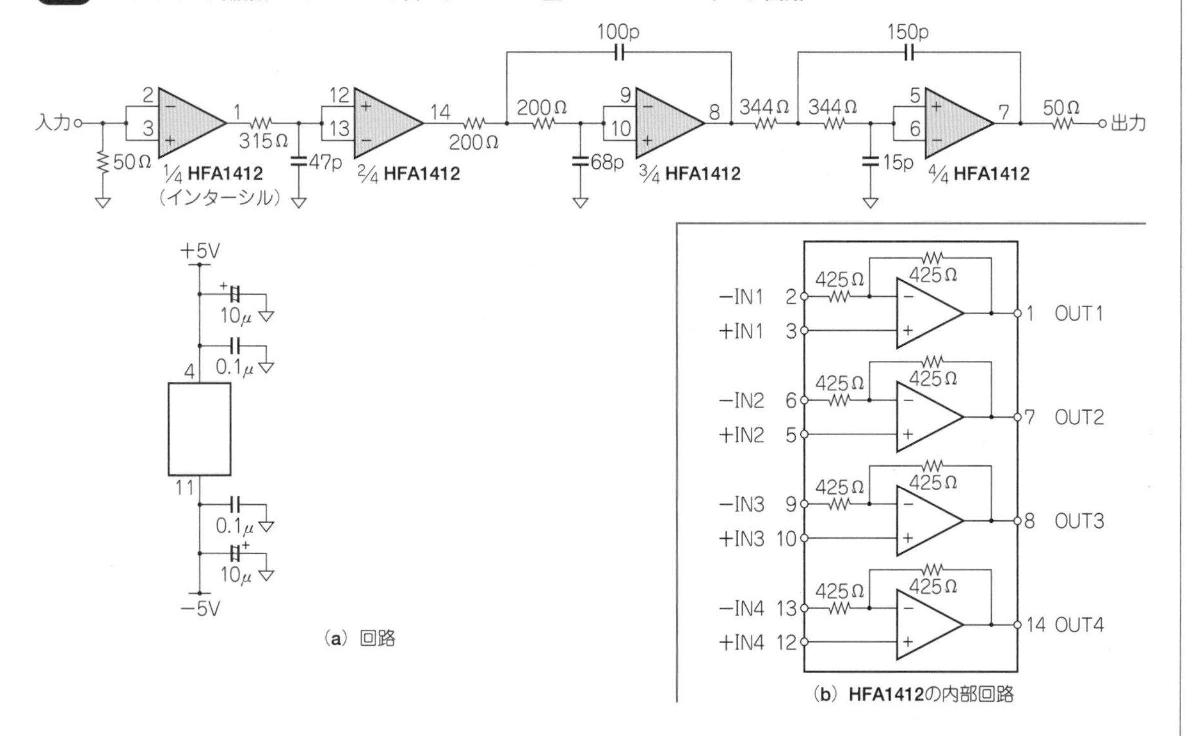

(a) 回路

(b) HFA1412の内部回路

図2 フィルタの次数やパターンによる入出力特性の違い

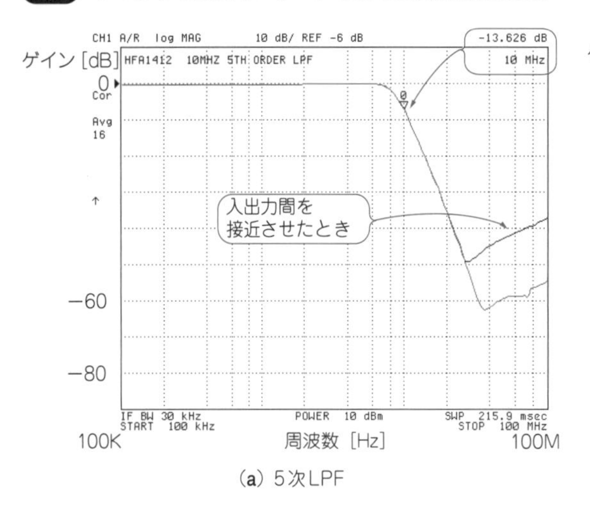

(a) 5次LPF

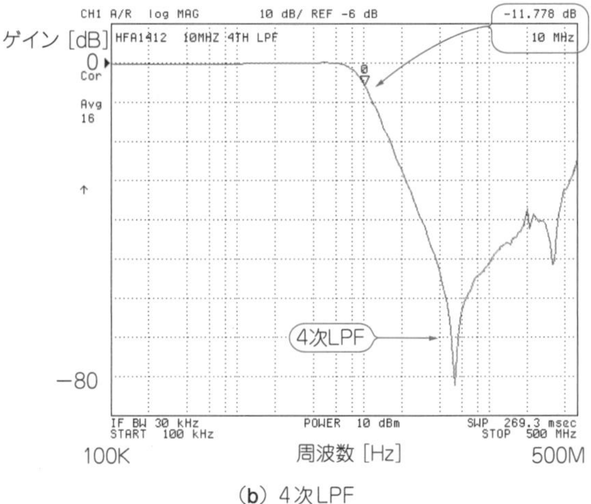

(b) 4次LPF

表1 広帯域な電流帰還型OPアンプHFA1412の代替部品の代表例

型 名	内蔵OPアンプ［個］	メーカ	パッケージ
MAX4022	4	マキシム	SOP14, QSOP16
MAX4017	2		SOP8, μMAX8
MAX4222	4		SOP14, QSOP16
MAX4217	2		SOP8, μMAX8
OPA2832	2	テキサス・インスツルメンツ	SOP8, MSOP8
OPA2682	2		SOP8, MSOP8

子の直下や周囲からグラウンドやパワー・プレーンを抜くようにします．

表1に，HFA1412のおもな代替部品を示します．

● 周波数特性の測定結果

図2(a)に，入出力特性を示します．入出力を意図的に近づけた場合，60 dB程度はあった最大減衰量が悪化しています．

図2(b)は，比較用に測定した，4個中の1個のOPアンプを未使用にして構成した4次LPFの特性です．類似の部品配置にもかかわらず，IC出力のインダクタンス分によると思われる非常に深いノッチ(約－80 dB)が現れているので，5次LPFの特性には結合による通り抜けが見えているようです．

基板のスペースに余裕があるなら，デュアル・パッケージ品(表1参照)などで組んだほうが信号の流れも直線的かつ配線も最短になり，より良い結果が得られそうです．

〈広瀬 れい〉

第7章

基本的な電源回路から基準電流源/低雑音電源まで

アナログ回路に使う電源の実用回路

7-1 並列運転が可能なシリーズ・レギュレータを使った電源回路

出力電圧を抵抗1本で0Vから設定できる

多くのシリーズ・レギュレータICは，1.2V程度の基準電圧を内蔵し，2本の抵抗で分圧した出力電圧をエラー・アンプに入力することによって負荷変動を抑える回路方式を採っています．

LT3080(リニアテクノロジー)は，基準電流源を内蔵しているユニークな可変電圧レギュレータです．基準電流源を内蔵することにより，並列運転が可能，抵抗1本で出力電圧を0Vから設定可能，という特徴をもっています．

● シリーズ・レギュレータの弱みである発熱を分散

シリーズ・レギュレータは，スイッチング・レギュレータと比較するとノイズが少ないという利点がありますが，「入出力電圧差×出力電流」という発熱は避けられません．

例えば，図1の5V入力，3.3V/1A出力のシリーズ・レギュレータでは，1.7Wもの電力を消費するためヒート・シンクや大きな基板パターンによる放熱が必要です．そこで，複数のレギュレータで並列運転を行うことができれば，発熱を分散させることができるため，少ない基板面積で放熱が可能になります．

ただし，並列接続するには，出力電流を各レギュレータに均一に分散させるために，10mΩ以上のバラスト抵抗が必要になります．発熱を分散させるために，レギュレータは離して配置するので，基板パターンで容易に10mΩの抵抗を得ることができます．

● 抵抗1本で1.2V以下の出力電圧を設定できる

並列運転中でも，抵抗1本で出力電圧を設定することができます．N個のLT3080を並列接続しているとき，出力電圧は10μA×N×R_{ref}［Ω］となります．

ただし，最小出力電流が1mAなので，無負荷で使用することはできません．負荷に流れる電流が少ない場合には，負荷と並列に抵抗を接続し，1mA以上の出力電流を確保します．

〈石島 誠一郎〉

図1 並列運転が可能なシリーズ・レギュレータを使った電源回路(入力5V，出力3.3V/1A)

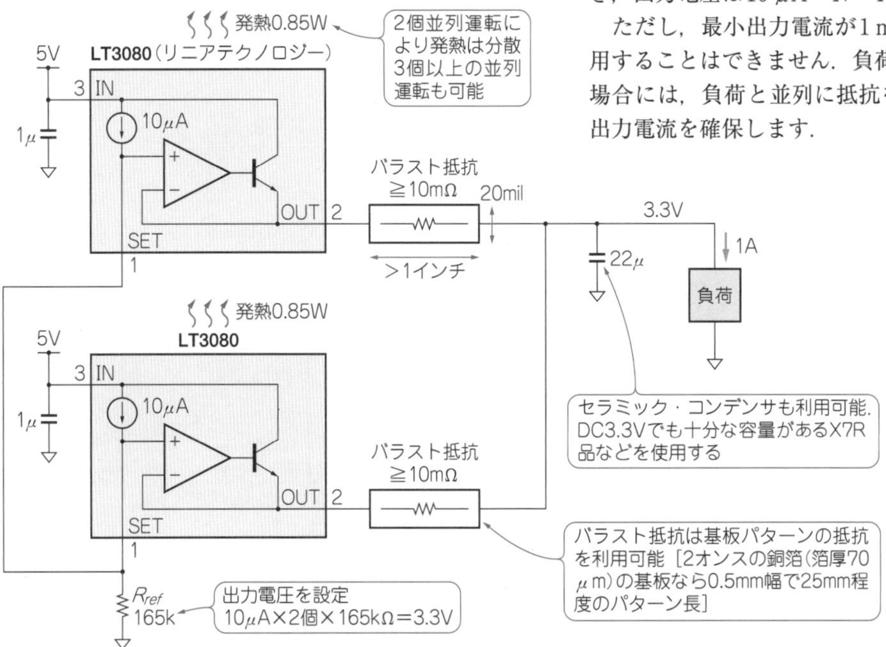

7-2 ワンチップで50/100/200/300/400 μA を生成できる 基準電流生成回路

アンプのバイアス回路や，離れた所にあるセンサを電流で駆動する回路，ダイオードを使用したリミット回路，ランプ波形の生成回路など，電流源が必要な回路は数多くあります．電流精度が要求されなければ，定電流ダイオードやJ-FETを電流源として使えます．

電流精度が要求される場合には，基準電圧生成器に抵抗，OPアンプまたはバイポーラ・トランジスタを組み合わせた電圧-電流変換回路を追加して電流源とする方法が一般的ですが，部品点数が多くなってしまいます．

一方，低電圧な基準電圧が必要な場合，基準電流源を用意できれば，抵抗を１本接続するだけで電圧源と

図1 電流源とカレント・ミラー内蔵の基準電流源IC REF200

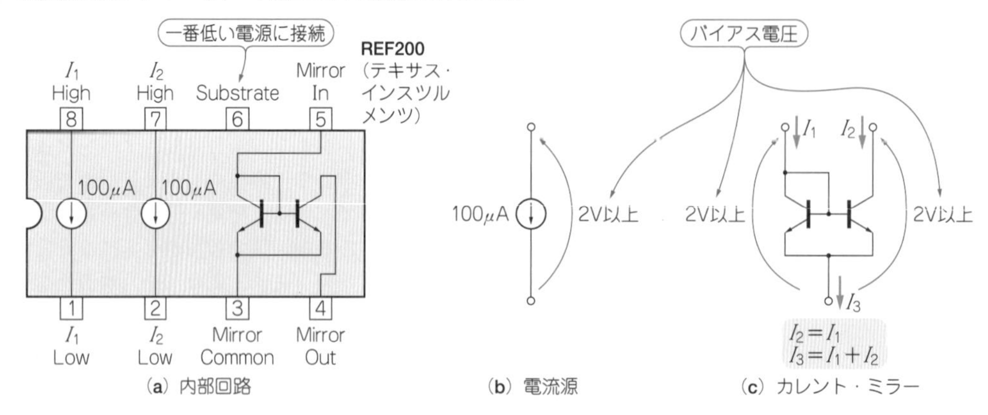

(a) 内部回路 (b) 電流源 (c) カレント・ミラー

図2 5種類の基準電流の設定例

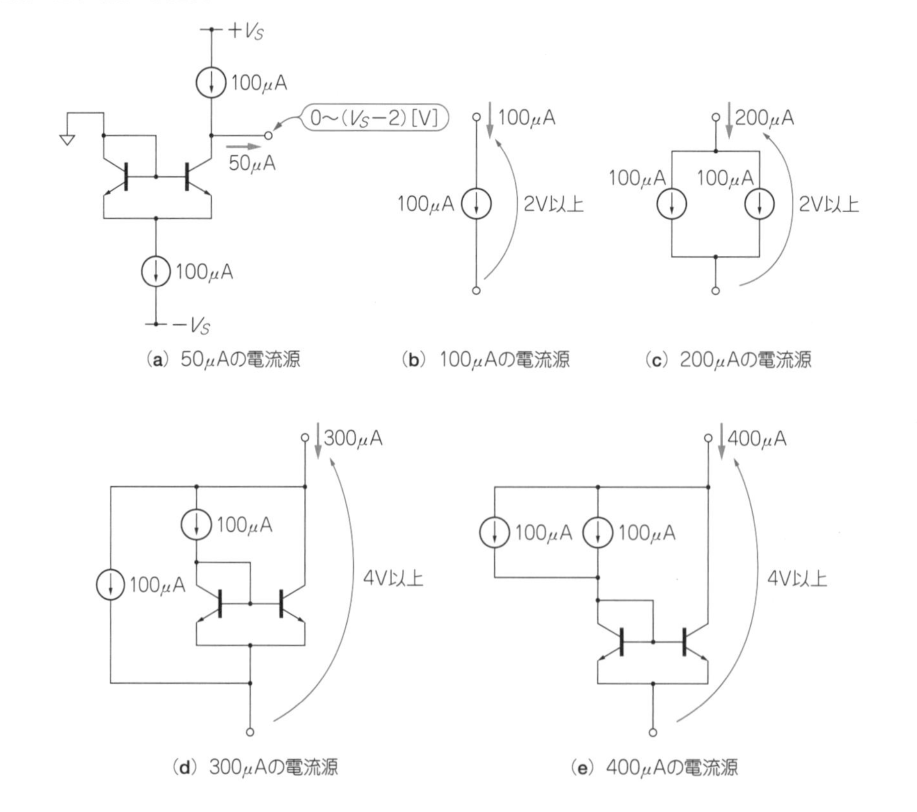

(a) 50μAの電流源 (b) 100μAの電流源 (c) 200μAの電流源

(d) 300μAの電流源 (e) 400μAの電流源

することができます．電圧源よりも電流源があると便利な応用はいくつもありますが，基準電圧生成ICに比べて，基準電流生成ICはあまり見あたりません．

REF200（テキサス・インスツルメンツ）は，図1のように100 μAの電流源を二つとカレント・ミラーを一つ内蔵した基準電流源ICです．カレント・ミラー回路は，鏡に映したように出力に入力と同じ電流が流れ，コモンには入力と出力の合わせた電流が流出する回路です．

図2のように接続を変更すれば，ワンチップで50 μ～400 μAの基準電流を生成することが可能です．

図2の(b)～(d)は，電流を吸い込む端子と電流を吐き出す二つの端子があり，電流源の回路記号と同様に，等しい電流が流入/流出します．バイアス電圧が動作条件を満たしていれば，回路のどのような箇所に挿入しても電流源として働きます．このような電流源をフローティング電流源と呼びます．フローティング電流源は，電流流入/流出端子を同時に使えます．

● バイアス電圧が不足すると動作しない

このデバイスを使用するときは，デバイスが動作するためにバイアス電圧を必要とするので，電流源の両端およびミラー入力とコモン，ミラー出力とコモン間の電圧は2 V以上40 V未満となるような回路で使用しなければなりません．

サブストレート端子（6番ピン）は，回路の一番低い電源（$-V_s$など）に接続します．常に動作電圧条件を満たして使用するように注意してください．

● 応用回路例

さらに大きな基準電流源が必要な場合は，図3のようにOPアンプを使用して電流を増加させることができます．抵抗を変更することにより，電流を設定できます．出力電流誤差を小さくするため，オフセット電圧の小さいOPアンプを選択します．

図3　大きな基準電流が必要なときの回路例

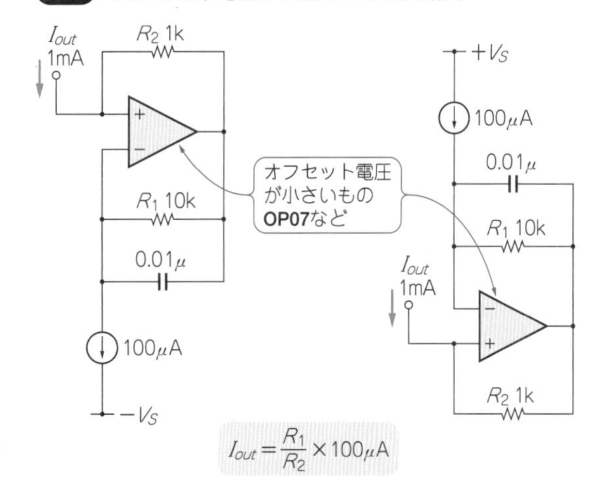

図4は，4～30 Vで動作する25 mAフローティング電流源です．OPアンプの電源電流も含めてフィードバックがかかるため，電源を別途に用意する必要はありません．

● 可変電流源IC LM234/334

LM234/LM334（ナショナル セミコンダクター）は，外付け抵抗1本で1 μ～10 mAの電流を設定できる，3端子可変電流源ICです．1～40 Vの電圧範囲で動作し，フローティング電流源として利用可能です．抵抗により電流を無段階に設定可能です．

出力電流の温度ドリフトは約＋0.33 %/℃と若干大きいですが，ダイオードと抵抗を追加すれば，打ち消すことができます．

〈石島 誠一郎〉

図4　25 mAフローティング電流源

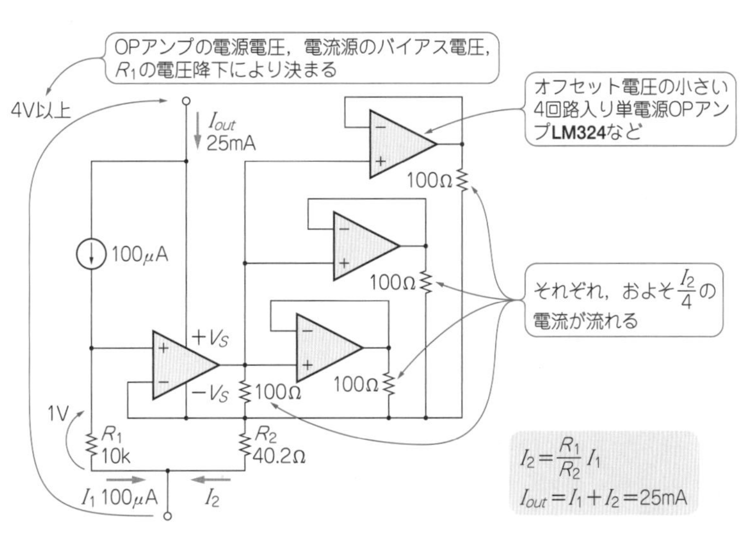

基礎編 実践編

7-3 タイマIC NE555を応用したチャージ・ポンプ電源①
負電圧発生回路

センサ回路やOPアンプ回路の電源に，プラスとマイナスの両電源が必要なときがあります．このとき，両電源を用意できればよいのですが，車両や電池で動作させる機器の場合，多くの場合は片電源しか得られません．正電圧電源から負電圧電源を得るには，さまざまな方式があると共にDC-DCコンバータとして市販されています．

ここでは，正電圧電源から少ない電流容量の負電圧電源を得るために，汎用のタイマIC(例えばNE555)とチャージ・ポンプを活用した回路を紹介します．この回路は，出力電圧が出力電流によって変動しますが，少ない部品で手軽に構成できます．

回路を図1に示します．この回路は，原理的にはタイマICに供給している電源電圧とほぼ同じ電圧の負電圧を出力することができます．しかし，実際の回路では，タイマICであるNE555の出力電圧が電源電圧より若干低いことと，ダイオードD_1およびD_2の順方向電圧降下V_Fのために，出力電圧の絶対値は電源電圧より少し低くなります．図2に，実験によって得られた出力電流と出力電圧の関係を示します．

〈高橋 久〉

図1 NE555を応用した負電圧発生回路

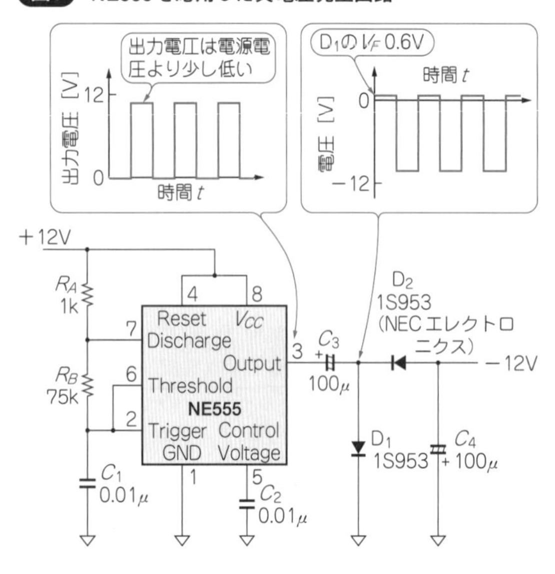

図2 出力電流と出力電圧の関係(絶対値表示)

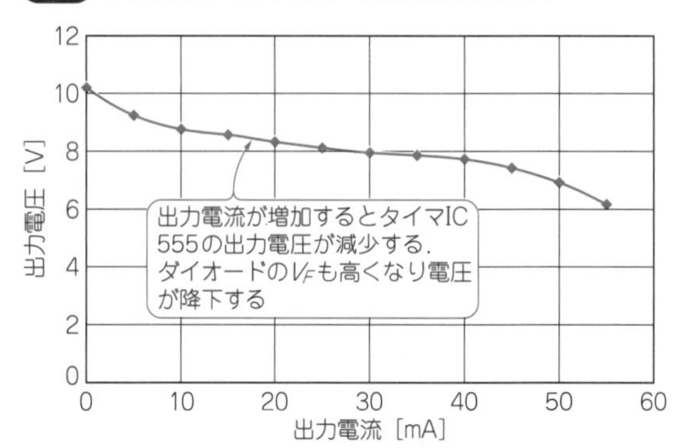

プリント基板に流れる電流を非接触で検出するセンサIC CM8201 column

電流検出法にはシャントを使う手法があります．この方式は回路に流れる電流を直接計測できますが，絶縁して計測できません．ここでは，表面実装型電流センサCM8201(旭化成エレクトロニクス)を紹介します．

このセンサは，図Aに示すように16ピンのTSSOP表面実装型パッケージで構成されます．5V単一電源で動作し，シリアル通信による特性補正回路を内蔵した高精度な電流検出器です．プリント基板のパターンに流れる電流を非接触かつ絶縁して計測できます．検出された電流値はアナログ電圧出力されます．電流が0Aのとき，出力電圧は約2.5V，順方向に電流が流れると，2.5Vから5Vへ増加し，逆に電流方向が逆の場合は，2.5Vから0Vに向かって電圧が減少します．検出値はパターンに流れる電流の大きさに比例しますが，絶対値を得られないので，出力電圧と電流値の校正が必要です．

〈高橋 久〉

図A 非接触電流センサIC CM8201の実装例

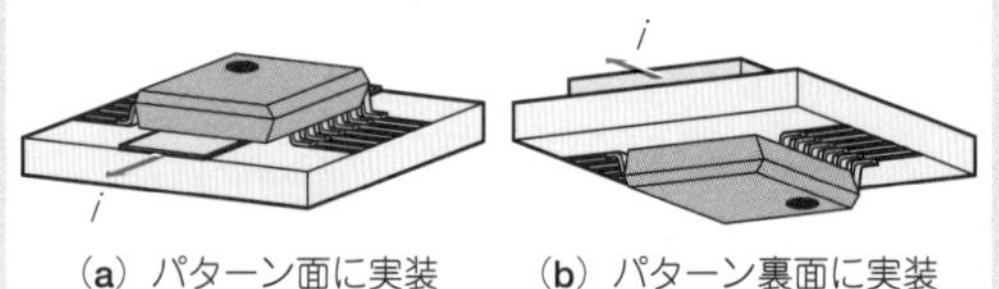

(a) パターン面に実装　(b) パターン裏面に実装

7-4 低雑音電源回路①

100 Hzから50 kHzまで10 nV/√Hzの雑音特性

図1の回路は，負帰還により安定化した低雑音電源です．Tr_2の電力損失に注意すれば100 mAまで出力することができます．

出力電圧が+8 Vのときの雑音は，図2のように100 Hzから50 kHzに渡って10 nV/√Hz前後なので，低位相雑音を特徴とする各種発振器など，低雑音が必要な回路の電源として安心して使えます．この雑音特性は，一般的な3端子レギュレータの1/50～1/100程度(電圧比)と，きわめて低い値です．

C_5には，アルミまたはタンタル電解コンデンサを使います．ESRの小さいセラミック・コンデンサなどを使うと，負帰還の位相余裕が減少し，回路が発振する恐れがあります．

また，R_6～R_8は金属皮膜抵抗や薄膜チップ抵抗(進工業RR1220シリーズなど)を使います．一般的な厚膜チップ抵抗などを使うと，その抵抗の電流雑音により出力雑音が大幅に増加してしまい，この回路の本来の低雑音性能が発揮されません．

R_6～R_8を変更することで，出力電圧を設定することができます．出力電圧は以下の式で求めることができます．

$$V_{out} = 4.1 \times \left(1 + \frac{R_6}{R_7 + R_8}\right)$$

R_6～R_8は抵抗値を高くしすぎると雑音が増加します．

逆に，抵抗値を低くすると各抵抗に流れる電流が増え，電力損失が大きくなり許容電力の大きな抵抗が必要になります．なお，図1の回路での電圧設定の下限は+5 Vです．

〈安井 吏〉

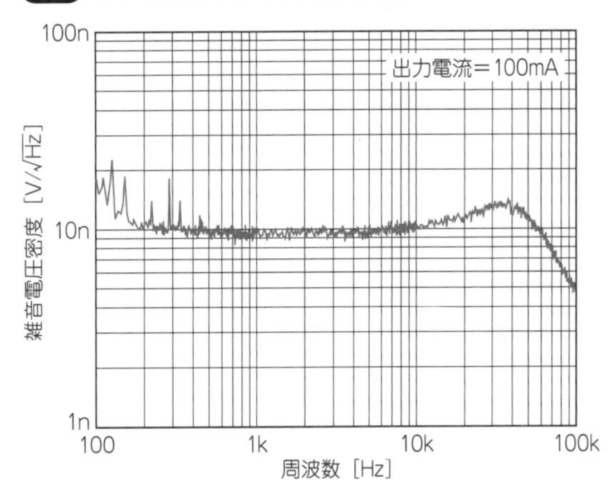

図2 図1の回路の雑音電圧密度特性

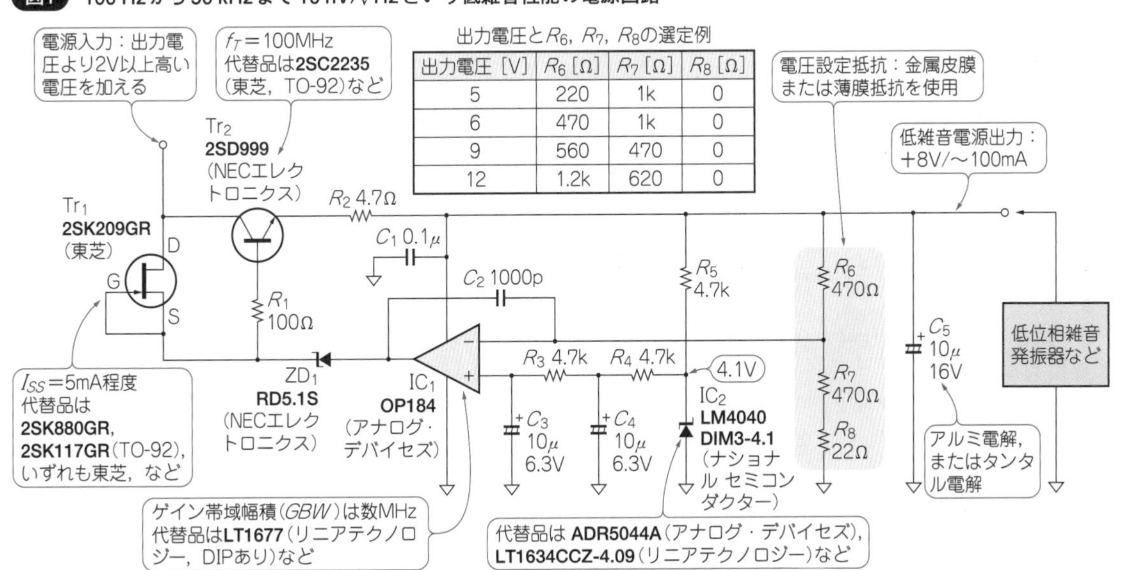

図1 100 Hzから50 kHzまで10 nV/√Hzという低雑音性能の電源回路

7-5 出力30 mAで部品点数が少ない 低雑音電源回路②

図1は，発振器などの低雑音性能が要求される回路に使える低雑音電源です．30 mA程度まで出力できます．

図2のように非常に低雑音の電源が得られますが，負帰還によって出力電圧を安定化させているわけではないので，出力電流や温度，D_1やTr_1の特性のばらつきによって若干出力電圧が変動します．

実際の負荷を接続したうえでR_3の値を調整し，出力電圧を合わせ込みます．その後，温度試験などを行い，電源電圧が所望の範囲に入っていることを確認したほうがよいでしょう．

● 電源変動除去比*PSRR*も低雑音電源の条件

低雑音の電源を考えるうえで，電源回路自体から出る雑音も重要ですが，そのほかに，電源回路に入力される元電源に含まれる雑音やリプルをどの程度小さくすることができるかという点も考慮する必要があります．

電源回路自体が発生する雑音がどんなに小さくても，外部から供給される電源の雑音やリプル成分が大きく，それを取り除き切れなければトータル的には低雑音電源を実現することはできません．

入力される元電源に含まれる変動成分をどの程度落

図1 部品点数が少ない低雑音電源回路

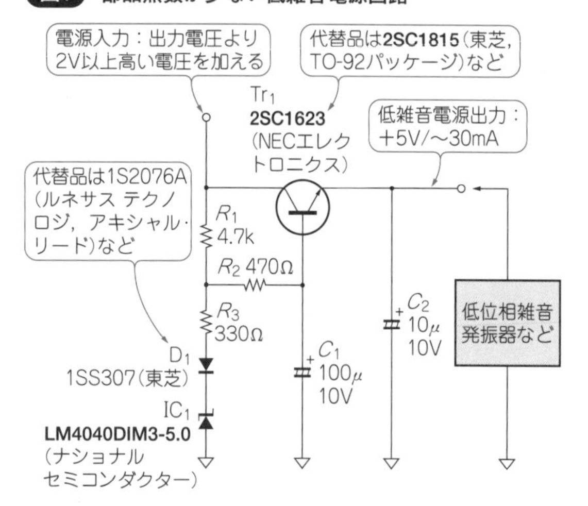

図2 図1の回路の雑音電圧密度特性

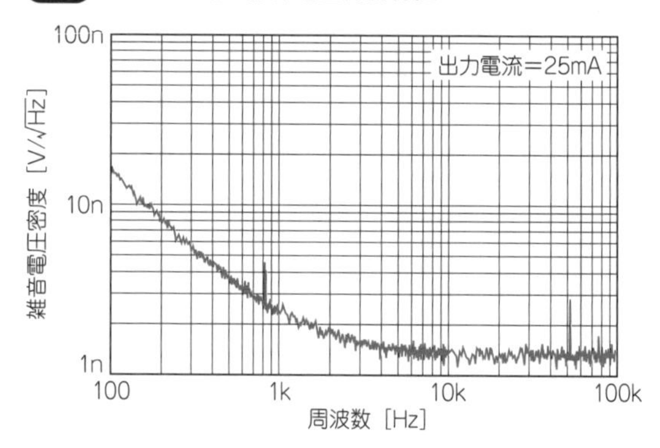

発振器本来の位相雑音性能を引き出せる電源雑音の許容値を見積もる方法

低位相雑音/低ジッタの発振器には，それに見合った低雑音の電源が必要です．しかし，電源回路を設計するには，いったいどれだけ電源雑音を小さくすればよいのか，ということが事前に明確になっていなければなりません．

● 発振モジュールの仕様から電源雑音の許容値を見積もる

発振モジュールのデータシートに位相雑音特性と電源プッシング(電源変動による出力周波数の変化特性)の仕様が記載されている場合，以下の式により電源雑音の仕様の目安を決めることができます．

$$v_n(f_m) < \frac{f_m}{K_v} \times \sqrt{2} \times 10^{\frac{L(fm)-10}{20}} \quad \cdots\cdots (5\text{-}A)$$

$L(fm)$[dBc/Hz]は，オフセット周波数f_m [Hz]における位相雑音で，発振モジュールのデータシートなどではグラフ形式で表記されているか，またはいくつかの代表的なオフセット周波数における値が記載されています．最悪値と代表値の両方が記載されている場合は，代表値を使用します．

K_v [Hz/V]は，電源電圧が発振器の周波数にどれだけ影響を与えるかを示すパラメータで，電源プッシングとしてデータシートに記載されています．本来は，周波数に依存する値ですが，データシートには直流で測定した値が記載されており，ここではこの値を使用します．

$v_n(f_m)$[V/$\sqrt{\text{Hz}}$]は，ここで求めたい電源雑音の許容値です．周波数f_m [Hz]における雑音の大きさで，雑音電圧密度と呼ばれる値です．

とすことができるかという指標は*PSRR*(Power Supply Rejection Ratio あるいは Power Supply Ripple Rejection)で表され，周波数に依存します．単位は［dB］です．

例えば，7-4節で紹介した回路では，100 Hzで90 dB，100 kHzでは40 dB程度，本節の回路では100 Hzで50 dB, 100 kHzでは80 dB程度です．**図3**に，測定結果を示します．

元電源に含まれる雑音やリプルは*PSRR*のぶんだけ減衰されて出力側に現れます．この値が大きく問題になるようであれば，低雑音電源回路の前段にリプル除去用の電源フィルタや3端子レギュレータを設けるなどして，元電源の変動の影響を受けないようにします．

なお，近年ではごく微小な信号を扱う各種測定器なども，システムの電源としてスイッチング方式の電源を多用しています．

スイッチング方式の電源を使うと小型・軽量化でき，電力効率改善やそれに伴う発熱の低減など多くのメリットがありますが，反面，大きなスイッチング・ノイズが問題になります．このようなシステムでは，微小信号を扱い雑音を嫌う重要なアナログ回路部分に局所的に低雑音電源回路を配置し，システム電源からのノイズを除去するよう回路上の工夫をしています．

〈安井 吏〉

図3 *PSRR*特性

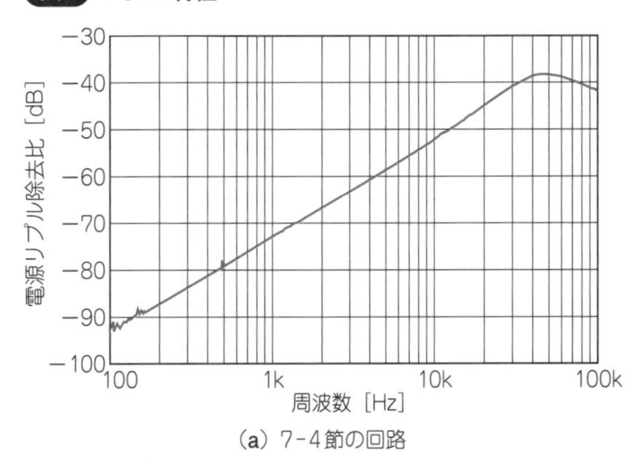

(a) 7-4節の回路

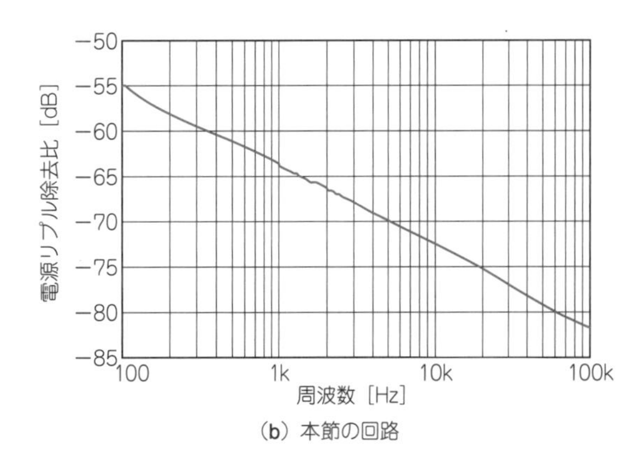

(b) 本節の回路

column

式(5-A)で求められる電源雑音のスペックは十分な余裕を見込んだ値なので，実際の電源回路の雑音がこの値を多少オーバーしたとしても大きな影響はありません．式(5-A)で求めた値の2倍程度までの電圧雑音密度であれば，発振器の位相雑音特性にはそれほど大きな影響を与えることはないでしょう．

● 実際の計算例

【Q】ある発振器のデータシートには，電源プッシングが1 MHz/V，10 kHzオフセットにおける位相雑音が−100 dBc/Hz，100 kHzオフセットにおける位相雑音が−130 dBc/Hzと書かれています．この発振器の本来の位相雑音特性を損なわないようにするには，電源雑音をどの程度まで下げればよいでしょうか？

【A】まず，10 kHzオフセットでの電源雑音について考えます．f_m=10 kHz，$L_{(10\,\mathrm{kHz})}$=−100 dBc/Hz，K_v = 1 MHz/Vを式(5-A)に代入すると，$v_{n(10\,\mathrm{kHz})}$は約45 nV/$\sqrt{\mathrm{Hz}}$以下と求められます．同様に，$v_{n(100\,\mathrm{kHz})}$は約14 nV/$\sqrt{\mathrm{Hz}}$以下となります．

7-4節，7-5節の回路例は，いずれも10 kHzでの雑音が45 nV/$\sqrt{\mathrm{Hz}}$以下，100 kHzでの雑音が14 nV/$\sqrt{\mathrm{Hz}}$以下なので，この発振器に適した電源回路と言えます．電源ICの出力雑音については文献(1)が参考になります．

〈安井 吏〉

◆参考文献◆

(1) 川田 章弘；ICレビュー実験室 リニア・レギュレータICの評価(後編)，トランジスタ技術2005年1月号，pp.211～221，CQ出版社．

7-6 タイマIC NE555を応用したチャージ・ポンプ電源②
n倍電圧発生回路

電子回路を設計するときに，複数の電源電圧が必要になるときがあります．供給される電圧より低い電圧は比較的簡易に得ることができますが，高い電圧を得ようとすると簡単ではありません．一般的には，トランスを用いた昇圧回路やインダクタンスLを用いたステップアップ回路が使われています．

ここでは，汎用のタイマIC(例えばNE555)とチャージ・ポンプを用いて，回路に供給されている電圧からn倍の高い電圧を得る回路を紹介します．

この回路は，ダイオードとコンデンサを組み合わせて電源電圧より高い電圧を発生することができるので，トランスやインダクタンスを使った回路よりも小型/軽量化することができます．また，少ない部品で手軽に構成することができます．

回路を図1に示します．図(a)に示す回路は2倍電圧発生回路，図(b)に示す回路は3倍電圧発生回路です．これらの回路では，図(c)に示すコンデンサとダイオードを組み合わせた回路を出力に1段追加するごとに，出力される電圧が高くなります．理論的には，n個の組み合わせを行うと電源電圧の$(n+1)$倍の電圧を得ることができます．しかし，実用回路では，タイマICのNE555の出力電圧が電源電圧より若干低いことと，各段に取り付けられたダイオードの順方向電圧降下V_Fのために，回路の出力電圧は理論値より低くなります．

電源電圧が12 Vであるとき，回路を1～6段まで組み合わせた場合の無負荷状態における出力電圧の実験値を表1に示します．

出力電流容量は，2段の場合で20 mA程度であり，1段増えるごとに1/2になります．出力電圧は出力電流の増加にともなって低下します．図2に，電源電圧が12 Vのとき，段数が1段と2段の時の出力電流と出力電圧の関係を示します．

〈高橋 久〉

図1 NE555を応用したn倍電圧発生回路

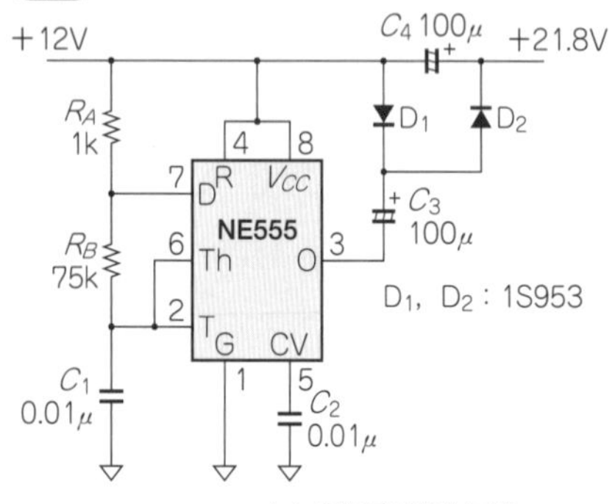

(a) 2倍電圧発生回路

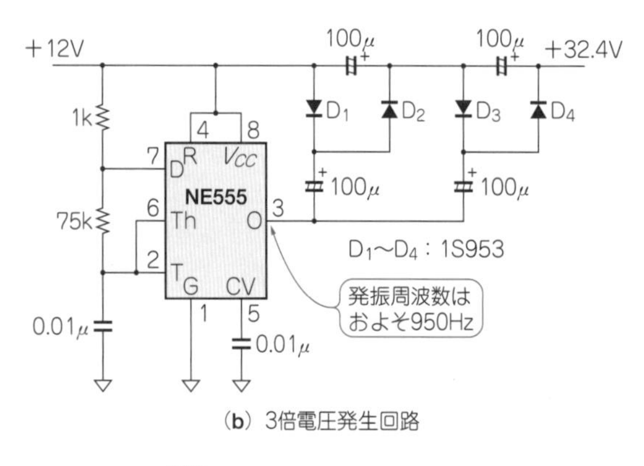

(b) 3倍電圧発生回路

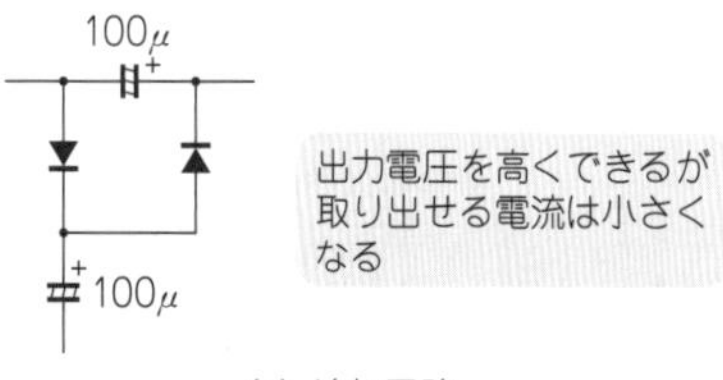

(c) 追加回路

表1 追加回路の段数と出力電圧

段数［段］	理論電圧［V］	実験値［V］
1	24	21.8
2	36	32.4
3	48	43.2
4	60	54.1
5	72	64.8
6	84	75.3

図2 2倍と3倍の電圧を発生する回路の出力電流と出力電圧

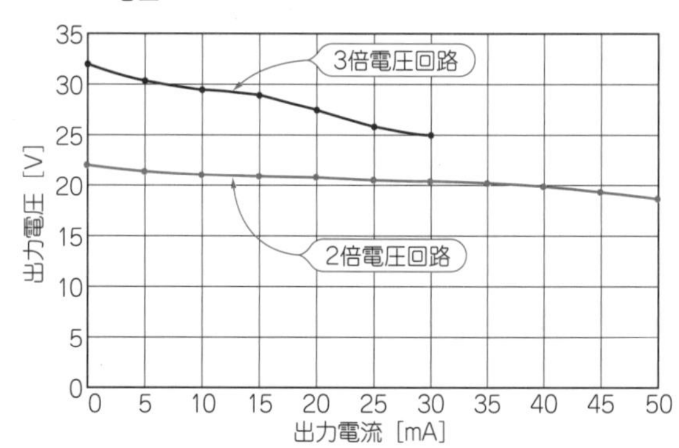

第8章

小型で高効率のDC-DCコンバータ回路を使用する

携帯機器やディジタル回路に使う電源の実用回路

8-1 降圧型コンバータ内蔵ICを使った 高入力電圧時も高効率なLDOレギュレータ回路

LDO(Low Drop Out, 低電圧降下レギュレータ)と呼ばれる低損失レギュレータは，入出力電圧差が小さいほど高効率になりますが，入出力電圧差が大きくなると効率は低下します．

ここでは，MIC38300(マイクレル)を使用した，入出力電圧差が大きくても高効率なLDOを紹介します．

MIC38300の形状は，4×6×0.85 mmのMLF(Micro Lead Frame)パッケージです．図1において，入力電圧が5 Vのときの効率は約79 %と，降圧型コンバータがないときの計算値＝20 %と比べれば，大幅に効率が高くなっています．さらに高効率にするには，小さく内蔵したインダクタを，大きくして外付けにすれば90 %以上の効率を期待できますが，形状か，効率か，どちらを優先するのか迷うところです．

MIC38300の内蔵降圧型コンバータは常に動作していますが，Pchパワー MOSFETを使用しているため，入力電圧低下時には連続的にONします．入力電圧が上昇すると，デューティ比が100 %から低下していき，LDOの入力電圧(LDOINピン)をほぼ一定にします．出力電流は，最小3 A_{peak}(標準で5 A_{peak})ですが，連続で2.2 Aが保証されています．　〈馬場 清太郎〉

◆引用文献◆

(1) MIC38300データシート，2008年2月，マイクレル・セミコンダクタ・ジャパン㈱.

図1[1] 降圧型コンバータを内蔵した高入力電圧時も高効率なLDOレギュレータ回路

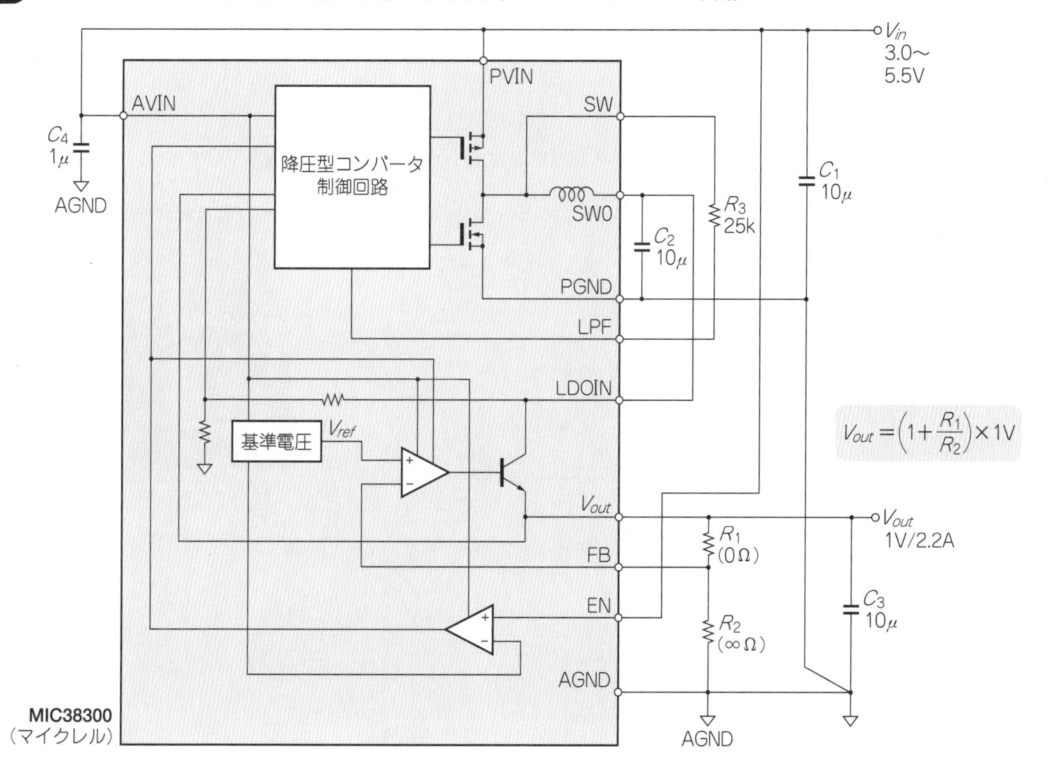

昇圧型コンバータ内蔵のICを使った
8-2 低出力電圧時も高効率なLDOレギュレータ回路

LDOの効率は，入出力電圧差が大きくなると低下しますが，これは入力電圧が大きいときだけではありません．IC内部の動作電圧，つまり最低入力電圧は低くできませんから，出力電圧がこれよりも大幅に低くなると，入出力電圧差が大きくなって効率は低下します．

おおざっぱに言って，ICの動作電圧は2.数Vですから，出力電圧が1.数V以下になると，効率は低下します．

● 高効率LDO LTC3026の特徴と仕様

図1に，LTC3026(リニアテクノロジー)を使用した低出力電圧時も高効率を得られるLDOを示します．用途は，高効率スイッチング電源の後置レギュレータなどです．

内蔵の昇圧コンバータに必要なインダクタは外付けです．また，出力を安定させるために，10 μF以上のセラミック・コンデンサを外付けする必要があります．

LTC3026の仕様は，次のようなものです．

- 入力電圧範囲：1.14 V ～ 3.5 V（昇圧コンバータ使用時）1.14 V ～ 5.5 V(外部5 V入力時)
- 出力電圧範囲：0.4 V ～ 2.6 V
- 出力電流　：1.5 A_{max}
- 損失電圧　：100 mV_{typ}
- 動作電流　：950 μA(入力電圧1.5 V時)

LTC3026の形状は，10ピンMSOPと3×3 mmのDFNパッケージです．

図1に示した条件で，入力電圧が1.5 Vのときに効率は約80 %と，最低入力電圧2.1 Vの従来型レギュレータであるLT1963Aの約57 %と比べれば，大幅に効率が高くなっています．

なお，1.5 V以外に外部電源として5 Vがあれば，BST端子に5 Vを供給する(SW端子はGND端子に接続)ことにより，昇圧型コンバータを省いた構成にすることができます．

パターン・レイアウトの推奨例を，図2に示します．

● 超低飽和リニア電源シリーズ

他社同等品は見かけませんが，外部電源として5 Vが用意できる場合には，昇圧型コンバータ回路を省いたロームのPCチップセット向け超低飽和リニア電源シリーズがあります．内部制御回路用の電源電圧は5 V，出力用の電源電圧は出力電圧＋50 mV以上となっています．

出力段のパワーMOSFET外付けタイプも用意されていますから，大出力電流にも対応可能です．多種類の電圧が必要なシステム電源として考えれば，こちらの用途も多そうです．　〈馬場 清太郎〉

◆引用文献◆

(1) LTC3026データシート，2005年，リニアテクノロジー㈱.

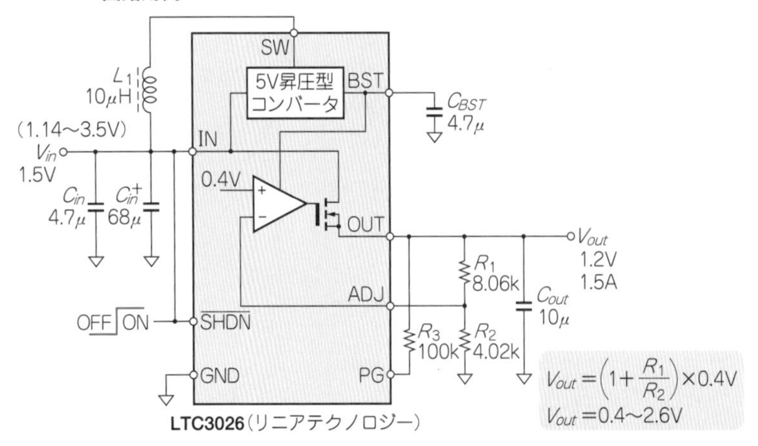

図1[1] 昇圧型コンバータを内蔵した低出力電圧時も高効率なLDOレギュレータ回路用例

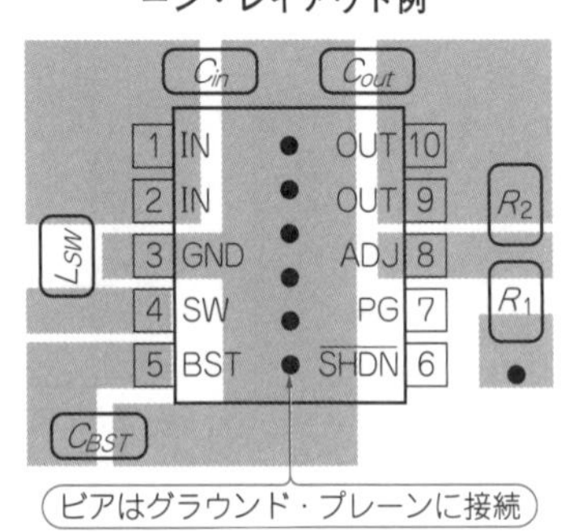

図2[1] LTC3026の周辺回路のパターン・レイアウト例

8-3 外付けインダクタ不要，極少の外付け部品 10 A出力の超小型降圧型コンバータ回路

図1は，LTM4600(リニアテクノロジー)を使った，外付けインダクタが不要で超小型になる大電流降圧型コンバータです．外付けに必要な部品は，入出力のパスコンと出力電圧設定用の抵抗1本だけです．

用途は，小型化が要求される通信機器(テレコムおよびネットワーク機器)，サーバ，産業用機器などです．

LTM4600の仕様を次に示します．なお，2個並列に使用すると最大20 Aの出力電流を取り出せます．

- 入力電圧範囲　　　：4.5～20 V
- 出力電圧範囲　　　：0.6～5 V
- DC出力電流　　　：10 A(ピーク時14 A)
- スイッチング周波数：850 kHz_{typ}
- 出力電圧レギュレーション：1.5 %
- ソフトスタート・タイマ内蔵

形状は，15 × 15 × 2.8 mmのLGA(Land Grid Array)パッケージです．

効率は，入力12 Vで1.5 V/10 A出力時に約82 %とあまり良くありません．その理由は，インダクタを小型化して内蔵したことにあります．最適なインダクタを外付けすれば90 %以上にはなります．形状と効率のどちらを優先するのかということです．

図1に示したように，制御端子がほとんどオープンになっていても動作しますが，システムに組み込むときにはデータシート[1]を参照して外部制御する必要があります．

パターン・レイアウトの推奨例を，図2に示します．

12 V入力，1.5 V/10 A出力時の入力電流は，直流で約1.5 Aですが，ピーク値は出力電流よりも大きく10 A以上になります．

このパルス電流によるノイズ(EMI，エミッション)を防止するには，入力側にLを追加してLCフィルタを入れます．

Cは10 μF程度のセラミック・チップ・コンデンサ(MLCC)2個をLの両側に配置し，150 μFは電源入力側に移動します．

Lは0.数～数μHで許容電流が15 A程度にします．

たとえば，TDKのMPZ2012S300A(100 MHzにおいてインピーダンス30 Ω/6 Aのビーズ・インダクタンス)などを使います．

LTM4600には同等品はありませんが，形状が大きくなることを許せば，機能的にはモジュール・メーカのPOL(Point of Load)用DC-DCコンバータを使用することができます．　〈馬場 清太郎〉

◆引用文献◆

(1) LTM4600データシート，2005年，リニアテクノロジー㈱.

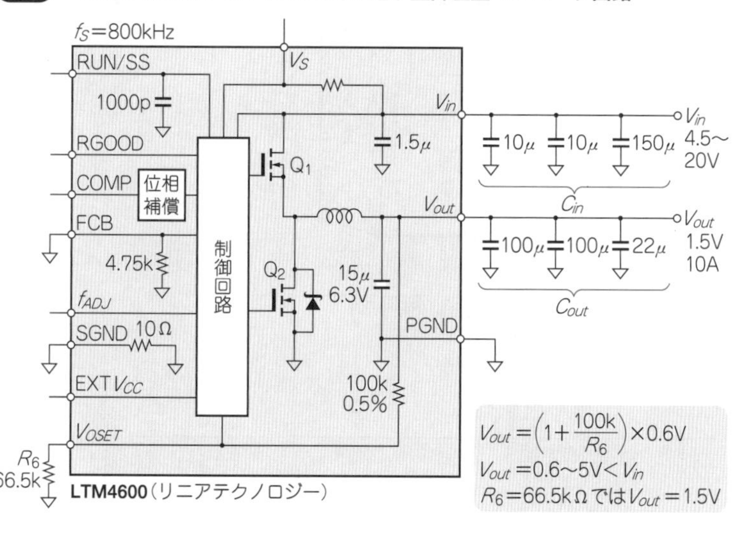

図1[1] 外付け部品の少ない10 A出力の超小型降圧型コンバータ回路

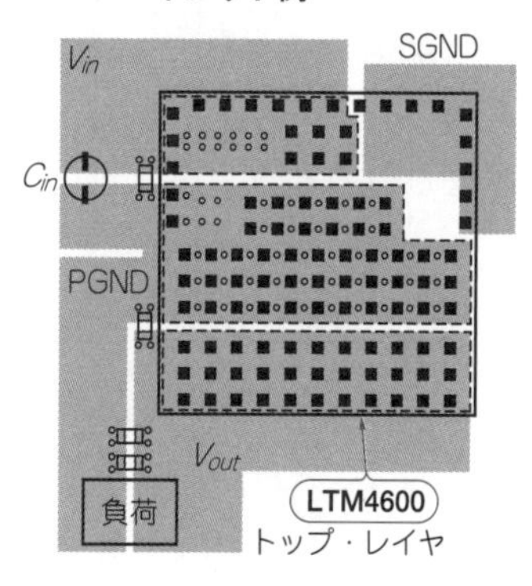

図2[1] LTM4600のパターン・レイアウト例

8-4 ソフトウェアで簡単に回路設計できる 計装回路用AC24 V入力/DC5 V出力の電源回路

写真1に示すLM2575(ナショナル セミコンダクター)は，Simple Switcherシリーズのなかでも歴史のある降圧型スイッチング・レギュレータICで，少ない外付け部品で1 Aまで取り出すことができます．

Switchers Made Simple(以下SMS)というDOS上のソフトウェアで，簡単に回路設計ができます．

SMSは，http://www.national.com/analog/power/switcher_made_simple(2008年5月現在)からダウンロードできます．LM2575にはVer3.3(SMS33.EXE)を使用します．表1に，定番の降圧型DC-DCコンバータICを示します．

写真1 降圧型スイッチング・レギュレータIC LM2575(ナショナル セミコンダクター)

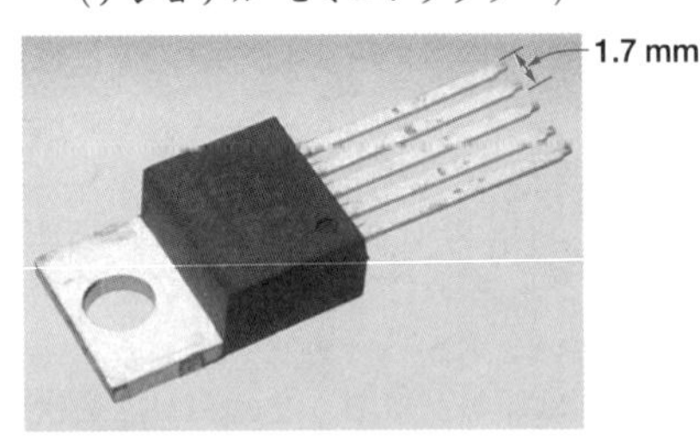

● スイッチング周波数は52 kHz

最新のICに比べれば52 kHzはかなり低いスイッチング周波数ですが，ディスクリート部品による構成がおもな対象になります．そのぶん，部品の選択に関して制約は厳しくないので，部品の入手に困ることはないでしょう．レイアウトについても，いくつかの注意点を守ることにより確実に動作します．

● 外付け部品の算出と選択

図1は，計装回路で使うAC24 VからDC5 V，0.2 Aを作る電源回路の例で，図2はプリント・パターンの例です．ACの片側をコモンとするので半波整

図1 計装回路で使用できる入力AC24 V，出力DC5 V/0.2 Aの電源回路

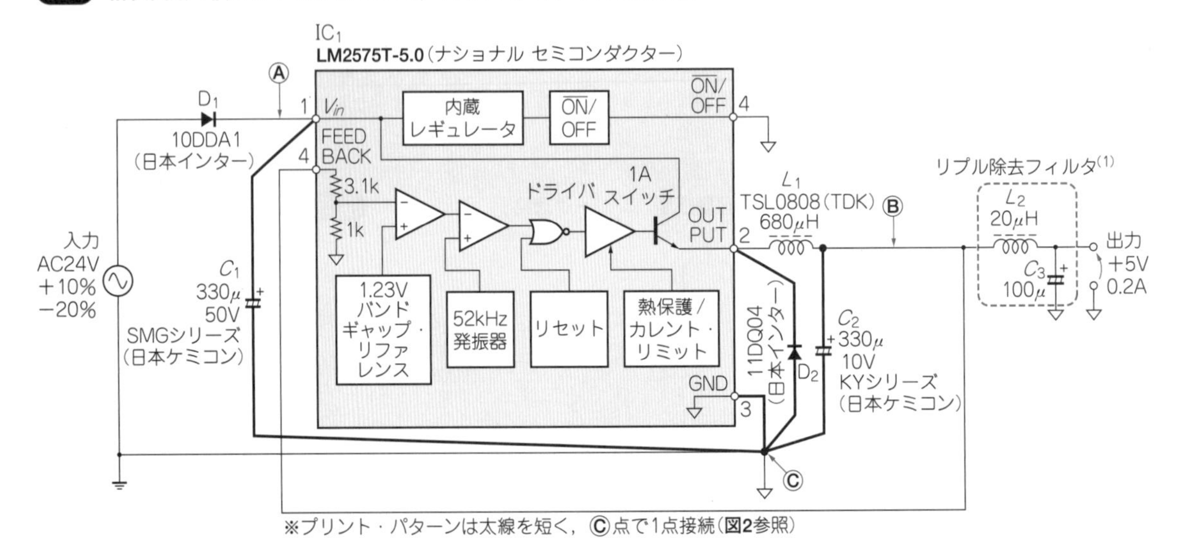

表1 よく使用されるDC-DCコンバータIC例

型名	メーカ	出力電圧 [V]	出力電流 [A]	スイッチング周波数 [kHz]	パッケージ
LM2574	ナショナル セミコンダクター	3.3/5/12/15/可変	0.5	52	SO/DIP8
LM2576		3.3/5/12/15/可変	3	52	TO220
MC34063	オン・セミコンダクター	1.25～可変	1.5	～100	SO/DIP8
NJM2360A	新日本無線	1.25～可変	1.5	0.1～100	SO/DIP8
LM2675	ナショナル セミコンダクター	3.3/5/12/15/可変	1	260	SO/DIP8

流になります．最大負荷がわかっている場合には，その負荷で設計するほうが，コイルの大きさやコンデンサの選択などで有利です．

図3は，SMSで設計中の画面です．適切な部品を指定してくれますが，入手できる代替品を探します．

- コイル：最大電流を満足するものを選ぶ．
- 出力コンデンサ：スイッチング・レギュレータ用の低*ESR*品を選択する．*ESR*はコンデンサの発熱につながる．標準品も耐圧を上げると*ESR*が下がる場合があるが，実験などの一時的な使用以外では避けたほうがよい．

SMS33で新規設計するときは，出力電流やパッケージに応じてLM2574/75/76を自動選定するので，初めてのときは定格電流で仮に設計しておき，それを元(OverWrite)に設計すると元のデバイスをそのまま引き継ぐことができます．

● 出力にはスイッチング・リプルが含まれる

入出力間のリプルはほぼ除去されますが，出力には図4のように数十mVのスイッチング・リプルが重畳します．

リプルが問題になる用途では，図1のような*LC*フィルタを付加したり，可変タイプを使って高めの電圧に設定してからLDOに入力するなどの対策をとって低減させます．

〈慶間 仁〉

◆参考文献◆

(1) LM2575/LM2575HVシリーズSIMPLE SWITCHER 1A 降圧型電圧レギュレータ データシート，ナショナル セミコンダクター．

図2 図1のプリント・パターン例

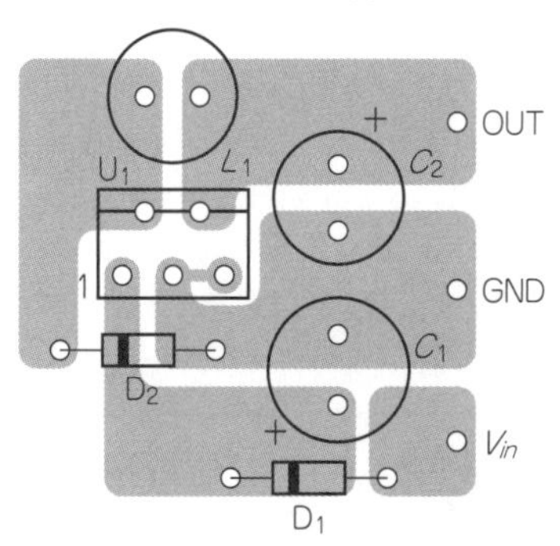

図4 出力リプルの大きさに応じて*LC*フィルタやLDOを付加する

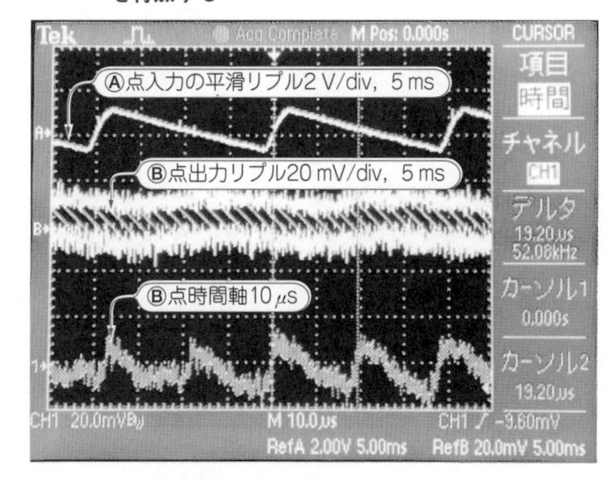

図3 回路デザイン・ソフトウェアSwitchers Made Simpleの画面例

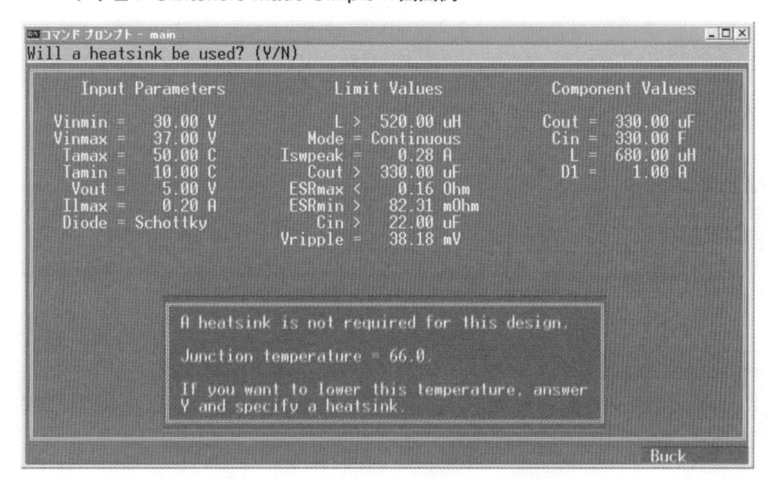

8-5 わずかな外付け部品で各種DC-DCコンバータを作れる 降圧型/昇圧型/反転型/昇降圧型コンバータ回路

図1(p.119, p.120)に，NJM2392(新日本無線)を使用した，降圧型/昇圧型/反転型/昇降圧型コンバータを示します．図中に示した入出力電圧と出力電流に設定したときの効率は，オン電圧が大きくなる降圧型コンバータと反転型コンバータで80％程度，トランジスタ・スイッチを2個使用する昇降圧型コンバータで82％程度，トランジスタ・スイッチが1個の昇圧型コンバータの場合が85％程度です．ここで，トランジスタ・スイッチはダーリントン接続になっています．

スイッチ電流の最大値が1.5 A_{max}なので，入力電流の最大値は保護回路により1.36 Aに設定しています．平均出力電流の最大値を図のような値にしたのは，ICの損失を定格以内(約0.5 W)にするためです．

パターンのレイアウトは，大電流が流れるパワー系の配線は太く，短く，できるだけ近づけて，囲む面積を小さくします．

今回は，動作確認をユニバーサル基板で行ったため，200 MHz程度の寄生発振が起きました．その対策として，ピン6とピン7間にC_5 = 1500 pFのコンデンサを入れました．パターン設計に自信がないときは，C_5 = 300 pF～1500 pFのコンデンサを入れられるようにしておけば，寄生発振が起きても容易に対策できます．

NJM2392は，一世を風靡した初期型の汎用DC-DCコンバータICであるMC33063/MC34063(旧モトローラ，現オン・セミコンダクタ)の出力リプル電圧を小さくした改良品です．MC33063の基本特性を引き継いでいるため，スイッチング周波数が低く，基板実装面積も大きく，効率が80％程度であまり良くないという欠点はそのままです．

スイッチング周波数が低いという短所は，片面プリント基板で安価にDC-DCコンバータができるという長所でもあります．非常に汎用性が高く，1種類だけ在庫しておけば使い回しが効き，降圧，昇圧，反転，昇降圧などの各種コンバータをわずかな外付け部品で作ることができるという特徴があります．

NJM2392と置き換え可能なICを表1に示します．NJM2392は出力リプル電圧と出力電圧変動を小さくするために，エラー・アンプのゲインを大きくしているので，他のICよりも発振しやすくなっています．そのため，他のICでは不要な位相補償コンデンサC_4

表1 NJM2392に代替可能なDC-DCコンバータ

項目 ＼ 型番	NJM2392	NJM2374A	NJM2360A	MC33063A
リファレンス電圧	1.25 V ± 2％			
スイッチ電流	1.5 A_{max}			
電源電圧範囲	3.0～40 V	2.5～40 V		3.0～40 V
過電流保護回路	内蔵			
発振周波数	1 k～150 kHz	100 Hz～100 kHz		1 k～100 kHz
形状	DIP8，DMP8			
位相補償：C_4	必要	不要		
特徴	● 出力電圧リプル小 ● 出力電圧変動率小	● 出力電圧リプル小 ● 出力電圧変動率大	● 出力電圧リプル大 ● 出力電圧変動率小	
メーカ	新日本無線			オン・セミコンダクター

パワー系ICのグラウンド　column

スイッチング電源用のICでは，たいていパッケージの下の面が放熱を兼ねたグラウンドになっています．

ところが，このグラウンドはICによって内部の制御回路の基準電位としてのアナログ・グラウンド(AGND)になっている場合と，ロー・サイドのスイッチ素子のパワー・グラウンド(PGND)の場合があり，統一されていません．

このため，よくデータシートで確認する必要があります．

また，一部メーカのICで“PowerGood”を略したPGという名称のピンがあり，パワー系のグラウンド端子と誤解しがちなので注意が必要です．

〈森田 一〉

が必須です．また，出力平滑コンデンサC_2に低インピーダンス電解コンデンサを使用する場合は，L_1を330 μH程度にする必要があります．他のICではL_1を220 μH以下にしてもかまいません．

NJM2374Aは降圧型/反転型コンバータのときは，出力電圧を±6 V以内にする必要があります．

ピン6とピン7間に入れる寄生発振防止用コンデンサについては，データシートには書かれていませんが，

図1 [1] わずかな外付け部品で降圧，昇圧，反転，昇降圧などの各種コンバータに利用できるNJM2392を使った回路例

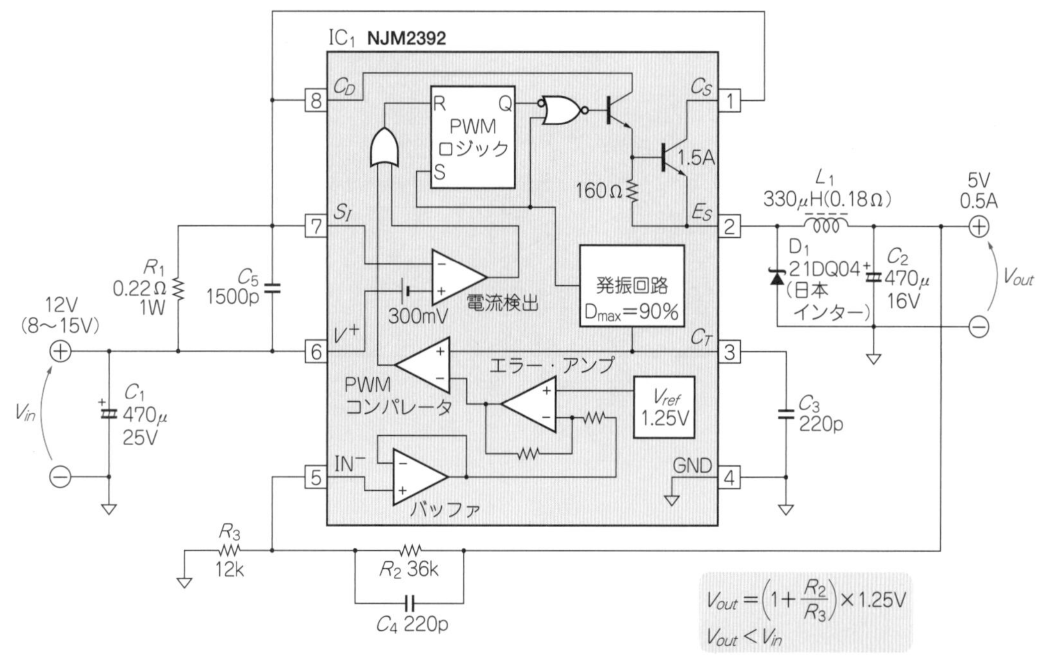

(a) 降圧型コンバータ

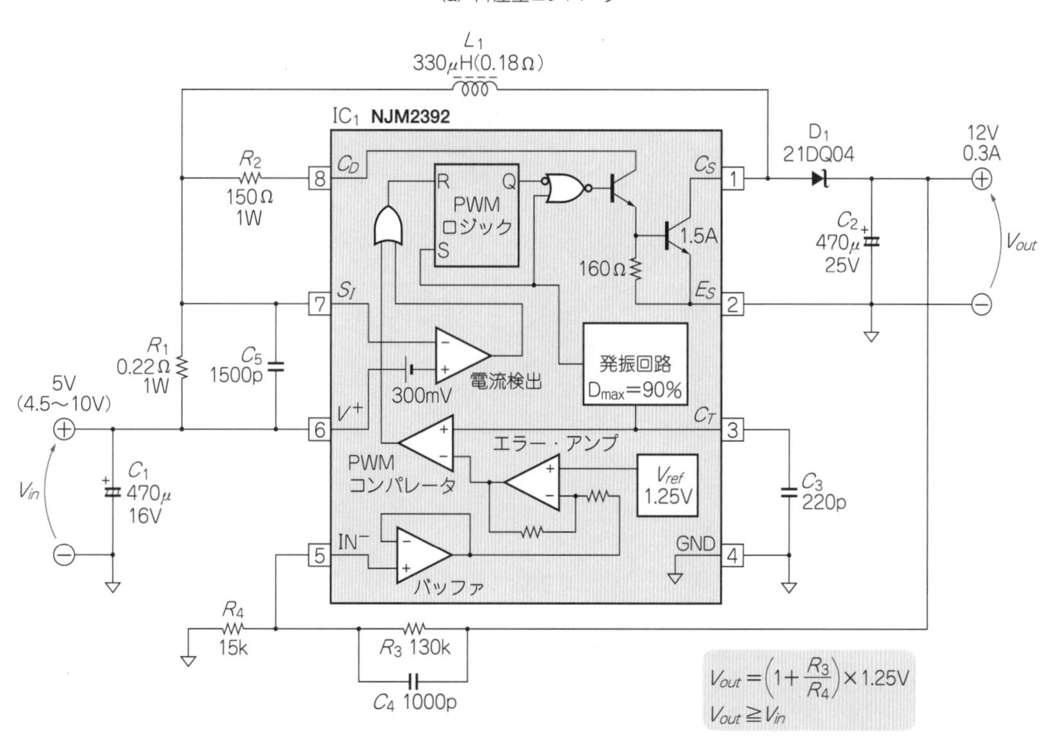

(b) 昇圧型コンバータ

図1[1] わずかな外付け部品で降圧，昇圧，反転，昇降圧などの各種コンバータに利用できるNJM2392を使った回路例(つづき)

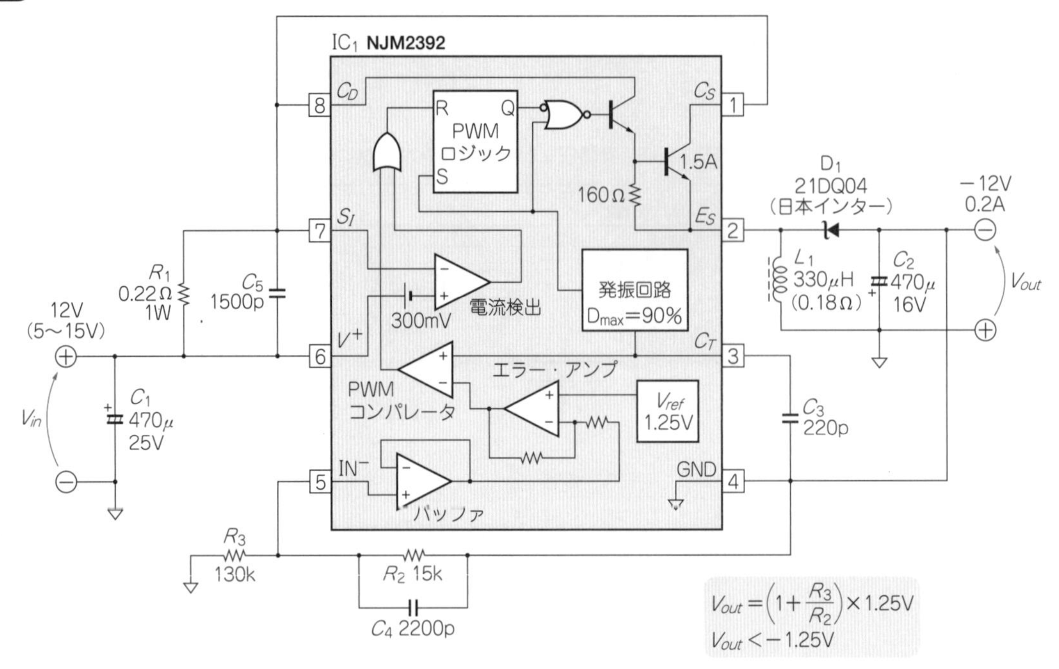

(c) 反転型コンバータ

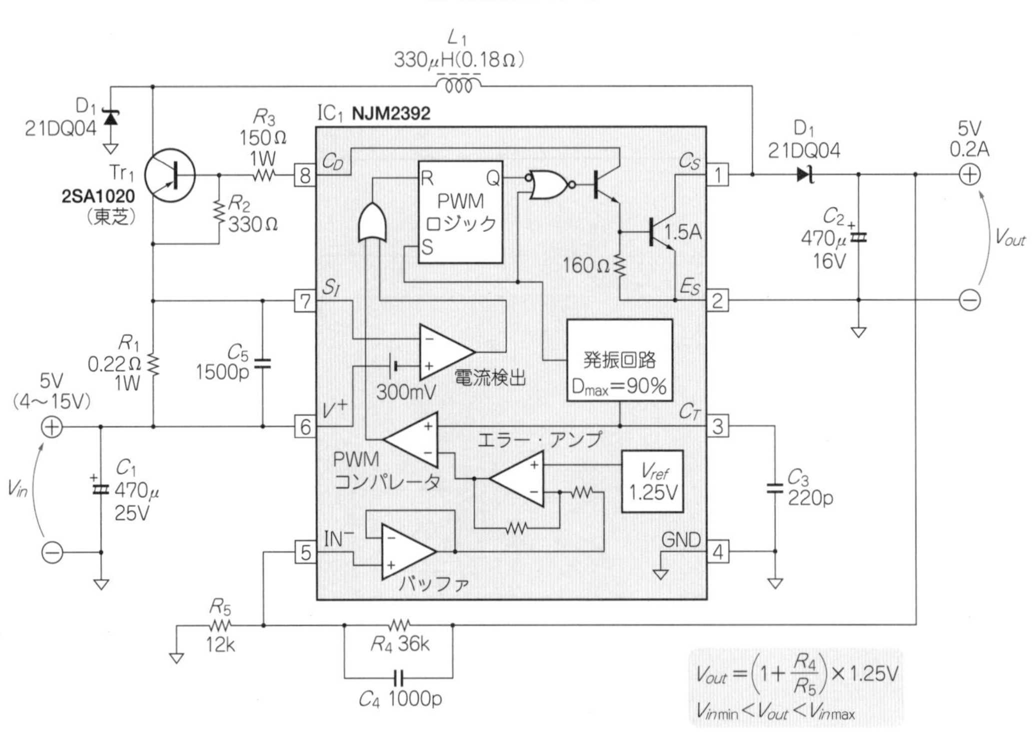

(d) 昇降圧型コンバータ

パターン設計によっては寄生発振を起こす可能性がありますから，入れられるようにしておくと安心です．

〈馬場 清太郎〉

◆参考文献◆

(1) NJM2392データシート，2008年6月，新日本無線㈱.
(2) MC34063A/MC33063Aデータシート，2007年2月，オン・セミコンダクタ㈱.

8-6 OPアンプによる定電圧回路を利用した 多系統電圧出力ができる電源回路

各種のセンサやアクチュエータを駆動したり，あるいは液晶(LCD)パネルの時分割駆動などを行うとき，大きな電流ではなくても，3種類以上の電圧を発生させたい場合があります．

図1に示すのは，そのような場合に使える回路です．

使用しているADP1611(アナログ・デバイセズ)は，単体で20 V/300 mA(6 W)程度を得られるステップアップ・コンバータです．これを利用し，整流回路などを組み合わせて多種の電圧を作ることができます．さらに，定電圧レギュレータまたはOPアンプを組み合わせれば，多系統の安定化した電圧を得ることができます．

図中，定電圧レギュレータではなくOPアンプを使っていますが，これは一長一短があります．言うまでもなく，定電圧化するには定電圧レギュレータが“プロ”なのですが，100 mA以下の用途ではOPアンプを電源に使うのも一つの方法です．知っておくべきテクニックだと思います．

〈畔津 明仁〉

図1 ＋10 V/＋12 V/－5 Vを同時に出力する回路

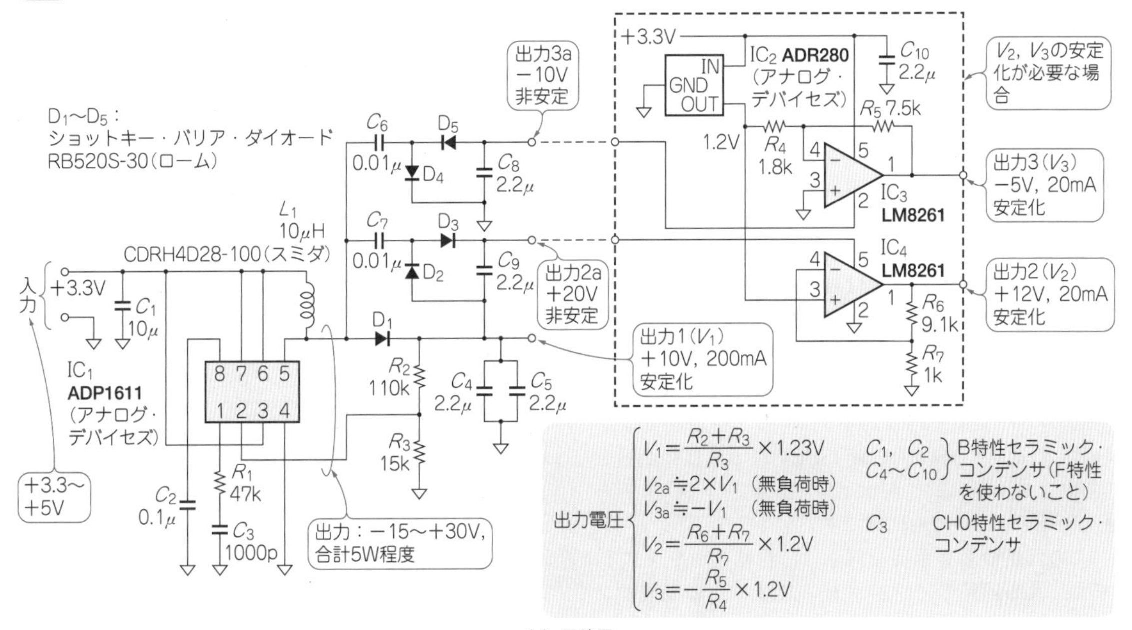

(a) 回路図

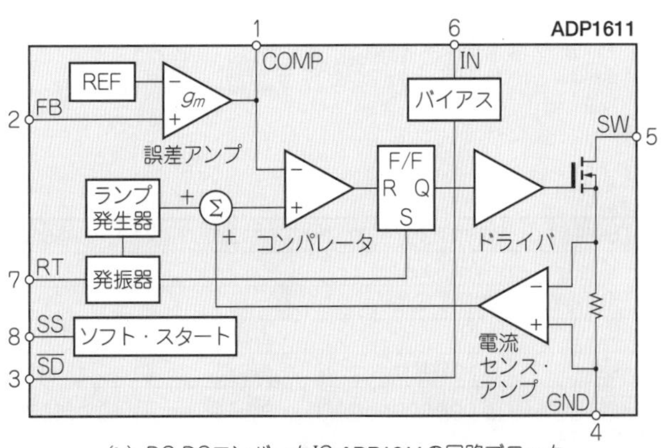

(b) DC-DCコンバータIC ADP1611の回路ブロック

軽負荷時に間欠動作で損失を減らす
8-7 高効率で低雑音の複合共振型AC-DCコンバータ回路

最近は，薄型テレビ用電源として，高効率で低雑音の共振型AC-DCコンバータの採用が増えています．以前の共振型電源制御ICは，軽負荷時に間欠動作させるバースト・モードがなかったため，軽負荷時の効率は大幅に低下していましたが，最近の電源制御ICは軽負荷バースト・モードに対応しているので，軽負荷時の効率は大幅に向上しています．

図1に，L6599(STマイクロエレクトロニクス)を使用した共振型AC-DCコンバータ回路を紹介します．

この回路は基本的に電流共振型(直列共振型)ですが，動作周波数をLC共振周波数よりも高くして，上下のパワーMOSFETのドライブにデッド・タイムを設け，デッド・タイム期間中に電圧共振させてZVS(ゼロ電圧スイッチング)とし，効率の大幅な向上と超低雑音化を図っています．

電流共振と電圧共振が混在するので，この回路形式を「複合共振型」と呼びます．図に示した条件で，効率はPFC回路も含めて約90％ですが，図1の回路だけの場合は95％以上の効率が期待できます．

図2に，定格出力時の動作波形を示します．ハーフ・ブリッジの出力電流はほぼ正弦波となっていて，電流共振型であることがわかります．ハーフ・ブリッジの電圧波形と照らし合わせると，上側のパワーMOSFETがオンするときには電流がマイナスなので，上側のパワーMOSFETのボディ・ダイオードがまず導通し，次に上側パワーMOSFETがオンしてZVSを実現していることがわかります．下側パワーMOSFETについても同様です．

この回路の最も重要な部品は，粗結合トランスT_1です．共振回路のインダクタンスは，T_1の漏洩インダクタンスに相当するからです．なお，トランスについての詳細は，文献(1)を参照してください．T_1が変更されると回路の動作が変わり，定数は全面的に再設計する必要があります．

L6599の場合，パワーMOSFETの上下ドライブの間に設けたデッド・タイムは，0.2 μ～0.3 μsです．このデッド・タイムで上下のパワーMOSFETが同時にONしない程度に高速なパワーMOSFETを選択する必要もあります．

L6599のピン互換品はありませんが，薄型テレビ用に販売されている機能的代替品を表1に示します．他社のデバイスの場合，薄型テレビ・メーカと薄型テレビ用電源メーカ以外には積極的にはPRしていないようです．もちろん，薄型テレビだけでなく高効率・低ノイズの必要な電源には使用可能です．

いずれにしろ，トランスやICを変更すれば再設計する必要がありますが，共振型電源の設計には計算式がなく，トランスをモデリングしてシミュレーションで行う必要があります．

〈馬場 清太郎〉

◆参考・引用*文献◆

(1) AN2393，2007年10月，STマイクロエレクトロニクス㈱．

(2)* L6599データシート，2006年7月，STマイクロエレクトロニクス㈱．

図2 L6599を使った共振型AC-DCコンバータの動作波形

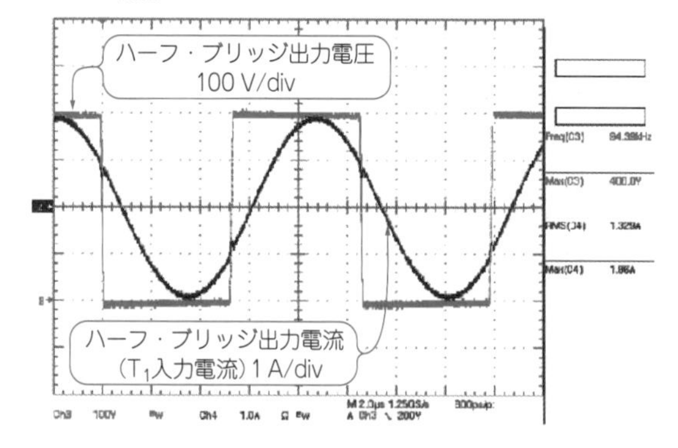

表1 L6599の代替ICの例

項 目	L6559	SSC9500/9600	STR-Z2500	FA5509	M-Power2/3
電流共振制御	○	○	○	○	○
ZVS	○	○	○	○	○
バースト・モード	○	○	○	○	○
パワーMOSFET	外付け	外付け	内蔵	外付け	内蔵
形状	DIP/SOP-16	DIP-16	SIP-24	SOP-16	SIP-23
メーカ	STマイクロエレクトロニクス	サンケン電気		富士電機	

注：ピン互換のICがないため，機能的に代替可能なICを示す．使用する場合は，全面的な再設計が必要である．

図1 (2) 軽負荷バースト・モードに対応した高効率，低ノイズの共振型AC-DCコンバータ回路

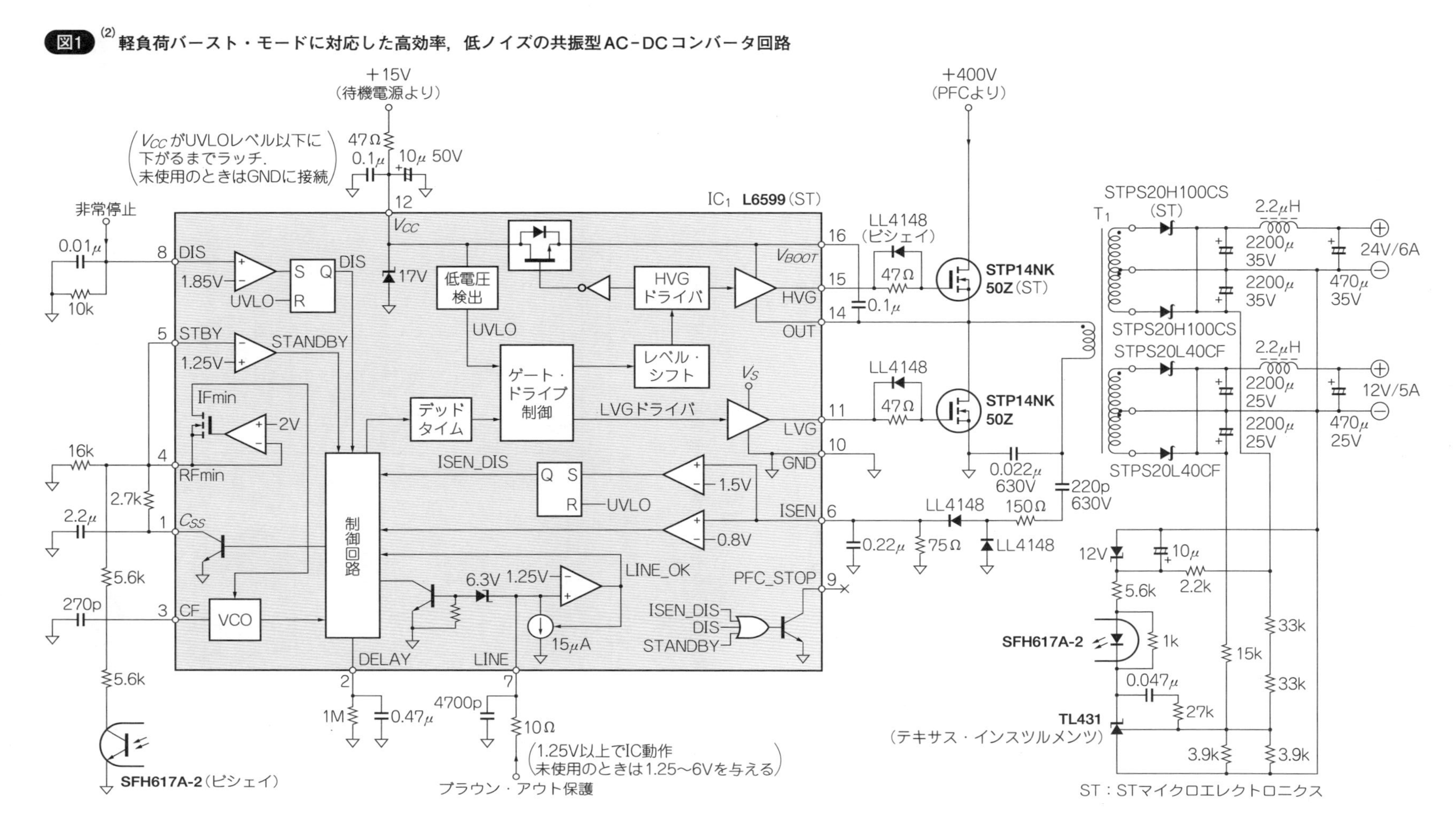

8-8 パワー・スイッチを内蔵した中出力電力用 効率の高い昇降圧型コンバータ回路

図1に，LTM4605(リニアテクノロジー)を使った，中出力の高効率昇降圧型コンバータを紹介します．用途は，小型化が要求される通信機器(テレコムおよびネットワーク機器)やサーバ，大電力電池駆動機器などです．形状は15×15×2.8 mmのLGAパッケージです．例えば，図1に示した条件で，入力電圧が8.5 V以上のときに効率が97 %以上と非常に高くなっています．

LTM4605は，大電流を扱うスイッチが入出力に直接引き出されていて，外部の電源と負荷に接続されます．この部分には断続的な電流が流れるため，大きなノイズ(EMI，エミッション)が外部に輻射されることがあります．図の*印部分に小さなインダクタを入れると，ノイズが軽減されます．この技法は，他のコンバータICにも適用できます．

LTM4605には各種の制御入出力があり，システムに組み込むときは有用です．

パターン・レイアウトの推奨例を，図2に示します．

〈馬場 清太郎〉

◆引用文献◆

(1) LTM4605データシート，2007年，リニアテクノロジー㈱.

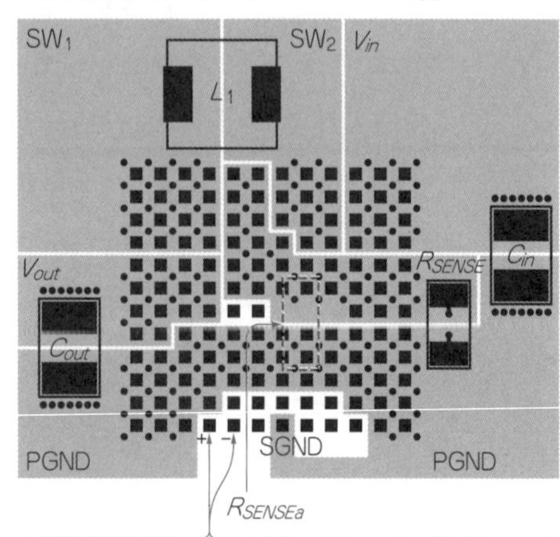

図2 [1] LTM4605のパターン・レイアウト例

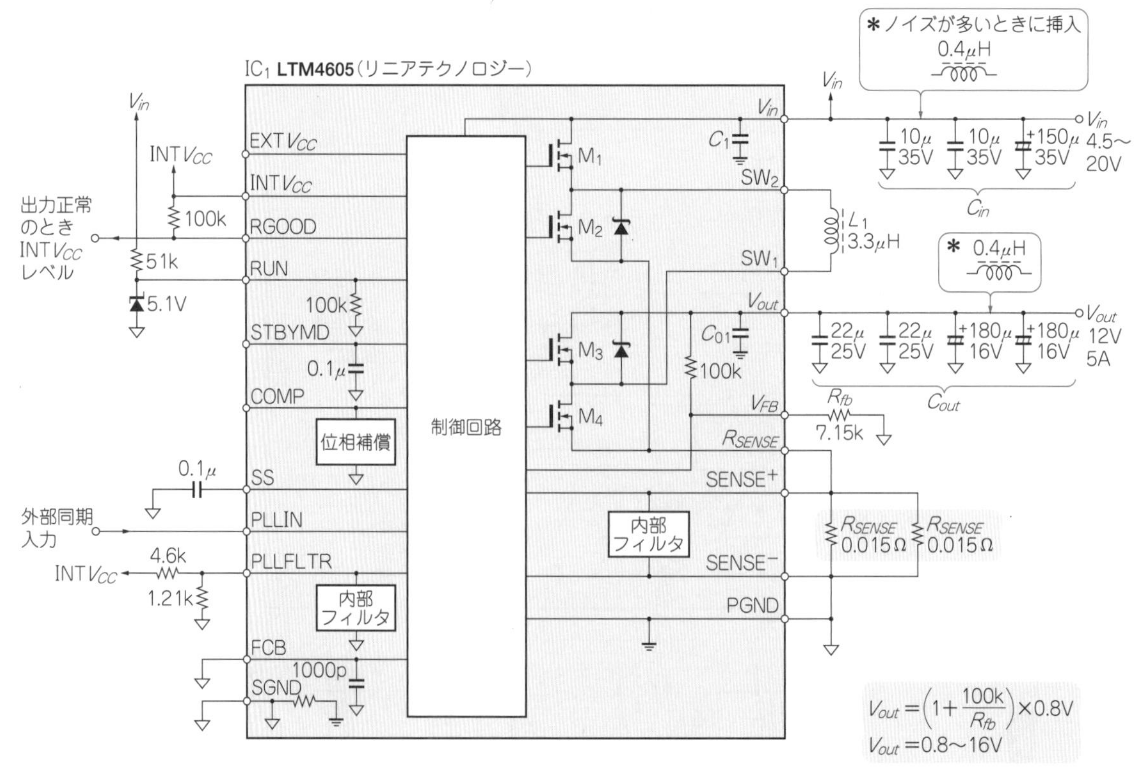

図1 [1] パワー・スイッチを内蔵し，中出力電力用で効率が97 %と高い昇降圧型コンバータ回路

8-9 フライバック・コンバータの効率を大幅に向上させる 2次側同期整流回路

出力電流が数A以上のスイッチング電源の効率を向上するためには，ダイオードの代わりにパワーMOSFETを使用した同期整流回路の採用が効果的ですが，パワーMOSFETのドライブ回路が大変でした．

トランス巻き線でドライブすると，電圧がまだ低い起動時にパワーMOSFETが中途半端にONして起動失敗したり，軽負荷時には電流が逆流して効率の大幅な低下を招いたりしました．

図1に，STSR30(STマイクロエレクトロニクス)を使用したフライバック・コンバータ用2次側同期整流回路を示します．

STSR30はSO-8パッケージで，低電圧保護回路を内蔵し，軽負荷時には電流が逆流しないようにパワーMOSFETをOFFさせます．INHIBIT端子が軽負荷の検出を行っています．SETANTは，ゲート・ドライブ信号から，パワーMOSFETのOFFを予測して内部のタイミングを生成するために使う端子で，ゲート電圧の閾値(しきいち)を設定します(図では2.5 V)．DISABLE端子を0 Vにすると，ICの動作は停止します．

STSR30のピン互換品はありませんが，機能的な代替品としてはSTSR3(STマイクロエレクトロニクス)，IR1167S(インターナショナル・レクティファイアー)があります．

〈馬場 清太郎〉

◆引用文献◆
(1) AN2432，2006年10月，STマイクロエレクトロニクス㈱.
(2) STSR30データシート，2004年1月，STマイクロエレクトロニクス㈱.

図1 [1][2] フライバック・コンバータの効率を大幅に向上させる2次側同期整流回路

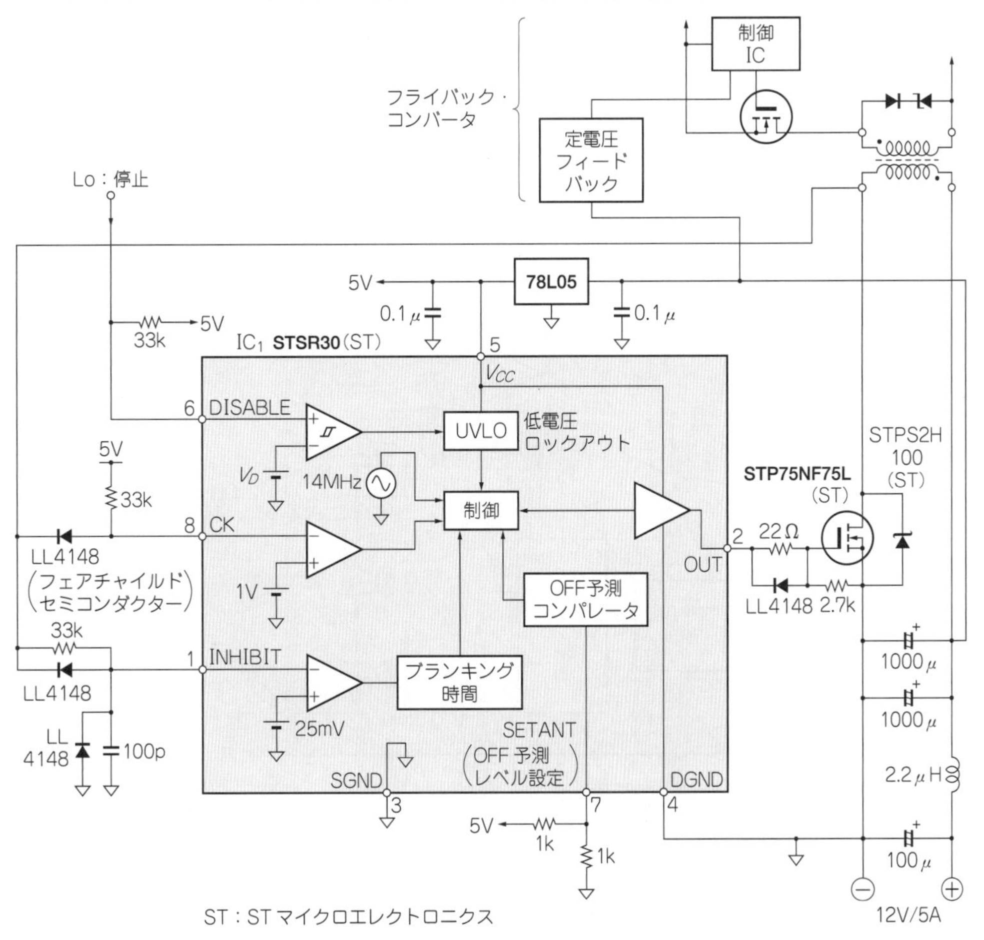

8-10 同期整流で電池動作に適した 小型で高効率な降圧型コンバータ回路

図1に，LTC3561(リニアテクノロジー)を使用した，小型で高効率の降圧型コンバータを示します．LTC3561はスイッチ素子を内蔵し，最大4 MHzのスイッチング動作が可能で高効率なので，携帯機器や電池動作の機器に最適です．図1に示した回路のスイッチング周波数は約1 MHzで，効率は約90 %です．

LTC3561の入力電圧範囲は2.63～5.5 V，出力電圧は0.8 V～5 Vの範囲で調整可能です．

電池動作を考慮し，メイン・スイッチにPchパワーMOSFET(オン抵抗0.11 Ω)を採用し，同期整流器としてNchパワーMOSFET(オン抵抗0.11 Ω)を使用しています．ピーク電流定格は，両者とも1.4 A_{peak}です．PchパワーMOSFETは入力電圧低下時に連続的にONできます(100 %デューティ比可能)．無負荷時の消費電流はわずか240 μAで，シャットダウン時の消費電流は1 μA以下です．

LTC3561は，3×3 mmの8ピンDFN(裏面放熱パッド付き)パッケージに収められ，図1の回路において，部品の実装部分は10×13 mmと小さくなっています．

外付けに必要な部品は，出力電圧を設定する抵抗および降圧型コンバータ用のインダクタとセラミック・コンデンサだけです．

LTC3561には他社の同等品はありませんが，使用条件を一部変更すれば，機能的に代替可能なICが各社からたくさん販売されていて選択に困るほどです．

例えば，TPS62291(テキサス・インスツルメンツ)はピーク電流定格はLTC3561と同じですが，内蔵パワーMOSFETのオン抵抗が大きくなっているため，実用的な最大出力電流は制約されます．また，内蔵パワーMOSFETはメイン・スイッチ，同期整流器ともNchパワーMOSFETのため，真に100 %デューティ比での動作は可能ではありません．しかし，形状が2×2 mmSONパッケージとさらに小さくなっています．

〈馬場 清太郎〉

◆引用文献◆

(1) LTC3561データシート，2006年，リニアテクノロジー㈱.

図1[1] スイッチング周波数約1 MHz，効率約90 %の小型で高効率な降圧型コンバータ

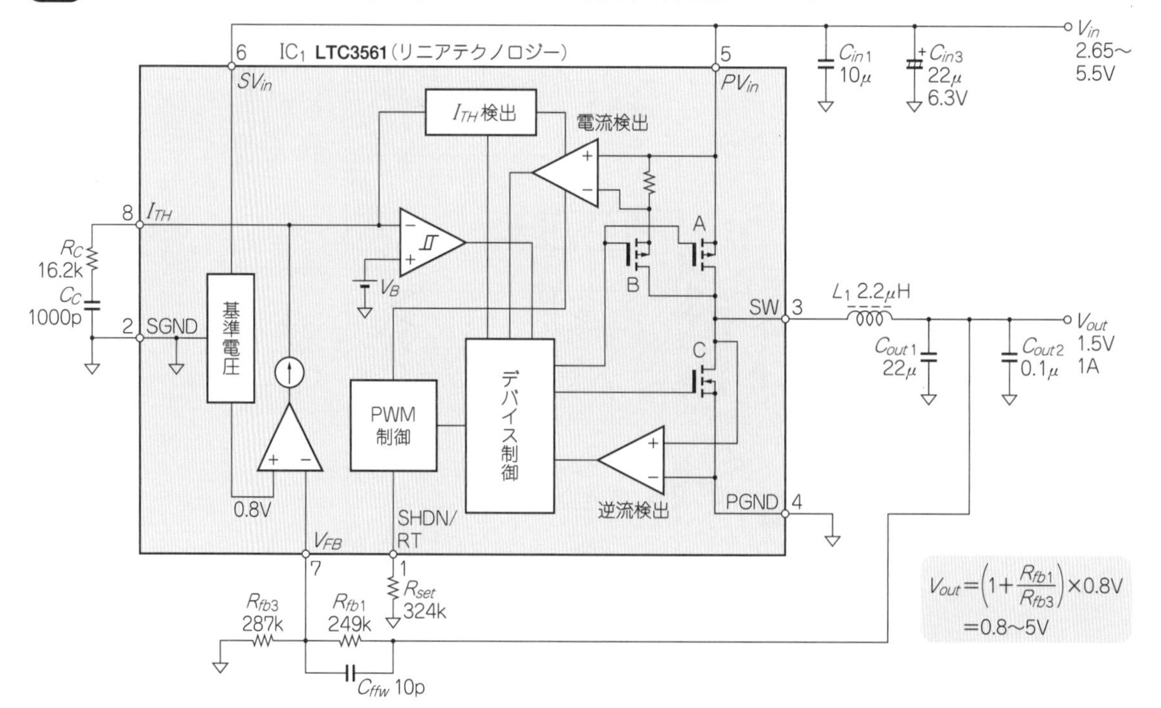

8-11 実装面積が7×8 mm！インダクタ1個で2出力！ 超小型の降圧型コンバータ回路

図1はSTw4141（ST-エリクソン）を使用した，携帯機器に使用されるプロセッサ用に最少部品でI/O電圧とコア電圧の2出力が得られる超小型の降圧型コンバータです．

STw4141は，3×3 mmのTFBGAパッケージに収められています．内部回路の詳細は公表されていませんが，降圧型コンバータの出力側にスイッチを入れて2出力を得ているようです．

携帯機器用のプロセッサに必要な電源は，コア用としては1.5 V，1.3 V，1.2 V，0.9 Vなどが使用され，I/O用としては1.5 Vや1.8 Vが使用されています．これらには独立した電源が必要で，リチウム・イオン・バッテリから取り出されるのが一般的です．ところが，バッテリの出力電圧は大きく変動するのでLDOでは効率が悪く，DC-DCコンバータを2個使用することになりますが，STw4141を使うと1個で済ませられます．

DC-DCコンバータに使用する部品で最も大きなものがインダクタです．2出力の場合には，コンバータを2個つまりインダクタを2個使用するか，コンバータを1個とLDOを使用する必要があるので，実装面積は大きくなります．

ここで紹介する降圧型コンバータは，プリント基板上の実装面積がわずか7×8 mmに収まっています．効率は図1に示した回路条件で約80 %です．コンバータが2個入ったICもありますが，インダクタは2個必要です．これを使用すれば効率90 %以上も可能ですが，形状か，効率か，どちらを優先するのかという問題になります．

図1では使っていませんが，FB1，FB2の入力に抵抗を分圧して出力電圧を戻せば，例えばV_{out1} = 5 V，V_{out2} = 3.3 Vにすることもできます．

また，システム組み込み用にさまざまな制御入力があります．例えば，VSELピンをGNDに接続すると，V_{out2}は1.0 Vになります．

〈馬場 清太郎〉

写真1 STw4141評価基板の外観（ST-エリクソン）

◆引用文献◆

(1) STw4141データシート，2006年6月，ST-エリクソン㈱.

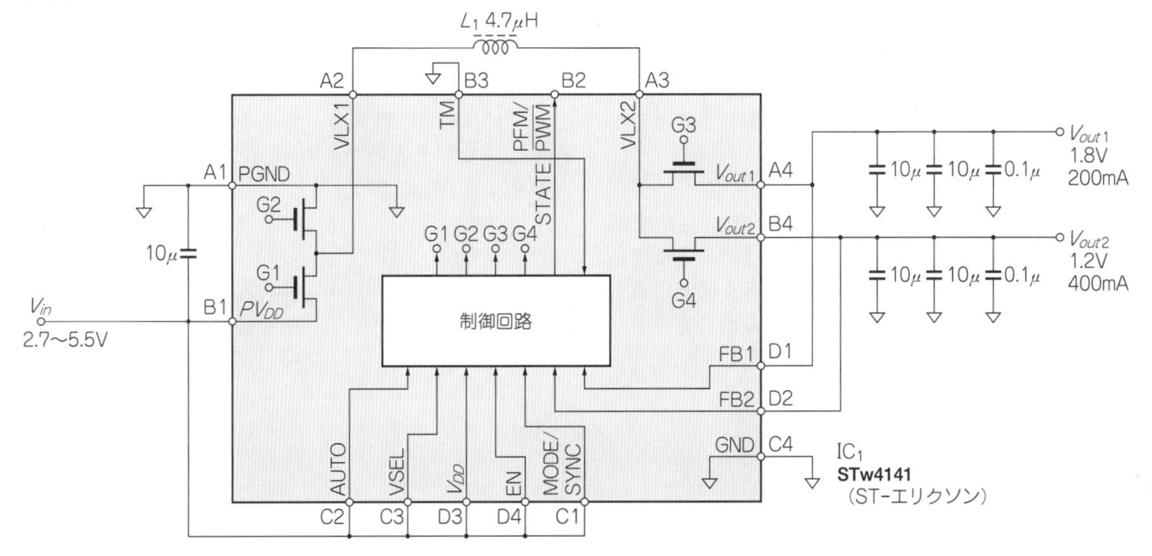

図1[1] インダクタ1個で2出力が得られる実装面積が7×8 mmと小型な降圧型コンバータ

8-12 リチウム・イオン電池から5Vが得られる 入力電圧が出力電圧を上回っても出力が安定な昇圧型コンバータ回路

リチウム・イオン電池はエネルギー密度が高いため最近よく使われるようになってきました．ところが，電池電圧が3.3～4.2V程度なので，青色あるいは白色LEDを使用していたり，過去の設計資産の5V系のワンチップ・マイコンを流用するような場合など，もう少し高い電圧が欲しい場合があります．

このような場合，昇圧型コンバータにより5Vを生成するのが手軽です．

図1に，入力電圧が出力電圧を上回っても出力が安定化されるTPS61027(テキサス・インスツルメンツ)を使った回路を示します．

簡単に5Vが得られるTPS61027の使いかた

▶TPS61027の特徴

- 入力電圧範囲：0.9V～6.5V
- 1.5 A_{max} 出力の同期型昇圧コンバータを内蔵
- 0.9V動作では出力電流は200mA，5V動作では500mA
- 10ピンのQFN
- パワー・セーブ・モードをもつ
- ロー・バッテリを検出するコンパレータを内蔵
  電池が消耗した場合にはCPUに割り込みを掛けてスタンバイ・モードに落とすこともできる．
- シリーズ品
  - TPS61020：出力可変
  - TPS61024：出力3.0V
  - TPS61025：出力3.3V

▶実装上の注意点

図1の太線で示したラインには大きなスイッチング電流が流れるので，図2のように太く短くアートワークする必要があります．また，出力電圧のフィードバックや基準GNDは，ノイズを軽減させるためにスイッチング電流の流れるラインと分離することも重要です．

▶コンデンサの選択

コンデンサには，極力*ESR*や*ESL*の低いものを選択します．積層セラミック・コンデンサの場合は印加されるDCバイアスによって容量が大きく低下するもの(特にF特性のもの)があるので，注意が必要です．

図2 図1のパターン・レイアウトの例

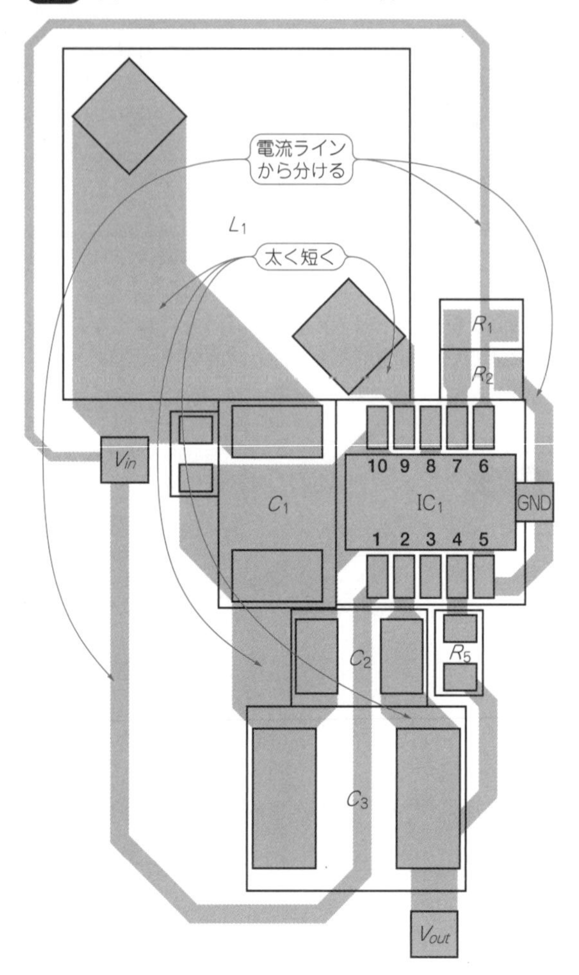

回路図には記載していませんが，高域のノイズが取り切れないときのための保険として入力側に C_4 を置けるようにしてあります．

〈森田 一〉

◆参考文献◆

(1) TPS61020データシート，テキサス・インスツルメンツ㈱．

図1[(1)] リチウム・イオン電池から簡単に5Vが得られる昇圧型コンバータ回路

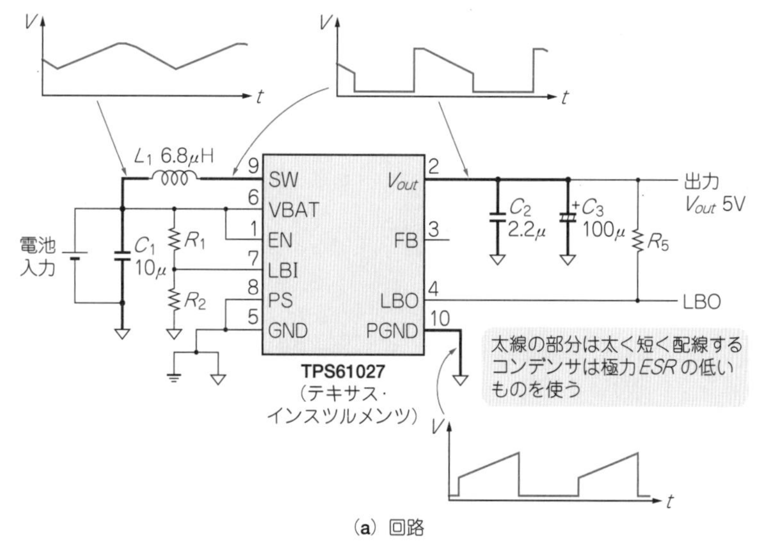

(a) 回路

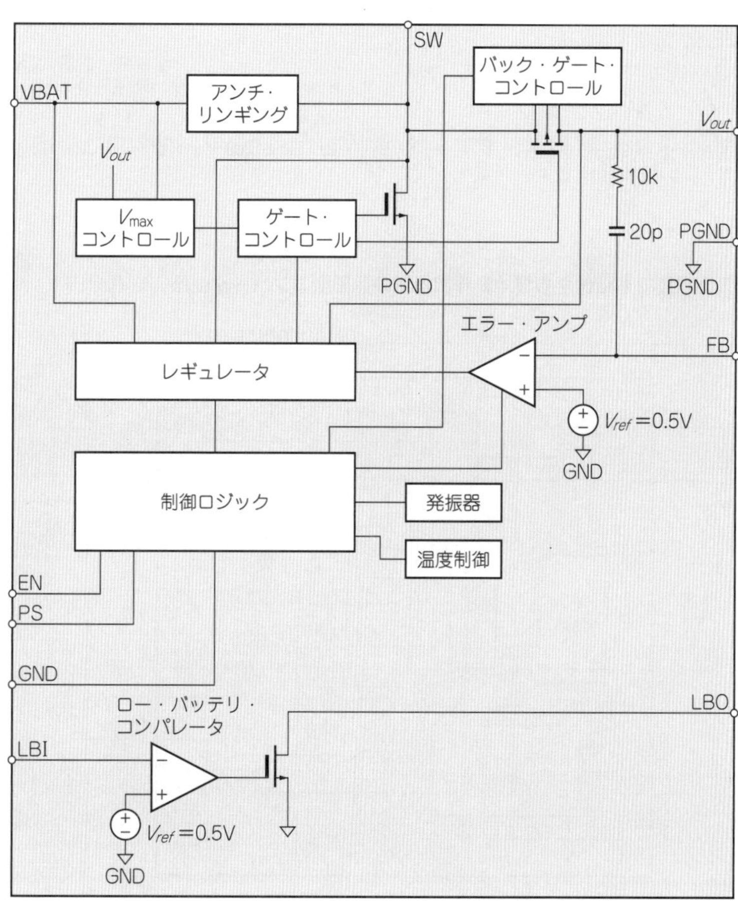

(b) TPS61020の内部回路ブロック

8-13 0.3Vの低入力電圧でも動作し燃料/太陽電池にも使える 電池動作機器用の昇圧型コンバータ回路

図1に，TPS61200(テキサス・インスツルメンツ)を使用した，電池動作機器用の昇圧型コンバータを示します．

入力電源として想定しているのは，1～3セルのアルカリ電池，ニカド蓄電池，ニッケル水素蓄電池，1セルのリチウム蓄電池などです．

また，最低入力電圧が0.3Vでも動作するので，低入力電圧での処理能力が重要となる燃料電池および太陽電池で駆動される機器でも使用できます．

出力可能な電流は入力と出力の電圧比に依存しますが，1セルのリチウム・イオン蓄電池，リチウム・ポリマ蓄電池を使用したときには，電池電圧が2.5Vに低下するまで，5V/600mAの出力を負荷に供給することができます．図1に示した条件で，入力電圧が2.5Vのときの効率は約92％です．

TPS61200は，3×3mm QFN-10パッケージに収められています．メイン・スイッチとしてNchパワーMOSFET(オン抵抗0.15Ω)，同期整流器としてNchパワーMOSFET(オン抵抗0.18Ω)を内蔵しています．

動作周波数は1.4MHz固定ですが，低電力出力時のパワー・セーブ(PS)・モードでは間欠動作により高効率を維持します．

外付け部品は，出力電圧を設定する抵抗，小型で安価なインダクタとセラミック・チップ・コンデンサだけで，超小型/高性能な電源が簡単に製作できます．

また，図1からわかるように同期整流器Cにスイッチ**B**が直列に入っていて，従来の昇圧型コンバータでは不可能な異常時における入出力の遮断が行えます．さらに，スイッチ**B**は入力電圧が出力電圧よりも高いときには，リニア・レギュレータの直列制御トランジスタとして動作します(ただし，損失に注意)．

〈**馬場 清太郎**〉

◆参考・引用*文献◆

(1)* TPS6120xEVM-179ユーザーズ・ガイド，2007年4月，テキサス・インスツルメンツ㈱．

(2) TPS61200データシート，2007年，テキサス・インスツルメンツ㈱．

図1 [1] 0.3Vの超低入力電圧でも動作する電池動作機器用の昇圧型コンバータ回路

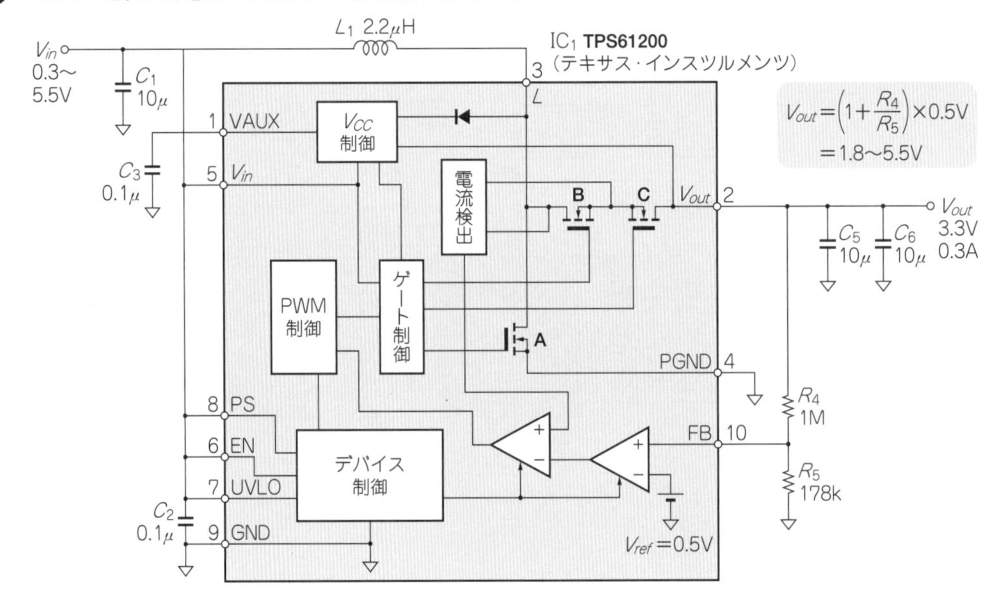

8-14 CMOSロジックの駆動やLEDの点灯に使える 電池1本から5 V/30 mAを取り出す回路

電池1本でちょっとした回路を動作させたいことがあります．このような場合に使える回路を図1に示します．MAX1642(またはMAX1678)は，5 V/30 mA (150 mW)程度の出力も可能ですが，得意とするのは，50 mW以下の小電流負荷です．図中のL_1(インダクタ)が効率を左右します．効率が問題になる用途では，まず直流抵抗の低いものを選ぶのがよいと思います．

図2は，この回路に接続できるLED点滅回路です．

〈畔津 明仁〉

◆参考文献◆

(1) MAX1678データシート，Rev0，マキシム・ジャパン㈱.

図2 ワンゲート・ロジックを使ったLED点滅回路
ワンゲート・ロジックは形状が小さいことに加えて，ヒステリシス入力のものが多いので，発振回路が簡単に組める

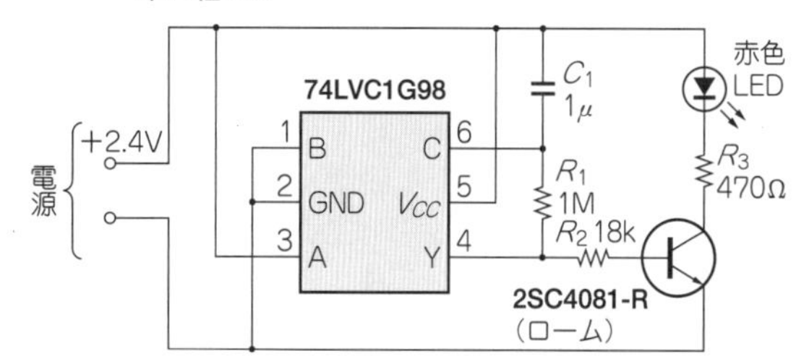

図1 電池1本から2〜5 Vを得る回路

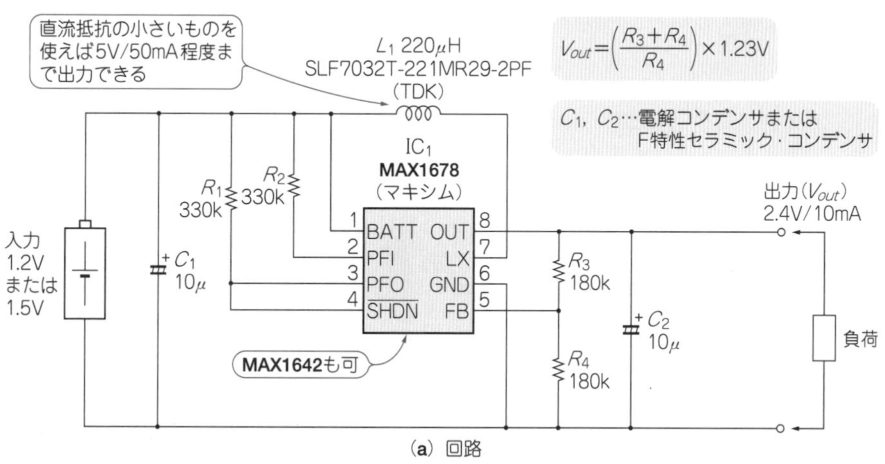

(a) 回路

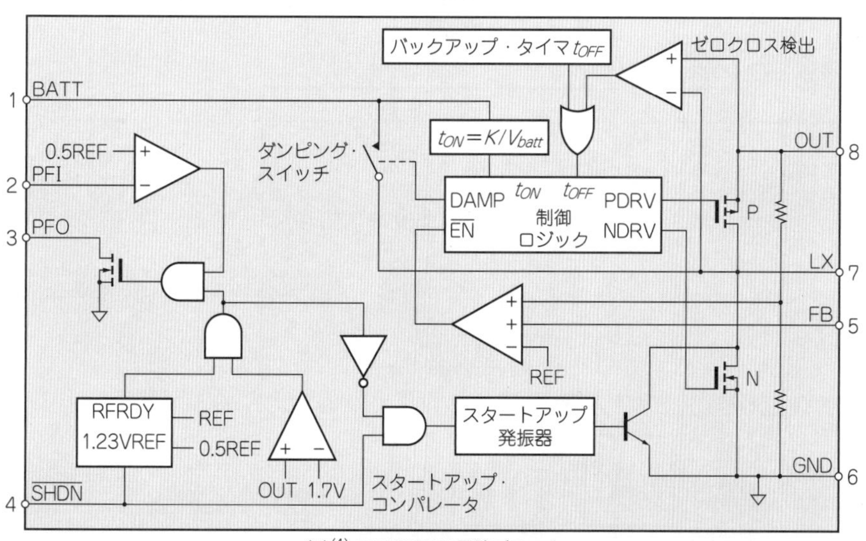

(b)[1] MAX1678の回路ブロック

8-15 昇圧と降圧を自動切り替え！効率が約92％と高い 電池動作機器用の昇降圧型コンバータ回路

図1に，TPS63000(テキサス・インスツルメンツ)を使用した，電池動作機器用昇降圧型コンバータを示します．入力電源として想定しているのは，1～3セルのアルカリ電池，ニカド蓄電池，ニッケル水素蓄電池，1セルのリチウム・イオン蓄電池などです．

入力電圧が3.6 Vで出力が3.3 V/1 A得られ，効率は約92 %です．出力可能な電流は入力電圧により変動し，最低入力電圧の1.8 Vでは約500 mAとなります．動作周波数は1.5 MHz固定です．

図1では使用していませんが，ENピン(6)をグラウンドに接続すれば動作を停止し，消費電流は50 μA以下になります．PS/SYNCピン(7)をグラウンドに接続すれば，低電力出力時のパワー・セーブ(PS)・モードになり間欠動作により高効率を維持します．このピンにクロック信号を与えれば外部同期(SYNC)動作に移行します．

TPS63000は，3×3 mm QFN-10パッケージに収められています．外付け部品は，出力電圧設定の抵抗，小型で安価なインダクタとセラミック・チップ・コンデンサだけで，超小型/高性能な電源が簡単に製作できます．

基板実装例を写真1に示します．評価基板のために評価用の部品が多く大きくなっていますが，部品実装面積は，10 mm×11 mmと非常に小さくなっています．

TPS63000の他社同等品はありませんが，機能的に代替可能なICとして，出力電流が2 Aと大きいLTC3533(リニアテクノロジー)があります．

〈馬場 清太郎〉

◆参考・引用*文献◆

(1)* TPS63000データシート，2007年，日本テキサス・インスツルメンツ(株).

(2) TPS63000EVM-148ユーザーズ・ガイド，2006年3月，テキサス・インスツルメンツ(株).

写真1 TPS63000評価基板の外観(TPS63000EVM-148，テキサス・インスツルメンツ)

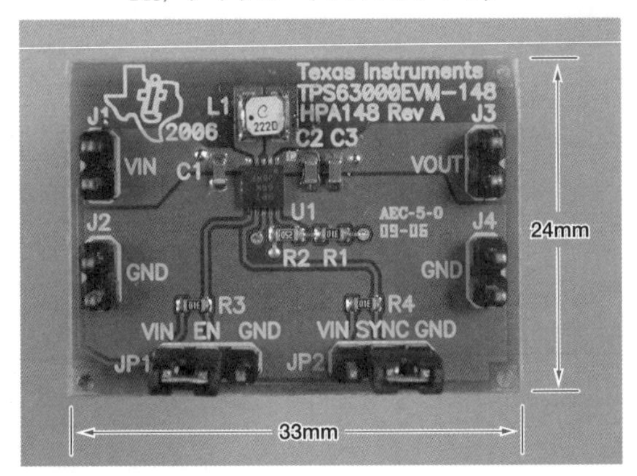

図1 [1] パワー・スイッチを内蔵し，効率が高く電池動作に適した昇降圧型コンバータ回路

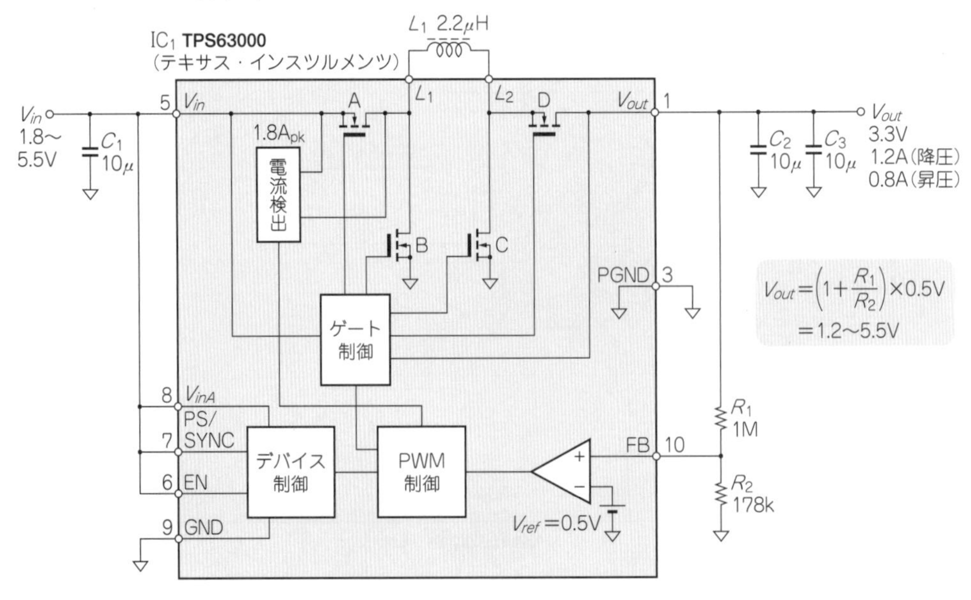

第9章

バイアス電圧の発生からモータ駆動回路まで

特殊な用途に使う電源/パワーの実用回路

9-1 高周波アンプのバイアス電源に使える 簡易シーケンス機能付き電源回路

GaAsFETなどの化合物半導体を使用した高周波アンプのバイアスは，負のゲート電圧を加えてから正のドレイン電圧を加える必要があります．

また，電源を切るときは，逆に，ゲート電圧が加わっている状態でドレイン電圧を切らなくてはいけません．

このような電源シーケンスを設けておかないと，過大なドレイン電流が流れ，デバイスの寿命を縮めたり，最悪，デバイスを破損させてしまう恐れがあります．

図1の回路は，そのような電源シーケンスの必要な高周波アンプのバイアス電源に使用できる簡易シーケンス機能付きの電源回路です．

この回路の正電圧の値V_Pは，R_4とR_5の抵抗値から次式によって決まっています．

$$V_P\ [\mathrm{V}] = 1.275 \times \frac{R_4 + R_5}{R_5} \fallingdotseq 10.8$$

また，負電圧の値V_MもR_6とR_7から次式によって決まっています．

$$V_M\ [\mathrm{V}] = -1.22 \times \frac{R_6 + R_7}{R_6} \fallingdotseq -1.98$$

LM2941は，汎用のロー・ドロップ・アウト・レギュレータICです．ON/OFFピンを1.3 V以下の電圧にすることによって出力が有効になります．また，ON/OFFピンが1.3 Vよりも高い電圧であれば出力はOFFになります．この機能を使うことによって電源シーケンスを実現しています．

LT1964-BYPは，低雑音の負電圧ロー・ドロップ・アウト・レギュレータICです．

このICは，BYP端子とOUT端子間に0.01 μFのコンデンサを接続することによって低雑音を実現しています．

〈川田 章弘〉

図1 簡易シーケンス機能付き高周波アンプ用バイアス電源

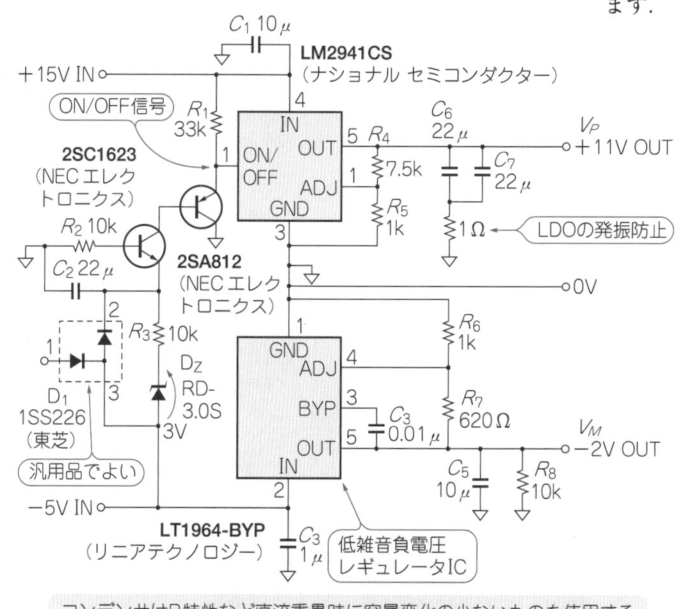

(a) 回路

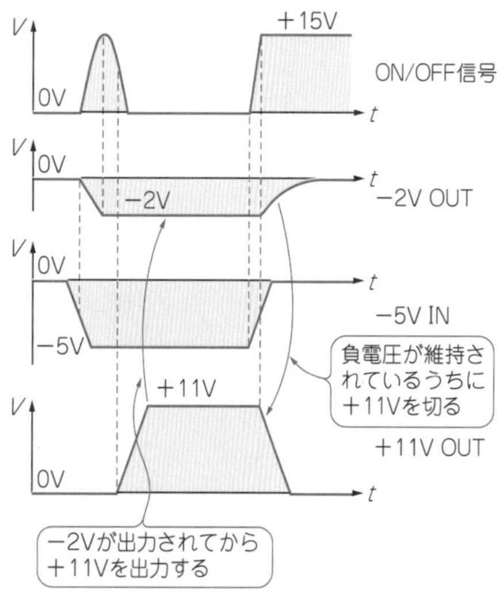

(b) 動作シーケンス

9-2 100 V以下のツェナー・ダイオードの電圧チェックにも使える 0～100 V/2 mAの直流可変電源

比較的高電圧のツェナー・ダイオードの電圧チェックなどに，100 V程度の直流電源があると便利です．図1の回路は，100 Vの簡易直流電源で，万一のショート事故に備えて約2 mAの電流制限を備えています．10回転のポテンショメータまたは外部制御電圧の入力によって，出力電圧を設定できます．例えば，外部制御電圧入力は20倍されて出力されるので，5 Vを入れたとき，100 Vの出力が得られます．

電流制限には，負電圧の可変レギュレータLM337を使って，約2 mAの定電流源を作っています．この段階で，リプルは除去されています．回路が若干変更になりますが，正電圧のLM317も使えます．

ここで得られた電流を，2SA913を2石使ったカレント・ミラーを使って電流出力を行っています．2SA913は，コレクタ-エミッタ間電圧V_{CEO}が150 V以上，コレクタ損失P_Cが300 mW以上のものであれば，ほかのものでかまいません．電圧の制御には，LF356と2SK2186を使っています．OPアンプとしてOP07を使うと，オフセット電圧がより安定します．2SK2186は，V_{DSS}が150 V以上のNチャネル型MOSFETであればOKです．

帰還路にある50 kΩと950 kΩの抵抗器は，ポテンショメータの設定値と出力電圧を正確に対応させるために，1 %の金属皮膜抵抗を用い，所望値に対して0.1 %程度となるように合成しました．

オフセット調整は，10回転ポテンショメータを0 Ωに設定したときに，出力電圧が0 Vとなるように半固定抵抗を調整すればOKです．OPアンプに接続されている1000 pFのコンデンサは発振を防止するために必要です．なお，電源のON/OFF時に，出力電圧が暴れるので注意してください．

〈庄野 和宏〉

図1 100 V以下の比較的高電圧なツェナー電圧などの確認に使える100 V/2 mA出力の簡易直流可変電源

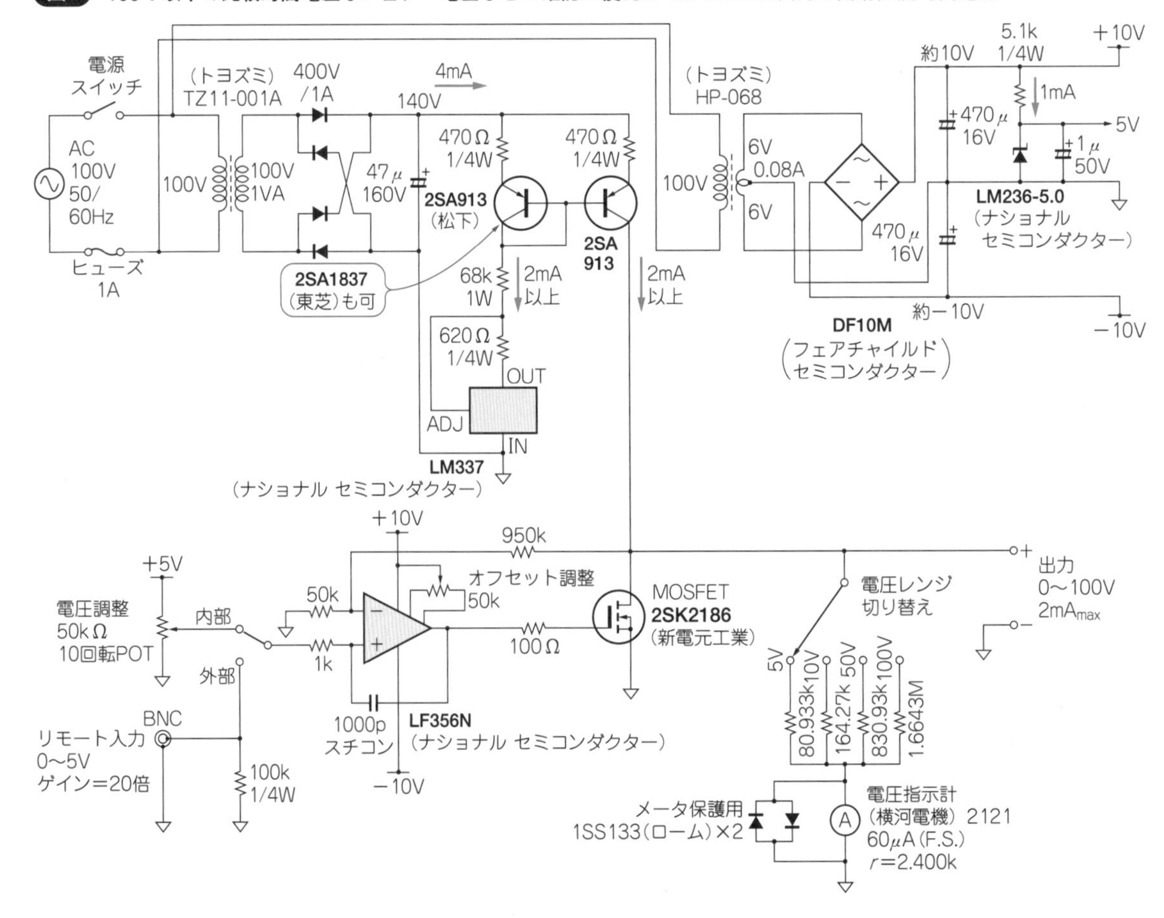

9-3 多出力の電圧バッファを使った 液晶駆動用のバイアス電圧発生回路

液晶(LCD)パネルの時分割駆動には多系統の電圧が必要です．この回路を内蔵したパネルも多いのですが，駆動回路を実験または自作する場合，多種の電圧を作ることが必要です．

以前は，このような場合に多数のOPアンプを並べたりしましたが，現在では多出力の電圧バッファを使えば済みます．

図1に示すのはその一例で，入力側の抵抗分圧電圧を，液晶駆動電圧として出力することができます．

使用した18チャネル入りバッファIC LM8207MTの28および29番ピンには低い電圧を出力することになりますが，図中のR_aを入れないと期待した電圧が得られないことがあります．注意してください．

〈畔津 明仁〉

図1 LCDパネルのバイアス電圧発生回路

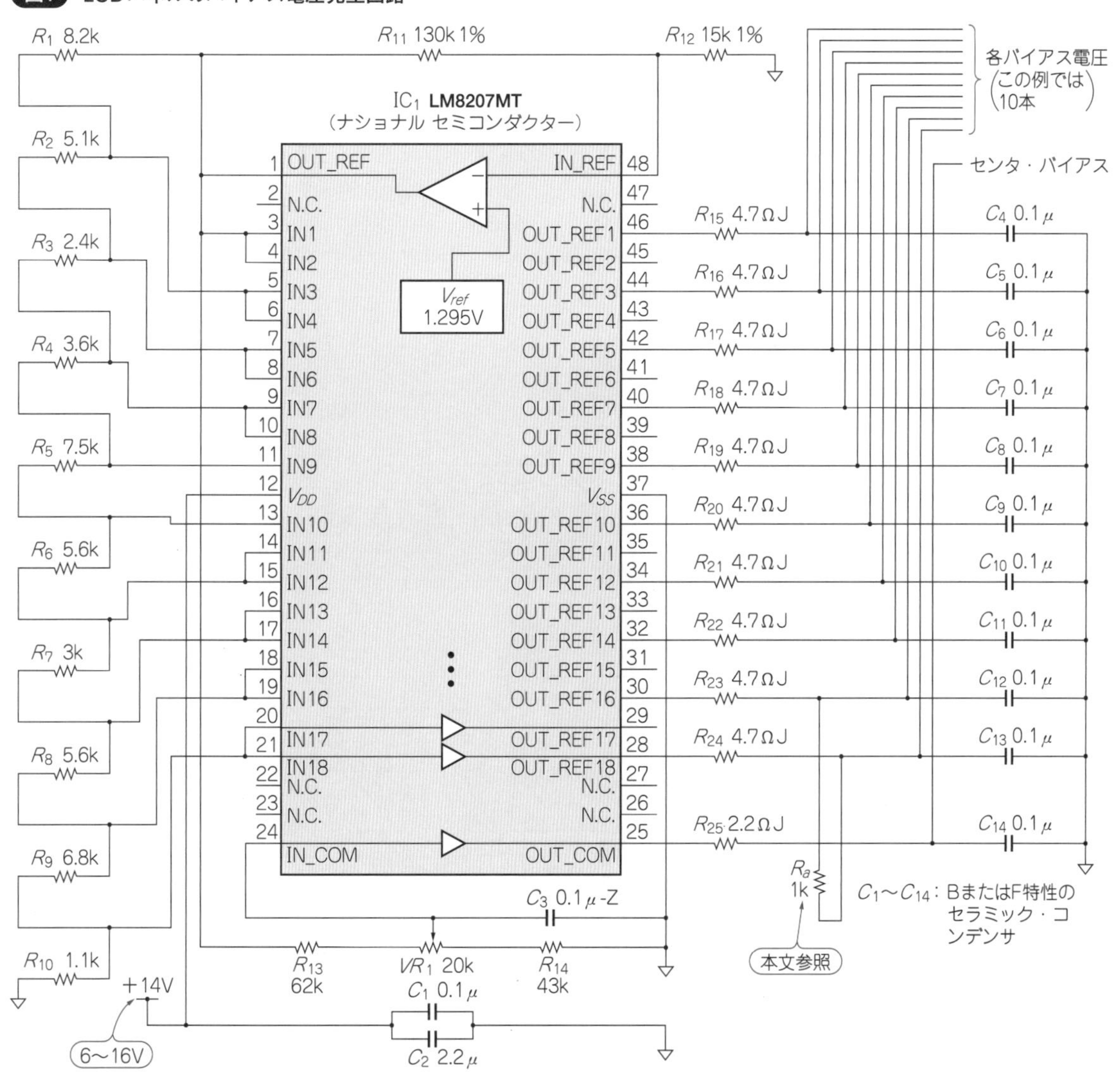

9-4 コンパクトで電池のように使える 小電力用フローティング電源回路

グラウンド・ループの切断，レベル・シフト，アイソレーション，安全性などの必要性から，メイン電源から絶縁した補助電源が必要になる場合があります．

図1に示すのは，蛍光灯インバータ用IC IR21531を利用した他励式の小電力フローティング電源です．高電圧電源の電流測定用回路やA-Dコンバータなどを動作させることを想定しています．回路の仕様は次のとおりです．

- 入力電圧(V_{CC})：約14 V
  (コンバータへは約15 VからLDO経由で供給)
- 出力電圧(V_{out})：± 5 V(入力電圧に比例)
- 出力電力：0.3 W程度
- 周波数：30 k～60 kHzから選択
  (ノイズが多い場合には外部と同期)

製作例では，コンバータへの供給電圧14 Vのとき，出力電圧± 5.2 V(100 Ω負荷時，約0.5 W)，効率73 %，スパイク40 m～50 mV_{P-P}(図2(b))が得られました．0.3 W負荷に比べると効率は数パーセント下がりました．

● キー・デバイスの特徴と仕様

▶ ハーフ・ブリッジ・ドライバIC IR21531

IR21531(インターナショナル・レクティファイアー)は，タイマIC 555に似た発振回路を内蔵したハーフ・ブリッジ・ドライバICです．DIP8とSOP8の両パッケージがあります(ブートストラップ・ダイオード内蔵はDIPのみ)．ICの主な仕様は次のとおりです．

- ハイ・サイド・ドライバ耐圧：600 V(今回は無関係)
- コントローラ部動作電圧：15.6 Vツェナーによる内部クランプ(今回は無関係)
- デューティ；約50%固定
- デッド・タイム：0.6 μs固定

図2(a)はIC単体の動作波形で，ハイ・サイドとロー・サイドのドライブ出力HOとLOを測定したものです．ただし，ハイ・サイド側のドライバの電源ピンV_BをV_{CC}と，V_SをCOMとそれぞれ接続してあるので，ハイ・サイドもグラウンド基準で出力されています．

図1 小電力フローティング電源回路

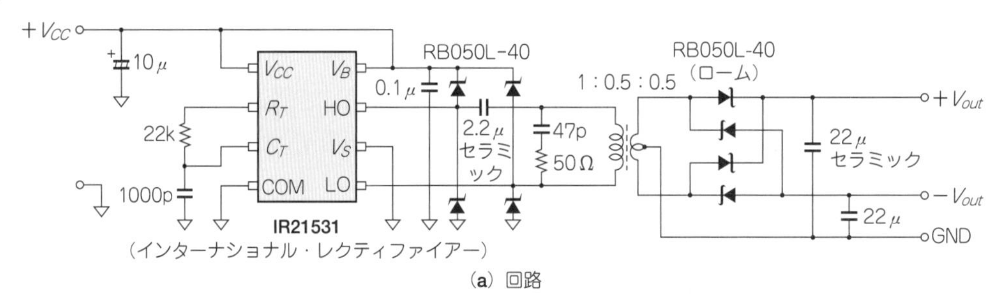

(a) 回路

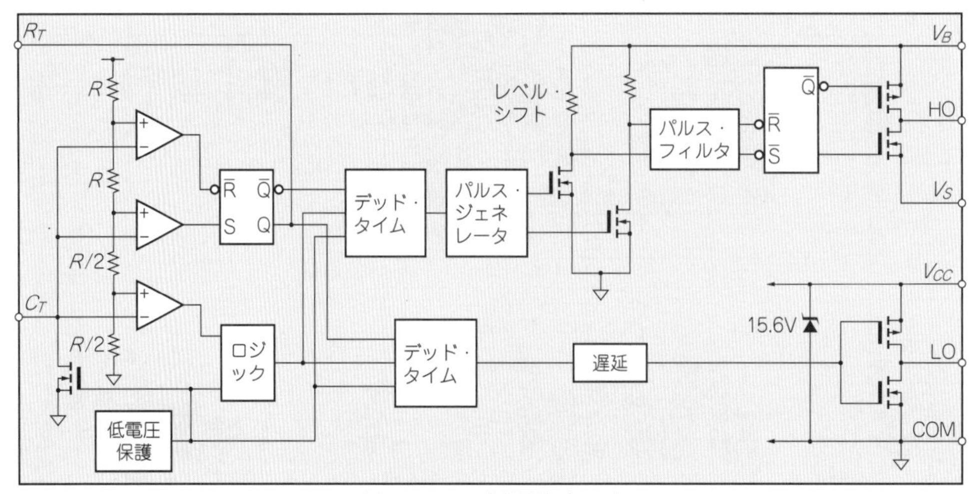

(b) IR21531の内部回路ブロック

図2 図1の動作波形

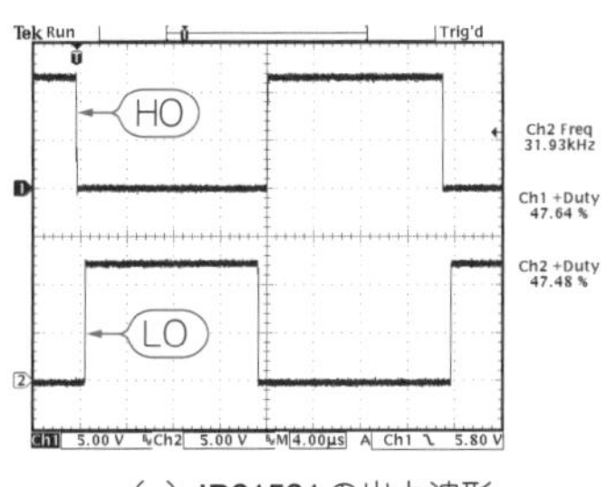

(a) IR21531の出力波形

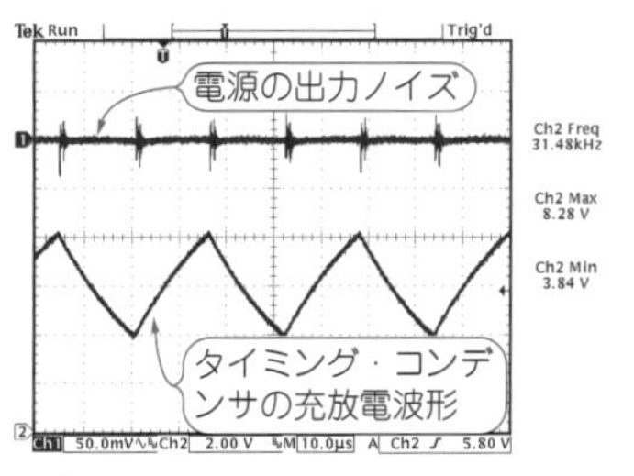

(b) 電源回路の動作波形

表1 発振器を内蔵したハーフ・ブリッジ・ドライバIC IR21531の代替部品例

型　名	デッド・タイム［μs］	メーカ	パッケージ
IRS21531	0.6	インターナショナル・レクティファイアー	DIP8, SOP8
L6569/L6569A	1.25	STマイクロエレクトロニクス	DIP8, SOP8

図2(b)は実際のコンバータの約0.5W負荷での動作時の出力ノイズを測定したもので，発振回路のタイミング・コンデンサの波形と同期してスイッチングしているのがわかります．定格負荷の0.3W程度にするとスパイク電圧は40 mV_{P-P}弱に収まりました．

代替品例を表1に示します．このうちL6569を簡単に試しましたが，あまり良い結果が得られていません．また，直接の代替品ではありませんが，入力電圧5V，スイッチング周波数プリセット，プッシュプル・トランス直結用に作られたMAX253やMAX845(いずれもマキシム)という小電力電源用ICがあります．

▶トランス

図1の回路では外付けFETを使用せず，IC内のゲート・ドライバで巻き数比1：0.5：0.5の小型パルス・トランスを直接ドライブしています．そのためロジックとドライバの電源が共通になります．

したがって，動作範囲は，低電圧ロックアウト電圧以上かつツェナー・クランプ電圧の最小値以下である，約10～14Vになります．

動作電圧を決めて，2次側整流ダイオードによる電圧降下と，デッド・タイムを含んだデューティ比，その他の損失を見込んだうえで，出力電圧に合う巻き数比を決めます．トランス1次巻き線を流れる励磁電流が少なくなるよう，最小必要ターン数より多めに巻いてインダクタンスを増やしました．

〈広瀬 れい〉

トランスを使わない絶縁電源「フォトニック・パワー・コンバータ」　column

2006年に『トランジスタ技術』誌に掲載されたバリー・ギルバート氏の自伝中に，超高圧透過型電子顕微鏡の－70万V(！)が印加されたカソード電極に流れる電流をシャント抵抗器で測定するくだりがありました．超高電圧につながるアンプや*F-V*コンバータに電力を供給する，どんな電源が作られたのだろう，と思わなくもないのですが，“－70万Vに帯電した全面シールド部屋”の中には，おそらく何の変哲もない蓄電池が置いてあったのでしょう(*F-V*コンバータの出力は光ファイバ経由で信号として取り出された)．

この時代から数十年たった現在なら，PPC(photonic power converter)も電源として考慮対象になるかもしれません．PPCの原理自体は古くまた単純ですが，本格的な実用化には時間がかかりました．送り側は比較的パワーの大きい長波長半導体レーザで強い光を発生し，それを集光してマルチモード・ファイバに送り込み，受け側で光電変換素子で電力に戻すというしくみです．太陽光発電と似ていますが，発光側(一般にレーザ・ダイオードのドライバも含む)も受光側もかなりコンパクトで数Wクラスの直流電力が発生できるものが入手可能です．電力伝送といっしょに通信も行えます．ただ，大出力レーザ光を扱うので，厳格な安全管理が求められるようです．

電気系エンジニアとしては，両者を小型容器に封止した電-光-電のロー・ノイズ高絶縁電力伝達モジュールが出来ないかと思うのですが？

あるいは，ネットワークを構成する機器のPoE(Power over Ethernet)化の先には，光ファイバ系でのPPCモジュールが一般化する時代が遠からず来るのかもしれません．

〈広瀬 れい〉

9-5 電力線搬送通信用ライン・ドライバICを使った ブラシレスDCモータのレゾルバ用励磁回路

最近の自動車には50～100個以上のモータが使われています．一部ではブラシレスDCモータが使用され，ロータ位置を検出するためにレゾルバが搭載されています．レゾルバは，図1に示すように，1個の励磁巻き線，90°位相が異なる2個の検出巻き線，およびロータから構成されています．励磁信号は5～20 kHz，8～25 $V_{P\text{-}P}$程度の正弦波信号が使われます．励磁電流は100～200 $mA_{P\text{-}P}$程度が一般的です．使用するレゾルバの定格の励磁電流より少ないとノイズに弱くなることがあります．

例えば，多摩川精機株式会社のVRレゾルバでは，励磁電圧を7 V_{RMS}(20 $V_{P\text{-}P}$)で励磁するようになっています．このときの励磁電流はおおよそ60 mA(170 $mA_{P\text{-}P}$)です．

RD変換器から出力される励磁信号を電力増幅する専用ICも作られていますが，高価で入手性に難があるので，多くの場合はトランジスタを使って増幅回路を構成します．ここでは，電力線通信用に開発された送信用ワンチップ・ライン・ドライバACPL-0820(アバゴ・テクノロジー)を使った励磁回路を紹介します．

ACPL-0820は，図2の内部構造に示すように，2個のアンプを内蔵しています．写真1に外観を示します．8ピンのSO-8で，パッケージの裏面中央に放熱のための金属があります．これをプリント基板の銅面にはんだ付けすることで放熱を行います．

5 V単一電源で動作し，電流出力容量が1.5 $A_{P\text{-}P}$と大きいうえに周波数帯域が広く，低ひずみという特徴があります．

図3に示すように，この素子を使えば，抵抗5個だけでレゾルバ用励磁回路を作ることができ，制御回路を小型化できます．

〈高橋 久〉

図1 レゾルバの基本構成

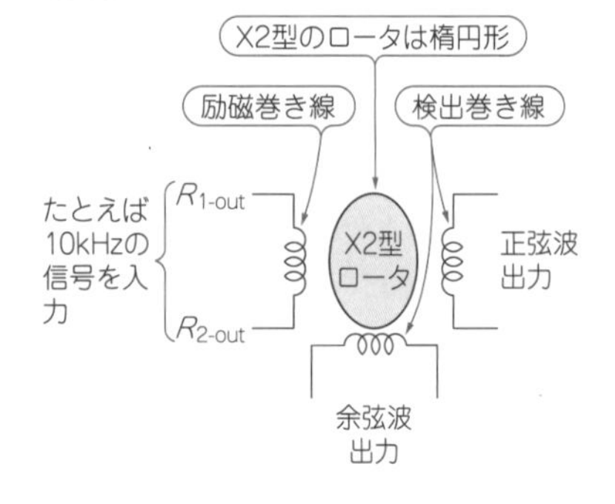

写真1 ワンチップ・ライン・ドライバIC ACPL-0820は裏面の金属を基板にはんだ付けして放熱する

(a) 表面

(b) 裏面

図2 ワンチップ・ライン・ドライバIC ACPL-0820の内部構造

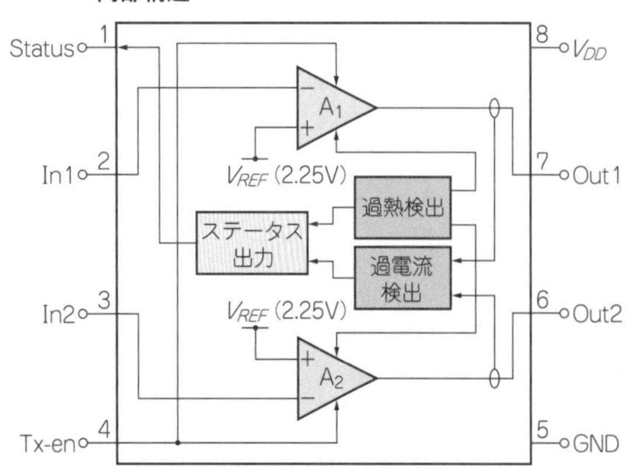

図3 ACPL-0820を使うと少ない外付け部品でレゾルバ励磁回路を構成できる

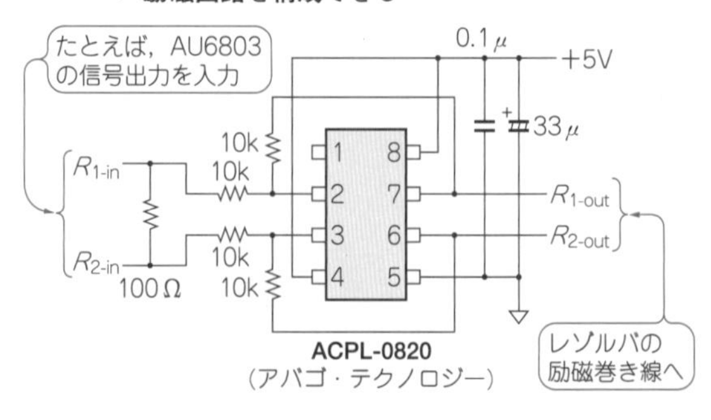

9-6 突入電流の制限などの保護機能を内蔵する 4.5 V ～ 20 Vの高耐圧ロード・スイッチ

最近の電子回路は，省エネを目的に未使用回路の電源をOFFし，使用するときだけONすることが行われています．この用途に使用するスイッチをロード・スイッチと呼びます．

5 V以下の低電圧用ロード・スイッチは各社から出されていて選択に迷うほどですが，5 V以上のスイッチは，ほとんどありませんでした．

図1に，FPF2506(フェアチャイルドセミコンダクター)を使用した4.5 V ～ 20 Vまで使用可能なロード・スイッチを紹介します．

FPF2506は5ピンSOT23パッケージで，オン電流0.8 A_{min}，過電流保護，過熱保護，低電圧保護の各種保護回路内蔵です．

図2(a)は，出力をONしたときの応答波形で，約6 msで出力がONしていることがわかります．(b)は，動作中に出力を短絡したときの応答波形で，瞬時(約3 μs)に保護されていることがわかります．(c)は，想定出力電流が2.5 Aと保証値0.8 Aに対し大きすぎる負荷を付けてONしたときの応答波形で，出力電流約1 Aで保護されていることがわかります．この状態でFPF2506の消費電力は7 Wですから，長く続けば過熱保護が動作します．

以前は，PNPとNPNのバイポーラ・トランジスタか，PチャネルとNチャネルのパワーMOSFETを組み合わせて製作する必要がありましたが，バイポーラ・トランジスタではON時のドライブ損失があり，パワーMOSFETではONした瞬間に負荷端のコンデンサへ流れる突入電流で破損することがありました．

直接置き換え可能な他社同等品は見あたりませんが，オン・セミコンダクターの電子ヒューズNIS5112は，FPF2506よりも大きなSOP-8外形ですが，入力電圧9 ～ 18 V，最大電流5.3 A_{DC}(25 A_{peak})であり，用途によってはこちらのほうが向いているかも知れません．

同様な機能をもつICには，他に多機能LDO(高効率レギュレータ)があります．LDOなら入力電圧が変動しても出力電圧は一定であり，さらに放電スイッチ内蔵品を使用すれば，OFF時の出力電圧を短時間でゼロにできます．ただしLDOの場合，FPF2506のような単なるスイッチに比べ入出力間電圧降下が大きいため，内部損失が増加してSOT23パッケージでは0.2 A以下の出力電流になります．

〈馬場 清太郎〉

◆引用文献◆

(1) FP2500-FP2506データシート，2008年，フェアチャイルドセミコンダクター㈱．

図1 [(1)] 過電流や加熱，低電圧の各保護機能を内蔵したロード・スイッチICの使用例

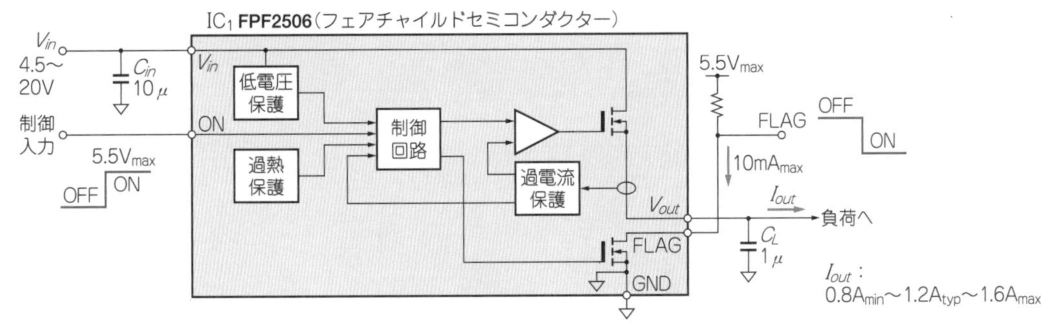

図2 [(1)] 動作波形

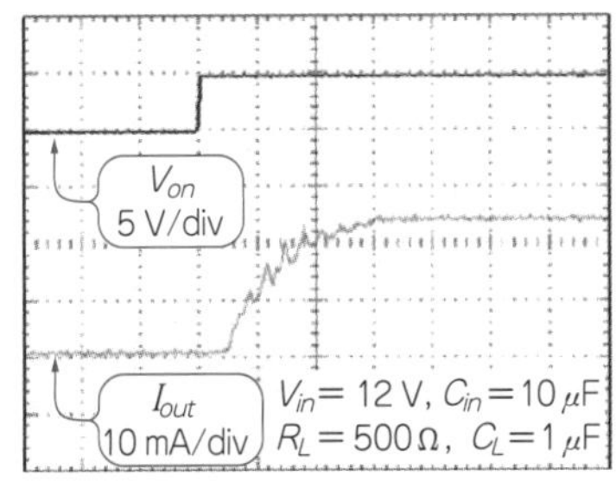

(a) 出力ON時(2 ms/div)

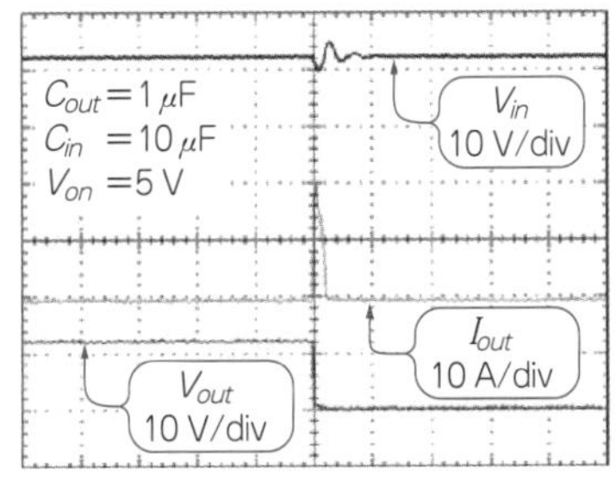

(b) 出力短絡時(20 μs/div)

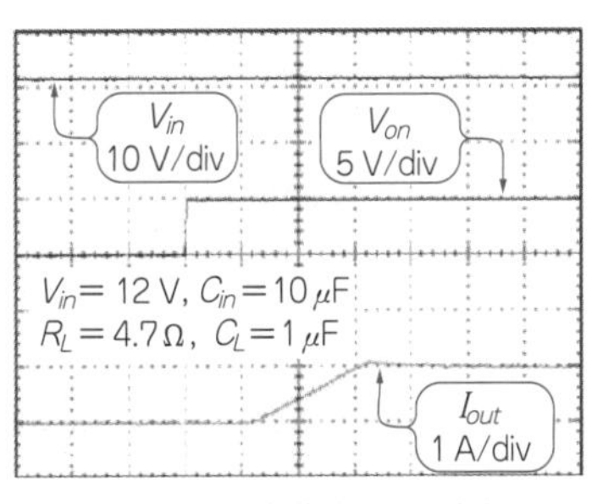

(c) 出力過負荷時(1 ms/div)

9-7 数個の外付けコンデンサでマイコンからMOSFETを駆動できる ハイ・サイド用ゲート・ドライブ回路

NチャネルMOSFETをハイ・サイド・スイッチとして使用する場合，FETのゲートを駆動するために，負荷の電源電圧よりも高い電源を用意する必要があります．

また，マイコンなどのロジック・レベルでFETをON/OFFさせるには，レベル・シフト回路が必要です．

さらに，FETをONからOFFに素早く遷移させるには，ゲートにたまった電荷を引き抜く必要があり，回路は大がかりになりがちです．

● NチャネルMOSFET用のゲート・ドライブ回路をワンチップで実現する

TC4627(マイクロチップ・テクノロジー)は，チャージ・ポンプによる高電圧発生回路，レベル・シフト回路，ゲートを駆動するためのトーテムポール出力をもっており，5V電源で動作します．

数個の外付けコンデンサを接続すれば，ロジック・レベルでFETを駆動可能です．回路を図1に示します．

ピーク出力電流は1.5Aのため，ゲート容量の大きな大電流FETも駆動することができます．負荷容量(ゲート容量)が1000pFのときの遅延時間は120ns以下，最大スイッチング周波数は750kHzと高速です．

● 回路の動作

チャージ・ポンプは，5V電源を昇圧し12Vを生成します．電源投入時，チャージ・ポンプの出力電圧が立ち上がるまでは，FETをOFFに保つ回路も含まれているため，電源シーケンスを気にする必要はありません．

外付けコンデンサには数V以上のDC電圧がかかるため，セラミック・コンデンサではなく電解コンデンサを使用します．

R_1は，寄生発振防止用抵抗で，Tr_1のゲートで発振が起こらない最小の抵抗値を選択します．

▶ブートストラップ方式と異なりONし続けることができる

ハイ・サイド・ドライバ用の高電圧を得る方法としてはブートストラップ方式も知られていますが，定期的にスイッチングされることが前提になります．チャージ・ポンプを使えば，そのような制限はありません．ただし，TC4627を使った回路は基本的に5V用になります．

〈石島 誠一郎〉

図1 数個の外付けコンデンサと専用ICで構成できるNチャネルMOSFETハイ・サイド・ドライバ回路

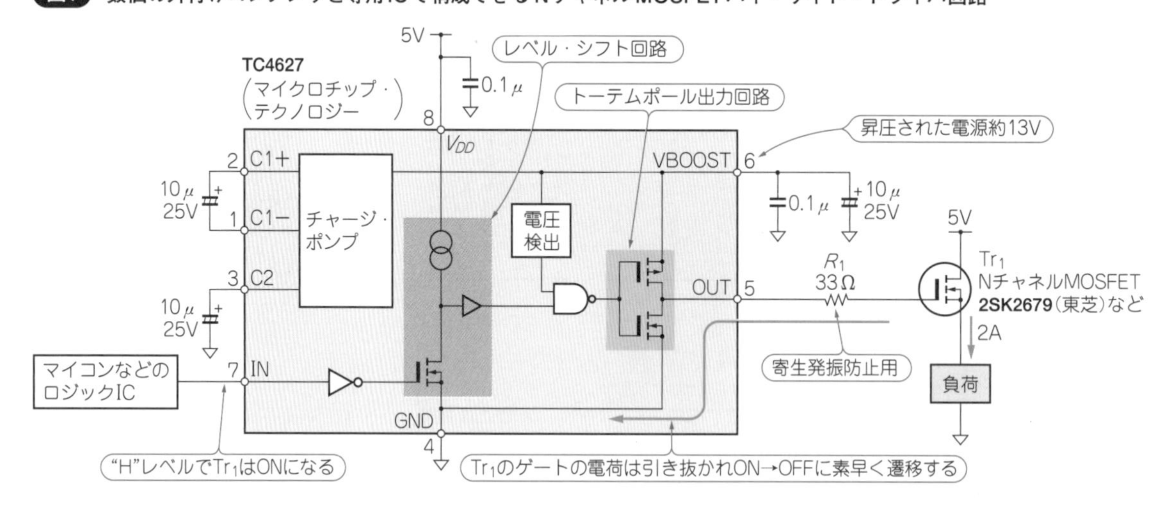

9-8 汎用フォト・カプラを使ってシンプル モータ駆動用ブートストラップ回路

図1は，専用の高耐圧ドライバやオン抵抗の高いPchのFETを使用しない，低コストでシンプルなDCモータ/ブラシレス・モータ駆動用ブートストラップ回路です．

● 矩形波通電で威力を発揮

モータ駆動の通電方法には，一般的に正弦波通電と矩形波通電があります．

正弦波通電は，ハイ/ロー両サイドのFETのON/OFFにより正弦波を形成します．低騒音かつ高効率でモータを駆動できますが，高速にスイッチングする必要があります．

矩形波駆動方式であれば，一般的にロー・サイドのFETのみにPWMをかけて，回転数とトルク制御を行うので，ハイ・サイドのFETに高速スイッチングはあまり要求されません．このため，あまり応答速度が速くないフォト・カプラをゲートのドライブ回路に使うことができます．

● グラウンドとフローティング電位間の絶縁によりドライブ素子の耐圧条件を軽減

この点に着目して，TLP121などの汎用フォト・カプラを使用して構成したのが図1の回路です．

ロー・サイドのFET：Tr_1がONになればTr_2のソースの電位はGNDレベルになり，R_1，D_1を通してC_1が充電され，この後，Tr_1がOFFになってもTr_2のドライブ用電源がソースを基準に+12V確保されます．このときマイコンの出力を“H”レベルにしてフォト・カプラのダイオードをOFFにすれば，Tr_2のFETをONすることができます．

フォト・カプラを使用しているので，充電用ダイオード以外のレベル・シフト回路の部品の耐圧を気にする必要がありません．

● マイコンとのインターフェースも容易

フォト・カプラ入力部は5Vでの駆動が可能なので，モータ専用マイコンなどとも簡単に接続することができます．

〈久部 泰史〉

図1 汎用フォト・カプラを使ったモータ駆動用ブートストラップ回路

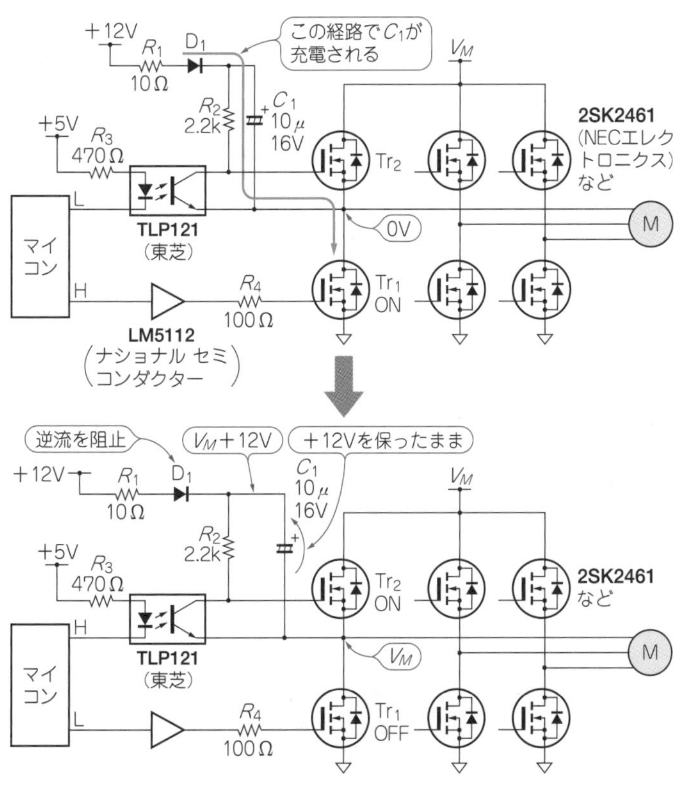

索　引

【数字・アルファベットなど】

3端子レギュレータ ……54
4-20 mAループ ……31
74 ALVC16244 ……75
74HC221 ……84
ACPL-0820 ……138
AD536A ……85
AD549 ……69
AD630 ……79, 90
AD7150 ……71
AD7740 ……87
AD8013 ……99
AD8036 ……80, 92
AD823 ……92
AD8330 ……76
ADG411 ……97
ADP1611 ……121
A-Dコンバータ ……43
CM8201 ……108
CMRR ……23
*CMV*エラー ……23
DG419 ……98
E系列 ……8
ESI ……38
ESR ……11
FIT ……13
FPF2506 ……139
*GB*積 ……37
GIC ……102
HCPL-4562 ……95
HFA1412 ……103
ICソケット ……16
INA210 ……70
IR21531 ……136
L6599 ……122
*LC*発振 ……76
LDO ……113
LF356 ……81
LM2575 ……116
LM2941 ……133
LM337 ……134
LM8207MT ……135
LMV331 ……73
LMV7219 ……84
LT1461 ……75
LT1964-BYP ……133
LT3080 ……105
LTC3026 ……114
LTC3561 ……126
LTM4600 ……115
LTM4605 ……124
MAX1642 ……131
MAX2016 ……72
MAX518 ……89
MIC38300 ……113
MOSFET ……57, 61, 64
MSL ……15
MTBF ……13
NE555 ……108, 112
NJM2392 ……118
NJM4558 ……78
OPA2134 ……77
OPアンプ ……20
REF200 ……107
SAR型 ……43
STSR30 ……125
STw4141 ……127
TC4627 ……140
TC9402 ……87
THS4601 ……82
TPS61027 ……128
TPS61200 ……130
TPS63000 ……132
VSWR ……72
ΔΣ型 ……43

【あ・ア行】

アイソレーション・アンプ ……95
アッテネータ ……49, 82
圧力弁 ……11
アバランシェ ……67
アルミ電解コンデンサ ……10
安全弁 ……11
位相差分波器 ……81, 93
位相反転 ……21
インスツルメンテーション・アンプ ……39
ウィーン・ブリッジ型発振回路 ……78

ウィンドウ・コンパレータ ……73
エイリアス ……50
オフセット・シフト ……27
折り返し ……51

【か・カ行】

稼動率 ……13
基準電流 ……106
近接センサ ……71
偶発故障期間 ……13
矩形波 ……79
計装アンプ ……41
ゲート・ドライブ回路 ……140
ゲート入力電荷 ……66
降圧型コンバータ ……118, 126, 127
高精度型OPアンプ ……42
高速型OPアンプ ……37
故障率 ……13

【さ・サ行】

サージ電圧 ……65
雑音 ……29, 47
差動 ……33
サレン・キー回路 ……101
三角波 ……79
サンプル＆ホールド回路 ……97
実効値 ……85
シャント・レギュレータ ……62
シャント抵抗 ……70
終端開放 ……19
終端短絡 ……19
周波数－電圧変換 ……87
寿命 ……12
昇圧型コンバータ ……60, 118, 128, 130
昇降圧型コンバータ ……118, 124, 132
導通損失 ……58
スケーリング誤差 ……31
スタンバイ電流 ……60
整合 ……19
静電破壊 ……61
正負電源 ……56
積分回路 ……35
絶対値回路 ……90

【た・タ行】

ダーリントン接続 ……32
ターン・オフ損失 ……59
逐次比較型 ……43
チップ温度 ……58
チャージ・ポンプ ……108, 112
チャネル温度 ……59, 68
定電流出力回路 ……31
デカップリング・コンデンサ ……17
電圧-周波数変換 ……86
電荷再配分 ……53
電流測定 ……70
同期整流 ……125
同軸ケーブル ……18
同相信号除去比 ……23
同相入力電圧エラー ……23
同相入力電圧範囲 ……21, 23, 33
特性インピーダンス ……18
ドライ・アップ ……11

【な・ナ行】

入力帯域 ……47
入力電圧 ……21
熱抵抗 ……59, 68

【は・ハ行】

バイアス電流 ……26, 35
バイパス・コンデンサ ……17, 38
パイプライン型 ……43
ハウランド電流ポンプ ……30
バスタブ曲線 ……13
パッシブ・フィルタ ……29
発振 ……24
バッファ ……82, 94
反射 ……18
反転型コンバータ ……118
微少電流 ……69
ブートストラップ回路 ……100, 141
複合共振型 ……122
負電圧発生回路 ……108
フライバック・コンバータ ……59
フラッシュ型 ……43
ブリッジドT型発振回路 ……77
平均故障間隔 ……13
ベーク ……15
方形波 ……74
保護ダイオード ……56
保存期間 ……15

【ま・マ行】

マルチプレクサ ……52
未使用OPアンプ ……22

【や・ヤ行】

ユニティ・ゲイン周波数 ……37
容量測定 ……71

【ら・ラ行】

ラッチ・ダウン ……56
リーク電流 ……35
リターン・ロス ……72
ロード・スイッチ ……139

■ 編著者紹介

森田 一（もりた・はじめ）
昭和末期に家電メーカに就職しAVアンプ，CATVセットトップ・ボックス，医療機器，カーナビなどの商品開発に従事．マイコンのソフト開発，アナログ回路設計，FPGA/ASIC設計などを担当し，最近ではEMCとマイクロ波に軸足を置いて商品開発を行う．

トランジスタ技術 SPECIAL No.112
アナログ回路設計の勘所 ［オンデマンド版］

2010年10月1日 初版発行
2022年 2月1日 オンデマンド版発行

編 集 トランジスタ技術SPECIAL編集部
発行人 小 澤 拓 治
発行所 CQ出版株式会社
〒112-8619 東京都文京区千石 4-29-14
電話 編集 03-5395-2148
販売 03-5395-2141

ISBN978-4-7898-5294-4
定価は表紙に表示してあります．
乱丁・落丁本はご面倒でも小社宛てにお送りください．
送料小社負担にてお取り替えいたします．

表紙デザイン 千村 勝紀
表紙オブジェ 水野 真帆 表紙撮影 矢野 渉

Printed in Japan